생활 속의 수학 이야기

저자소개

최창우(崔昌佑)

경남 창녕 출생
경북대학교 대학원 수학과 졸업(이학박사)
2009 개정 초등수학 교과서 집필위원
뉴질랜드 오클랜드 교육대학 연구교수
제7차 초등학교 수학과 교과용도서 심의위원
현) 대구교육대학교 수학교육과 교수
『수학교육과 교구』, 『STEM은 초등교육이다』를 비롯한 다수의 저·역서가 있고,
"뉴질랜드의 교사교육 프로그램과 수학교사교육" 외 다수의 논문이 있음.

생활 속의 수학 이야기

초판 발행 2016년 10월 18일
초판 2쇄 발행 2018년 4월 20일

지은이 최창우
펴낸이 최국주
펴낸곳 동명사
출판등록 1950년 11월 1일(제1-76호)
주소 (우 10881) 경기도 파주시 회동길 50(문발동)
전화 031-955-7200(대표)~2, 7203(편집부), 7204(물류)
팩스 031-955-7205
전자우편 webmaster@dmsbook.com
홈페이지 www.dmsbook.com

東明社

ISBN 978-89-411-8166-8 13410
값 18,000원

머리말

우리의 삶 곳곳에서 수학을 만날 수 있다. 이를테면, 집에서나 지하철, 욕실, 세금고지서, 전력사용량, 교통수단, 신호등, 휴대폰, 책, 컴퓨터, 자연에서 등 이루 말할 수 없을 만큼 거의 모든 것이 수학으로 연결되어 있다 해도 과언이 아니다. 그러나 대부분의 사람들은 이러한 사실을 간과한 채 일상생활을 살아가고 있다.

수학은 자연과 사회에서 존재하고 서로 관련되어 작용하는 여러 현상들에서 규칙과 관계를 탐구하거나, 이들 사이의 내적 일관성을 특징으로 하는 예술이라고도 할 수 있다. 또한 수학은 신중하게 정의된 용어와 기호를 사용하는 언어라는 측면에서 다른 학문과 구별된다. 더욱 나아가 수학은 도구이며 생각하는 방법이라고도 말할 수 있다.

수학적 원리는, 이치를 구명하는 데 실생활에서 일어나는 현상들의 관계를 탐구하는 것을 넘어 그것을 논리체계에 따라 우리 인간만이 가지고 있는 사고에 의하여 논증하는 일을 주로 다룬다고 할 수 있다. 그리하여 우리가 살고 있는 우주 삼라만상의 복잡한 현상도 수학적 원리로 체계를 지음으로써 그 이치를 밝힐 수 있다.

모든 학문이 그러하듯이 수학도 지금까지 성장해 온 과정과 역사적 배경을 조망해 보면 현실과 동떨어진 관념의 세계라기보다는 우리 실생활의 현실에 뿌리를 두고 현실 속에서 살아 숨쉬는 학문이다.

이러한 맥락에서 이 책에서는 학교에서 배우는 수학이 실생활과 어떠한 연관성을 가지고 있으며 어떻게 활용되는가를 독자들에게 보여줌으로써 수학이 우리 생활과 괴리된 학문이 아니라 보다 친근감을 가지고 다가설 수 있다는 인식을 심어주는데 일차적인 목적이 있다.

그리하여 필자는 수년간 대구교육대학교의 학부 및 대학원에 재학하고 있는 예비교사들과 현직교사들에게 생활 속에서 수학을 찾아보게 하고 수학이 우리 생활과 어떻게 연관되어 있는지에 관한 생각을 해보도록 하였다.

처음에는 어떤 것을 찾을 수 있을까 감이 전혀 오지 않아서 힘들어했지만 시간이 지날수록 많은 학생들이 다양한 것에 대해 수학적으로 살펴보는 안목을 가지게 되었고 수학을 하는 이유가 무엇인가에 관한 의문점을 해소할 수 있었으며 그 결과 평소에 아무 생각 없이 배웠던 수학 과목의 중요성을 차츰차츰 깨닫게 하는 효과를 얻을 수 있었다.

여기에 제시한 내용들이 이러한 과정을 거쳐 필자가 수정, 보완한 내용들을 담고 있기에 부족한 점이 많이 있지만 이 책을 읽는 모든 사람들이 수학을 한 번 다시 되돌아보게 하는 계기만 되어도 절반의 성공이 아닌가 생각된다.

부족한 부분은 독자 여러분들의 지적과 조언에 따라 꾸준히 수정, 보완할 것임을 다짐해 본다.

끝으로 최근 출판업계의 어려움에도 불구하고 기꺼이 출판을 맡아준 동명사 관계자 여러분에게 깊은 감사를 전하는 바이다.

2016. 8

상록동산에서 저자 씀

목차

제1장

우리 일상생활의 특별한 소재를 활용한 수학

2009 개정 음악교과서들에 숨겨진 비밀 | 배차간격과 도착 예정시간 | 수박과 함께 떠나는 수학여행 | 데칼코마니와 창문 | 라면박스와 과자상자 | 곶감을 활용한 곱셈 | 음식점의 가격 비교 및 할인율 | 테셀레이션 | 나의 그림자 속에서 찾은 닮음 | 소수를 활용한 키와 몸무게 | 버스 번호에 숨겨진 비밀 | 신문에서 찾을 수 있는 규칙 | 자동차 번호판에 숨은 수학적 의미 | 휴대폰 이용 내역서 | 아르바이트 | 간단한 대학교 학생 번호의 규칙 | 십자수 도안에서 수학적 요소 찾기 | 대학 수학능력 시험 및 모의고사의 등급표 | 영화관의 좌석 배치 | 카페 음료 사이즈에서 나타나는 규칙성 | 패스트푸드 체인점의 감자튀김의 가격대비 개수 비교 | 효과적으로 지하철 환승하기 | 달력에서의 규칙 | 학생들이 공부하는 교실, 복도, 급식소에서의 수학 | 배스킨라빈스에서 | 지하철 배차간격과 수학 | 산책하다 발견하는 길 위의 수학 | 레고 블록에서 찾을 수 있는 수 개념 | 가계부

2009 개정 음악교과서들에 숨겨진 비밀

▲ 왼쪽부터 비상교육/미래엔/음악과생활/두산동아/지학사/천재문화

위 사진들은 지금 우리 대구교육대학교 도서관 2층에 비치된 총 6권의 2009 개정 음악교과서들이다.

곧 있을 전국 수업 비평 대회를 준비하며 수학교과서를 찾던 중 음악교과서들을 보게 되었다. 평소에는 '아, 여기 음악교과서들이 있구나' 하고 무심코 넘어갔을 텐데 그날따라 이런 생각이 들었다. '왜 음악교과서가 6권이나 있을까? 출판사별로 이렇게 음악교과서를 다르게 내놓은 이유는 뭘까? 한 권만 있어도 되지 않을까? 각 출판사마다 뭔가 다른 특징들이 있기 때문은 아닐까? 그래도 공통으로 음악교과서들이 추구하는 초등학교 음악 목표는 있지 않을까?'

나는 좀 더 깊이 있게 탐구해보기 시작했고, 이 여섯 가지 음악교과서들은 집합 중에서도

'교집합, 차집합, 전체집합, 여집합, 부분집합' 들로 수학적 설명이 가능하다는 것을 알 수 있었다. 이와 같은 사실을 알아내는 과정은 복잡했다. 무려 6가지나 되는 음악교과서들의 공통점, 차이점들을 동시에 발견하는 것은 무리였다. 그래서 다음과 같은 과정들을 통해서, 단계적으로 수학적인 부분들을 발견해보았다.

1단계 비상교육과 미래엔 출판사 비교하기

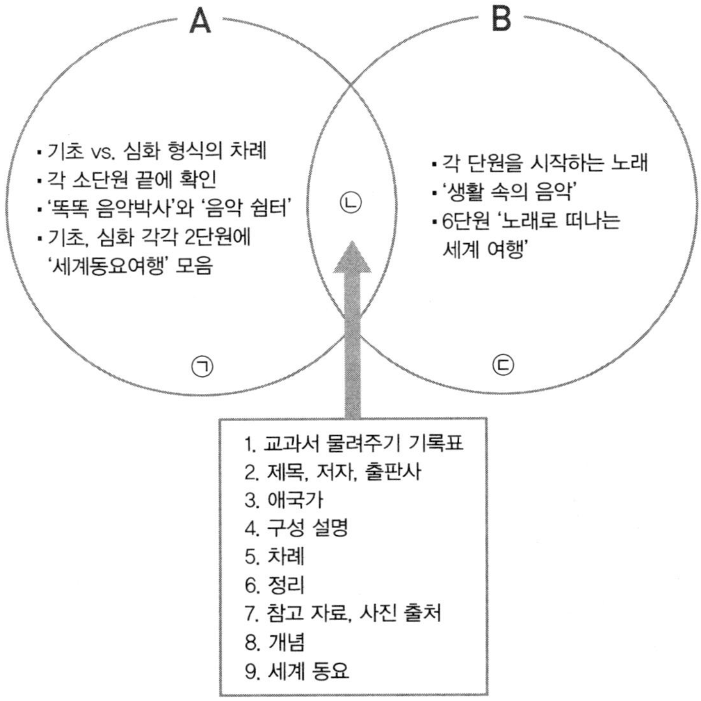

A는 비상교육을 B는 미래엔을 대표하는 집합이다.

㉠은 A에 대한 B의 차집합을 의미하는데 즉, 비상교육 출판사에서 출판한 음악교과서만의 특징에는 무엇이 있는지 나타내는 부분이라고 보면 된다. 그리고 A－B ＝ {기초 vs. 심화 형식의 차례, 각 소단원 끝에 확인, '똑똑 음악박사'와 '음악 쉼터', 기초, 심화 각각 2단원에 '세계동요여행 모음'}이라고 나타낼 수 있고, { } 안에 있는 비상교육 출판사만의 특징들은 집합에서 볼 때 원소들에 해당된다.

㉢은 B에 대한 A의 차집합을 의미하는데 즉, 비상교육 출판사와 달리 미래엔 출판사에서 출판한 음악교과서만의 특징에는 무엇이 있는지 나타내는 부분이다. 그리고 이 부분을 B－A

= {각 단원을 시작하는 노래, 생활 속의 음악, 6단원 노래로 떠나는 세계 여행}으로 나타낼 수 있고, { } 안에 있는 미래엔 출판사만의 특징들은 집합에서 볼 때 역시 원소들에 해당된다.

마지막으로 A, B 두 집합(원)이 교차하는 부분이 있는데 집합에서 말하면 A와 B의 교집합이라고 한다. 즉, 비상교육과 미래엔 출판사가 출판한 음악교과서들 사이에 공통점이 있다는 뜻이다. 이를 $A \cap B$ = {교과서 물려주기 기록표, 제목 & 저자 & 출판사, 애국가, 구성 설명, 차례, 참고 자료 & 사진 출처, 개념, 세계 동요}으로 나타낼 수 있다.

2단계 **지학사와 천재문화 출판사 비교하기**

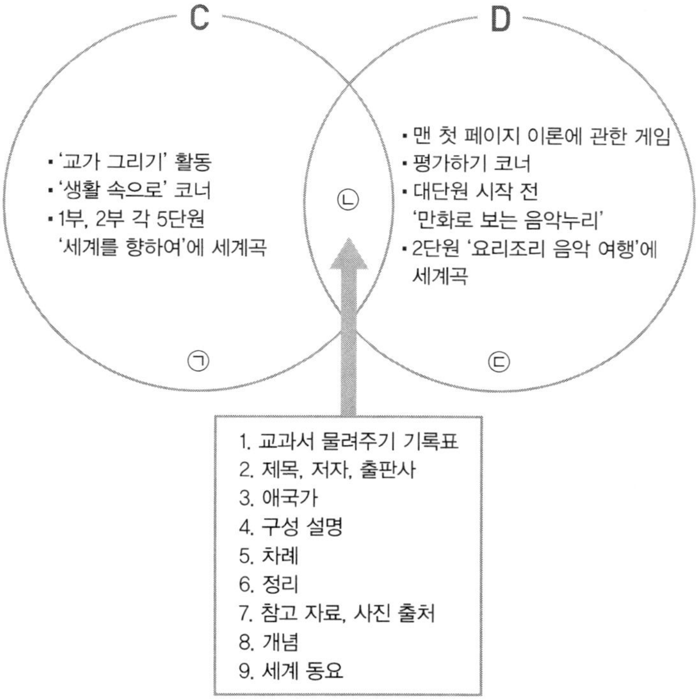

C는 지학사를 D는 천재문화를 대표하는 집합이다.

㉠은 C에 대한 D의 차집합을 의미하는데 즉, 지학사 출판사에서 출판한 음악교과서만의 특징에는 무엇이 있는지 나타내는 부분이라고 보면 된다. 그리고 $C-D$ = {'교가 그리기' 활동, '생활 속으로' 코너, 1부 & 2부 각 5단원 '세계를 향하여'에 세계 곡}이라고 나타낼 수 있고, { } 안에 있는 지학사 출판사만의 특징들은 집합에서 볼 때 원소들에 해당된다.

㉢은 D에 대한 C의 차집합을 의미하는데 즉, 지학사 출판사와 달리 천재문화 출판사에

서 출판한 음악교과서만의 특징에는 무엇이 있는지 나타내는 부분이다. 그리고 이 부분을 D－C = {맨 첫 페이지 이론에 관한 게임, 평가하기 코너, 대단원 시작 전 '만화로 보는 음악누리', 2단원 '요리조리 음악 여행'에 세계 곡}으로 나타낼 수 있고, { } 안에 있는 천재문화 출판사만의 특징들은 집합에서 볼 때 역시 원소들에 해당된다.

마지막으로 C, D 두 집합(원)이 교차하는 부분이 있는데 집합에서 말하면 C와 D의 교집합이라고 한다. 즉, 지학사와 천재문화 출판사가 출판한 음악교과서들 사이에 공통점이 있다는 뜻이다. 이를 C∩D = {교과서 물려주기 기록표, 제목 & 저자 & 출판사, 애국가, 구성 설명, 차례, 정리, 참고 자료 & 사진 출처, 개념, 세계동요}로 나타낼 수 있다.

3단계 1, 2단계 각 집합을 전체집합 개념으로 보기

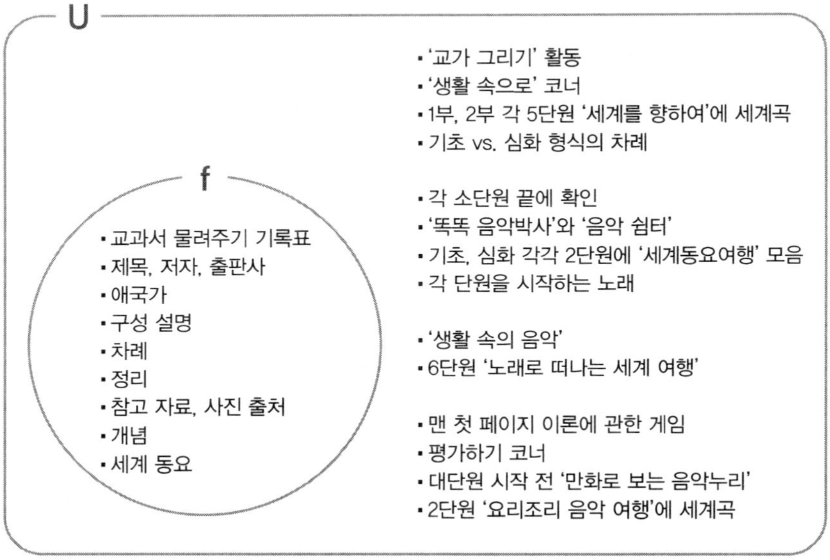

U는 전체집합으로 1, 2단계에서의 집합 A, B, C, D를 하나로 본 것이다. f는 부분집합(U⊃f)으로 집합 A, B, C, D의 공통 원소들을 모은 집합이라고 보면 되는데 즉, 비상교육, 미래엔, 지학사, 천재문화 이 4개의 출판사들이 출판한 2009 개정 3～4학년군 음악교과서 특징들의 공통점들을 모아놓았다고 이해할 수 있다.

4개의 음악교과서들의 공통점은 1쪽 하단에 '교과서 물려주기 기록표'가 있다는 것, 겉표지에 적혀있는 제목과 저자, 출판사가 한 번 더 속지에 언급되어 있다는 점, 애국가 노래가 있다는 점, 이 교과서를 어떤 식으로 구성했는지 설명하고 있다는 점, 차례 즉, 목차가 있다는 점, 각 단원이 끝나면 정리 부분이 있어서 복습할 수 있게 한다는 점, 마지막 페이지에서는 참고 자료와 사진 출처를 밝히고 있다는 점, 교과서 중간 중간에 음악 이론, 주의할 점 등 개념들을 언급하고 있다는 점, 바로 이런 것들이다.

부분집합 f의 바깥쪽이자 전체집합 U의 안쪽 부분은 집합개념으로 따지면 f의 여집합이다. 여집합의 정의를 보면 전체집합 U의 부분집합 A에 대하여, U의 원소 중에서 A에 속하지 않는 모든 원소로 이루어진 집합 $A^C = \{x|x \in U$ 그리고 $x \notin A\}$이라고 한다. 여기서 A대신에 f로 바꿔본 것뿐이다. 즉, 공통적으로 담고 있는 내용도 물론 있지만 4개의 음악교과서들에 담긴 출판사들만의 특징들(개성)들도 있다는 것을 보여주고 있다.

4단계 두산동아와 음악과 생활 출판사 비교하기

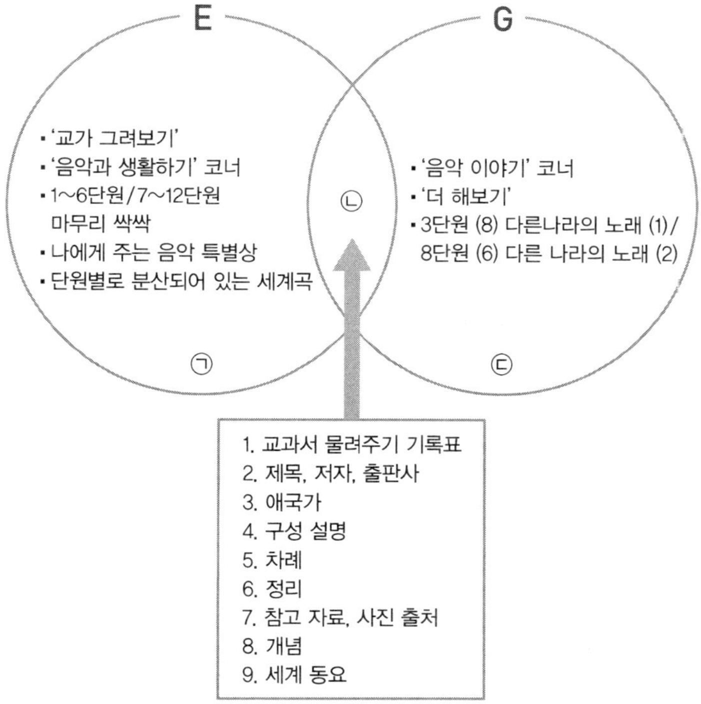

E는 두산동아를 G는 음악과 생활을 대표하는 집합이다.

㉠은 E에 대한 G의 차집합을 의미하는데 즉, 두산동아 출판사에서 출판한 음악교과서만의 특징에는 무엇이 있는지 나타내는 부분이라고 보면 된다. 그리고 $E - G = \{$교가 그려보기, 음

악과 생활하기 코너, 1~6단원/7~12단원 마무리 싹싹, 나에게 주는 음악 특별상, 단원별로 분산되어 있는 세계 곡}이라고 나타낼 수 있고, { } 안에 있는 두산동아 출판사만의 특징들은 집합에서 볼 때 원소들에 해당된다.

㉢은 G에 대한 E의 차집합을 의미하는데 즉, 두산동아 출판사와 달리 음악과 생활 출판사에서 출판한 음악교과서만의 특징에는 무엇이 있는지 나타내는 부분이다. 그리고 이 부분을 G－E＝{음악 이야기 코너, 더 해보기, 3단원 (8) 다른 나라의 노래 (1)/8단원 (6) 다른 나라의 노래 (2)}으로 나타낼 수 있고, { } 안에 있는 음악과 생활 출판사만의 특징들은 집합에서 볼 때 역시 원소들에 해당된다.

마지막으로 E, G 두 집합(원)이 교차하는 부분이 있는데 집합에서 말하면 E와 G의 교집합이라고 한다. 즉, 두산동아와 음악과 생활 출판사가 출판한 음악교과서에 공통점이 있다는 뜻이다. 이를 E∩G＝{교과서 물려주기 기록표, 제목 & 저자 & 출판사, 애국가, 구성 설명, 차례, 정리, 참고 자료 & 사진 출처, 개념, 세계 동요 }으로 나타낼 수 있다.

5단계 4단계 집합을 3단계에 추가함으로써 6개 출판사 음악교과서 한꺼번에 비교!

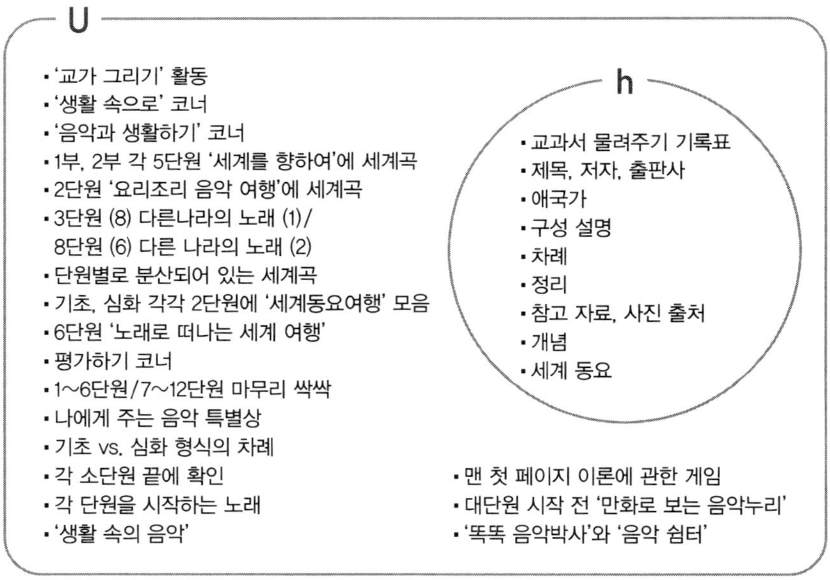

부분집합 h는 전체집합 U 즉, 6개의 출판사들의 특징들 중에서 공통적인 내용들만 묶어 놓은 것이다.

그리고 여집합 $h(h^C)$는 공통점을 제외한 각 출판사들만의 개성 있게 구성한 내용들의 모임이라고 볼 수 있다.

드디어 최종적으로 6개 출판사가 출판한 2009 개정 3～4학년군 음악교과서들을 한꺼번에 비교한 집합이 완성되었다. 먼저 이를 통해, 6개 출판사 모두 어떤 점에 공통적으로 중점을 두고 음악교과서에서 내용들을 구성했는지 알 수 있다. '교과서 물려주기 기록표'를 통해서는 아이들에게 다른 친구들에게 책을 물려줄 수 있을 만큼 깨끗하고 소중히 다루는 것을 실천해보라는 것과 환경보전이라는 의미가 담겨있다는 것을 알 수 있다. 그리고 여러 가지 동요라든지 감상 곡들을 배우기에 앞서 대한민국 국민으로서 기본으로 알고 있어야 하는 곡, 애국가를 수록함으로써 아이들에게 한국인이라는 정체성과 자긍심을 심어주려는 의도도 알 수 있다. '차례'는 교과서에서 어떤 곡들을 배울 것인지 길잡이 역할을 해주고 있다. 무엇보다 가장 큰 공통점으로는 단원이 끝날 때마다 '정리'하기에 해당되는 부분이 있다는 것이다. 노래를 부르고, 감상하는 것도 중요하지만 이론적인 측면에서도 기본적으로 알고 있어야 하는 내용들이 있다는 것을 알려주고 있다. '정리'를 통해 아이들이 단원에서 배운 내용을 되짚어보고 자신의 것으로 학습을 완성시키고자 하는 의도를 알 수 있다. 또 '개념'과 같은 경우도 중간 중간에 설명을 넣음으로써 아이들에게 음악에 대한 기본지식을 가질 수 있도록 함을 알 수 있다. 마지막으로 '세계 동요'를 통해서 현대 음악 교육에서도 세계와 밀접한 관련이 있다는 것을 알 수 있다. 이는 현대 사회가 세계화가 됨에 따라 좀 더 쉽게 음악을 통해서 다른 나라와 감정적으로 의사소통할 수 있는 능력을 기르고자 함이다.

정리를 하자면, 6개 출판사 모두 아이들에게 음악에 대한 지식에 앞서 환경을 생각하는 어린이, 정체성이 확립된 어린이를 키우는 기본적인 생각을 가지고 있고, 음악교과서를 잘 활용할 수 있도록 돕고 있으며, 아이들이 기본적 음악 지식을 학습할 수 있다는 것을 목표로 하고 있다.

$A \cap B \cap C \cap D \cap E \cap G$ 즉, 6개의 출판사가 공통점으로 갖고 있는 이러한 특징들은 자세히 보면 음악을 배우는 3～4학년 아이들에게 기본적으로 중요하다는 것을 알 수 있다. (특히, 음악교과서라는 게 음악을 학습할 수 있도록 하는 게 역할인데 개념과 정리하기 이런 부분들이 없었으면 유명무실일 수 밖에 없다.) 이를 통해서, 앞으로 음악교과서를 만들 때 어떤 내용들을 기본적으로 갖추어야 하는지 그 길잡이 역할을 해준다는 점과 어떤 점들이 중요한지 알 수 있기 때문에 앞으로 음악을 지도하는 데 있어 어디에 중점을 두고 가르쳐야 할 지 방향을 알려

준다는 점에서 교집합을 통해 살펴본 것이 의의가 있었다.

하지만, 각 출판사들은 공통적으로 위와 같은 내용을 담고 있을 뿐만 아니라 각자 고유한 방식으로 교과서를 구성하고 있다. 즉, 집합으로 보았을 때 차집합의 특성 또한 가지고 있는 것이다. 예를 들어, '비상교육' 출판사의 경우에는 '똑똑 음악박사'라는 코너가 있다. 아이들이 궁금해 하는 음악 질문들과 대답을 설명해줌으로써, 단순히 노래 곡을 배우는 것을 넘어서 더 폭 넓은 음악 지식을 재미있고 이해하기 쉽게 배울 수 있도록 해주고 있다. 이와 같이 출판사마다 개성을 보이는 이유는 바로 학교(교사)가 3～4학년 아이들에게 자신들만의 음악 교육 방식에 맞는 교과서를 재량으로 선택해 학생들에게 제공할 수 있는 기회를 부여하기 위함이라고 볼 수 있다. 다양한 특색을 특징으로 하는 2009 개정 3～4학년 음악교과서들이 학교(교사)가 학생들에게 더 적합한, 학생들을 위한 그런 교재를 갖출 수 있도록 한다는 점과 또한 이렇게 수학적으로 구성되어 있음을 알 수 있었다.

배차간격과 도착 예정시간

신나게 야구 경기를 보고 난 후, 태현이와 삼촌은 집으로 가기 위해 지하철역과 버스 정류장이 있는 곳으로 걸어왔어요.

"태현아, 우리가 집으로 가려면 버스나 지하철을 타야 하는데, 어떤걸 타면 더 빨리 집에 도착할까? 버스를 타면 집까지 26분이 걸리고 지하철을 타면 20분이 걸린단다."

"그럼 당연히 지하철을 타야죠!"

"태현아, 버스와 지하철의 배차간격도 고려해야지. 지하철이 더 늦게 도착할 수도 있잖니."

"아! 그렇구나. 그럼 배차간격이랑 그 전 출발시간도 가르쳐주세요."

"그래 그러자꾸나. 버스는 12분마다 오고 지하철은 7분마다 온단다. 어, 지금 시간이 오후 10시 5분이니깐 버스는 9분 전에 출발했고, 지하철은 지금 출발했구나."

"음…. 그러면 버스는 3분 뒤에 도착하니깐 10시 8분에 도착해요. 그리고 지하철은 방금 출발했으니깐 7분 뒤인 10시 12분에 도착하네요. 삼촌! 지하철이 4분 늦게 도착해요."

"그럼 태현아, 집에 도착하는 시간은 어떤 편이 더 빠를까?"

"네. 음, 버스는 10시 8분에 26분을 더하면, 10시 34분에 도착하고, 지하철은 10시 12분에 20분을 더해서 10시 32분에 도착하니깐… 지하철이 2분 더 빨리 도착해요."

"우리 태현이 시간계산도 잘하고 아주 똑똑한 걸. 우리 그럼 얼른 지하철 타러 가자꾸나."

수박과 함께 떠나는 수학여행

궁금해요 ① 수박 농부 땡땡씨가 봄을 맞이하여 밭에 수박 모종을 심으려고 해요. 땡땡씨네 농장의 고랑은 1줄이 60m랍니다. 모종 간격은 100cm 간격으로 심을 수 있다고 해요. 고랑이 모두 5줄이라고 할 때, 심을 수 있는 모종은 모두 몇 개일까요? (수와 연산-곱셈, 측정-길이)

해결되었나요? 100cm는 1m에요. 1줄이 60m이므로 얼른 보기에 1줄에 60개의 모종을 심을 수 있다는 답이 나온답니다. 여기서 조심해야 할 사실은 마지막에 모종 하나를 더 심을 수 있다는 것이에요. 결국 1줄에는 61개의 모종을 심을 수 있고, 고랑은 총 5줄이 있으므로 심을 수 있는 모종은 모두 61개×5줄, 305개랍니다.

궁금해요 ② 땡땡씨가 심은 수박 모종은 20%의 확률로 노란 수박이 나온다고 해요. 수확에 성공한 수박이 총 110개일 때, 그 중 몇 개가 노란 수박일 확률이 높을까요? (수와 연산-곱셈, 확률과 통계-가능성과 평균)

해결되었나요? 20%의 확률은 소수로 바꾸면 0.2, 분수로 바꾸면 $\frac{1}{5}$입니다. 110개×0.2를 하거나 110개×$\frac{1}{5}$을 하면 22개라는 결과가 나온답니다.

궁금해요 ③ 땡땡씨가 빙글빙글 마트에 수확한 수박을 팔았답니다. 빙글빙글 마트는 땡땡씨 수박을 큰 수박→작은 수박→작은 수박→큰 수박→작은 수박→작은 수박…의 순으로 진열하려고 해요. 9번째, 10번째, 11번째는 각각 어떤 수박이 진열될까요? (규칙성-규칙 찾기)

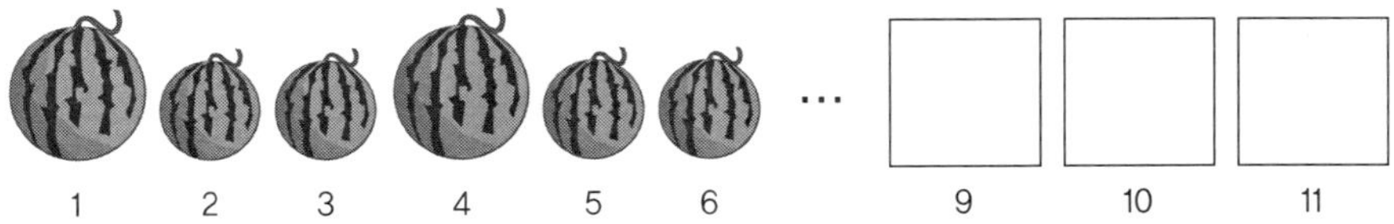

해결되었나요? 위의 규칙대로 한다면 7번째 큰 수박, 8번째 작은 수박, 9번째 작은 수박, 10번째 큰 수박, 11번째 작은 수박 12번째 작은 수박…의 순으로 진열 돼요. 그러므로 9번째, 10번째, 11번째에는 각각 작은 수박, 큰 수박, 작은 수박이 온답니다.

궁금해요 ④ 냠냠이와 4명의 친구들이 수박을 먹고 싶어 하네요. 돈을 모아보니 모두 20,000원이 있네요. 큰 수박은 1개에 16,000원이에요. 냠냠이와 4명의 친구들이 수박을 사고 남은 거스름돈을 5명이 나눠가지려면 얼마씩 가지면 될까요? (수와 연산-뺄셈, 나눗셈)

해결되었나요? 냠냠이와 친구들이 받을 거스름돈은 20,000원－16,000원, 즉 4,000원이에요. 이 4,000원을 다섯 친구가 나눠가지려면 한 친구 당 4,000원÷5명 ＝ 800원씩 받을 수 있답니다.

궁금해요 ⑤ 냠냠이와 4명의 친구들은 수박을 잘라서 먹으려고 해요. 5명의 친구들이 모두 각자 다른 모양으로 수박을 잘랐네요. 냠냠이는 정삼각형, 4명의 친구들은 원, 정사각형, 직사각형, 정오각형을 만들었어요. 친구들이 자른 도형의 꼭짓점과 변의 개수는 각각 몇 개일까요? (도형-평면도형과 그 구성 요소, 여러 가지 사각형, 다각형)

해결되었나요? 다각형은 □각형, 네모 속에 들어가는 수가 꼭짓점과 변의 수를 나타내요. 즉, 정삼각형은 꼭짓점과 변이 모두 3개에요. 또 정사각형과 직사각형은 모두 꼭짓점과 변이 4개씩 있답니다. 정오각형은 꼭짓점과 변이 5개가 있고요. 원은 꼭짓점과 변이 모두 없어요.

궁금해요 ⑥ 냠냠이와 친구들이 수박을 먹다가 한 친구가 색다른 아이디어를 냈어요. 남은 수박으로 수박 주스를 만들어 먹는 거예요! 수박 주스를 만든 뒤 그릇과 컵에 나누어 담으니 200ml씩 3컵, 30ml씩 2컵이 나왔네요. 수박 주스의 총 양은 몇 ml일까요? (수와 연산-덧셈, 곱셈, 측정-들이)

해결되었나요? 200ml×3컵은 600ml, 30ml×2컵은 60ml가 돼요. 600ml+60ml는 660ml이므로, 수박 주스의 총 양은 660ml가 된답니다.

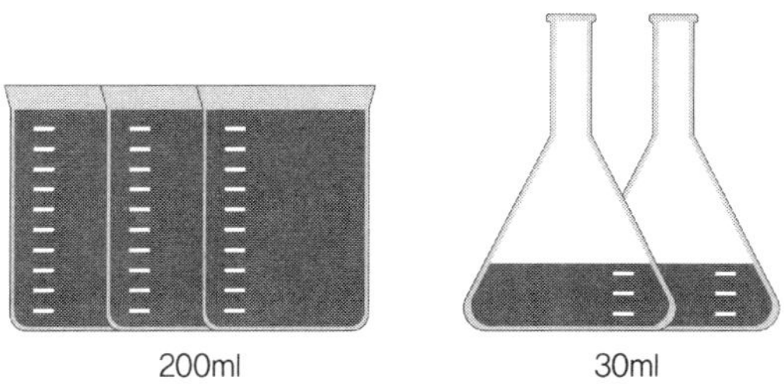

데칼코마니와 창문

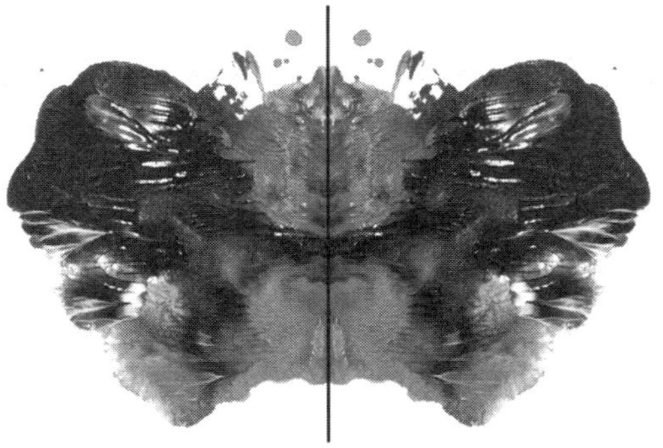

미술에서 수학적 요소를 활용한 사례를 찾아볼 수 있다. 종이에 반쪽 면에 칠을 하여 그것을 접어 반대편에도 똑같이 나타내는 데칼코마니 기법. 그리고 창문을 앞에서 바라 봤을 때도 좌우가 대칭이다. 둘 다 좌표평면을 그렸을 때 y축 대칭이라고 할 수 있다.

데칼코마니를 통하여 양쪽이 서로 똑같으면 그것은 대칭을 이룬다고 한단 것을 알 수 있다. 수업을 할 때는 종이를 반으로 접고 한쪽 면에만 물감을 칠하고 다시 접어 누른 후 펼쳤을 때 그림을 안 그린 면에 물감이 묻어서 나온 그림과 원래의 그림은 서로 대칭된다는 사실을 알 수 있다. 데칼코마니는 물감을 이용하여 배우는 미술기법이다. 그 특성상 미술과 수학을 서로 통합하여 수업을 할 수 있다. 데칼코마니에 대해 먼저 배우고 직접 해보고 나서 이것이 대칭을 이룬다는 사실을 아이들에게 알려주면 개념에 대해 좀 더 이해하기 쉬울 것이다.

창문의 꼭짓점, 모서리, 면을 알아보고 대칭되는 부분을 확인하여 점대칭, 선대칭, 면대칭이라는 수학적 개념에 대해 좀 더 쉽게 접근할 수 있다.

라면박스와 과자상자

라면 포장을 위해 쓰인 박스와 과자 상자는 입체도형으로 겉넓이, 부피, 전개도를 공부할 때 활용될 수 있다. 작은 생활용품 안에서도 도형 영역이 다양하게 활용된다는 것을 알 수 있다.

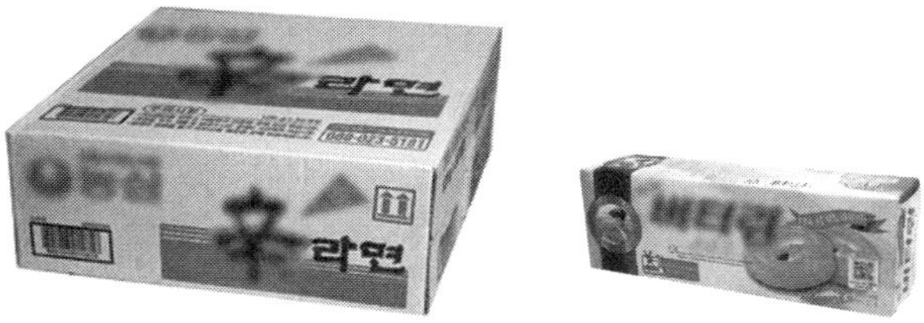

우리 생활주변에서 쉽게 구할 수 있는 이러한 상자들을 수업시간에 갖고 오게 하여 여러 수학적 개념들을 배워 볼 수 있다. 라면 박스의 부피와 겉넓이를 실제로 직접 측정해 봄으로써 수학적 감각을 길러 줄 수 있고 실생활 속에서의 수학이 좀 더 쉽게 와 닿을 수 있다.

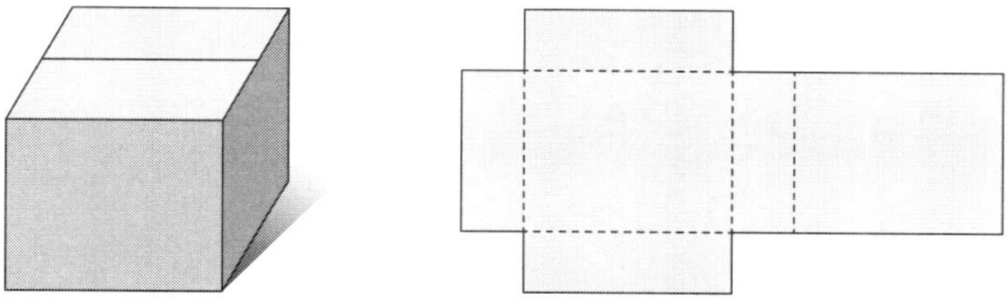

과자상자의 경우 라면박스보다 크기가 작기 때문에 라면박스에 비교하여 부피, 겉넓이를 구할 수 있다. 또한 칼로 자르기가 좋기 때문에 전개도를 구하는데도 용이할 수 있다. 과자 상자는 직육면체의 입체도형이다. 이것을 칼로 적당히 자르면 다음과 같은 입체도형이 나올 수 있다. 과자 상자같이 생긴 모양은 전개도가 있고 이 전개도를 접고 붙이면 입체도형이 된다는 사실을 직접 눈으로 확인하며 공부할 수 있다.

곶감을 활용한 곱셈

나는 곶감을 매우 좋아하는 편이다. 늘 비싸서 못 먹지만 가끔씩 시골에 가서 먹는 곶감은 나를 행복하게 한다. 그런 곶감을 통해서 곱셈을 해봐도 좋을 것 같다.

우선 오른쪽 그림에 있는 곶감의 개수는 20개이다. 이것을 그저 하나하나 세어서 20개를 셀 수도 있지만 그러기에는 조금 시간이 걸린다. 그렇기 때문에 우리는 좀 더 빠르게, 그리고 손

쉽게 셀 수 있는 방법을 배워 볼 것이라고 하면서 곱셈을 가르치면 될 것 같다.

4쌍을 한 묶음으로 하여 5줄 있으니까, 혹은 5줄로 4쌍씩 있으니까 4×5 혹은 5×4를 해서 답을 구할 수 있기 때문이다.

결국 2학년들이 처음으로 곱셈을 배울 때의 소재로 활용하면 좋을 것 같다. 물론 꼭 곶감을 소재로 할 필요는 없고 다양한 먹을거리나 아이들의 관심사를 통해서 재미있게 곱셈 수업을 하면 될 것이다.

음식점의 가격 비교 및 할인율

1. 패밀리 레스토랑-할인

OUTBACK STEAKHOUSE 아웃백	① 통신사 할인 : 제공하지 않는다. ② 신용카드 및 체크카드 : 가장 높은 할인율을 제공하는 카드는 신한 아웃백 카드로 30～40%를 할인해준다. ③ 메뉴 中 스테이크 : 찹 스테이크플래터는 250g이며, 22,550원이다. 다른 고기 메뉴들은 거의 립이라서 무게는 400g, 550g이 있으며 가격은 32,450원부터 39,050원으로 다양하다. 단, 립 음식은 뼈의 무게를 고려해야 한다.
VIPS 빕스	① 통신사 할인 : 빕스에서는 타 통신사의 할인은 되지 않으며, 오직 'SKT' 카드로만 할인을 받을 수 있다. T멤버십 일반 카드는 총 금액의 10%를 할인해주며 T멤버십 높 카드는 총 금액의 20%를 할인해준다. ② 신용카드 및 체크카드 : 가장 높은 할인율을 제공하는 카드는 CJ ONE 신한&삼성카드로 최대 30%를 할인해준다. ③ 메뉴 中 스테이크 : 빕스의 메뉴는 샐러드바 1인을 포함하고 있으며, 210g에 39,300원부터 시작해서 2인, 3인 메뉴 등 다양한 메뉴가 있다.
T.G.I. FRiDAY'S T.G.I.F	① 통신사 할인 : T.G.I.F에서는 KT를 제외한 SKT, LG U+의 할인을 제공받을 수 있다. SKT멤버십 카드로는 총 금액의 20%를 할인 받을 수 있으며 5월 30일까지는 매주 금요일 총 금액의 50%를 할인해주고 있다. LG U+ 멤버십 카드는 총 금액의 20%를 할인해준다. ② 신용카드 및 체크카드 : 하나 SK 터치카드의 할인율이 40%로 가장 높으며 삼성카드와 시티카드는 총 금액의 30%만큼 포인트를 차감하고, 할인을 해준다. ③ 메뉴 中 스테이크 : 무게가 200g인 스테이크가 7종류 있으며, 가격은 25,500원부터 33,000원까지 다양하게 존재한다.

패밀리 레스토랑의 할인율 및 스테이크 가격을 비교 함으로써 학생들이 학습할 수 있는 것은 다음과 같다.
첫째, 학생들은 할인율을 통해서 백분율을 알고, '규칙성' 영역의 '비와 비율'을 학습할 수 있다.
둘째, 위의 할인율을 자신들이 먹은 총 금액에 적용함으로써 '자연수(먹은 금액)×분수 및 소수(할인율)'를 계산할 수 있다.
셋째, 3사의 할인율을 비교해봄으로써 분수 및 소수의 대소 관계를 학습할 수 있다.
마지막으로, 스테이크 메뉴를 먹는다면 '측정' 영역의 '양의 개념'을 바탕으로 무게 비교를 할 수 있다.

2. 피자-메뉴 비교 및 할인

 미스터피자	① 통신사 할인 : SKT의 T멤버십 카드로는 총 금액의 15%를 할인받을 수 있고, T플&T커플 카드로는 총 금액의 20%를 할인받을 수 있다. 또한, 5월 30일까지 매주 금요일마다 총 금액의 50%를 할인받을 수 있다. KT의 멤버십 카드로는 총 금액의 15%를 할인받을 수 있으며, LG 일반 멤버십 카드로는 총 금액의 15%를, VIP 멤버십 카드로는 20%를 할인받을 수 있다. ② 신용카드 및 체크카드 : 현대카드 M 포인트 카드, 삼성카드, 신한카드, BC카드, 하나 SK TOUCH 카드의 포인트를 30% 차감하고 30%를 할인받을 수 있다. ③ 포테이토 피자 가격 비교 : 프리미엄 메뉴 중 포테이토골드피자-R : 17,900원, 1조각 당 111g이며 총 6조각/L : 22,900원, 1조각 당 139g이며 총 8조각/치즈 캡을 추가할 경우 4,000원의 추가 금액을 내야 한다.
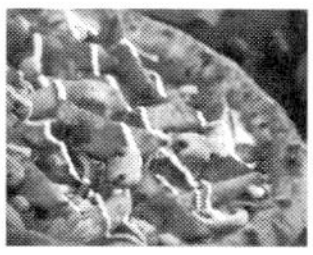 피자헛	① 통신사 할인 : SKT, KT, LG 멤버십 카드 모두 전체 금액의 15%를 할인해준다. ② 신용카드 및 체크카드 : 현대 M 카드의 포인트를 30% 차감하고 30%를 할인받을 수 있다. ③ 포테이토 피자 가격 비교 : 치즈크러스트 메뉴 중 베이컨 포테이토피자-M : 26,900원, 1조각 당 108g이며 총 6조각/L : 32,900원, 1조각 당 116g이며 총 10조각
 도미노피자	① 통신사 할인 : SKT 일반 멤버십 카드는 전체 금액의 15%를, VIP 멤버십 카드는 전체 금액의 30%를, 눝 카드는 전체 금액의 20%를 할인해준다. KT 멤버십 카드는 전체 금액의 15%를 할인해주며 LG 멤버십 카드 역시 15%를 할인해준다. ② 신용카드 및 체크카드 : NH 농협카드는 포인트 차감 없이 30%를 할인해주며, 신한카드 포인트 30%의 포인트를 차감하고 총 금액의 30%를 할인해준다. 그 외에도 BC 탑 포인트, KB카드 등으로 할인이 가능하다. ③ 포테이토 피자 가격 비교 : 스테디셀러 메뉴 중 포테이토피자-M : 18,500원, 2조각 당 163g이며 총 8조각/L : 24,900원, 1조각 당 150g이며 총 8조각

피자 가게들의 할인율 및 가격을 비교함으로써 학생들이 배울 수 있는 것에는 여러 가지가 있다.
첫째, 피자의 크기가 R(M)-레귤러/L-라지 두 종류인데 이 둘의 크기를 비교하는 것이다. 예를 들어 피자헛 치즈크러스트 베이컨포테이토 피자의 M의 지름은 25cm이며 L의 지름은 33cm이다. 이를 통해 학생들은 '도형' 영역의 원에 대해 학습할 수 있다.
둘째, 모든 할인혜택은 중복이 불가능하기 때문에 어떤 할인을 선택하는 것이 가장 효율적인지 학생들이 직접 판단해봄으로써 '경우의 수'를 학습할 수 있다.
셋째, ③번에 나와있는 피자들마다 각 재료는 거의 동일한 편인데 중량과 가격의 차이가 있음을 알 수 있다. 이를 통해 아이들은 어떤 피자가 더 무거운지 판단하여 '측정'영역의 양과 측정을 학습할 수 있다.
마지막으로, 패밀리 레스토랑에서처럼 할인율을 통해 '규칙성' 영역의 '비와 비율'을 학습할 수 있다.

3. 카페-핫 초코 가격&양 비교

스타벅스		① 상품명 : 시그니처 핫 초콜릿 ② 용량 : 톨 사이즈-약 355mL ③ 가격 : 5,100원 ④ 특징 : 핫 초코+휘핑크림+코코아파우더로 구성
투썸 플레이스		① 상품명 : 핫 초콜릿 ② 용량 : 약 354mL ③ 가격 : 4,500원 ④ 특징 : 핫 초코+휘핑크림+초코 칩으로 구성
이디야		① 상품명 : 초콜릿 ② 용량 : 약 340mL ③ 가격 : 2,800원 ④ 특징 : 핫 초코+휘핑크림+코코아파우더로 구성
카페베네		①상품명 : 리얼 초콜릿 라떼 ②용량 : 약 320mL ③가격 : 5,000원 ④특징 : 핫 초코+휘핑크림+코코아파우더로 구성

카페들의 핫 초코 가격을 비교함으로써 학생들이 배울 수 있는 것은 다음과 같다.
첫째, 카페의 컵의 크기 별로 담기는 음료의 양이 다르므로 '측정' 영역의 양과 측정을 학습할 수 있다.
둘째, 학생들은 다양한 컵의 모양을 보며 '도형' 영역을 학습할 수도 있다.
셋째, 패밀리 레스토랑이나 피자와 같이, 같은 메뉴를 먹기 위해 어떤 카페로 가는 것이 가장 합리적인 선택인가를 선택할 수 있으며 이를 통해 '경우의 수'를 생각해 볼 수 있다.

테셀레이션

일상생활에서 타일은 많이 쓰인다. 흔히 화장실이나 담벼락, 요즘은 일반 방을 아름답게 꾸미기 위한 방편으로 일정한 모양의 벽돌, 타일을 나열하는 방법이다.

이것은 초등학교 수학에서 도형의 규칙을 찾는 과정에서 밀어보고, 평행이동 등을 해서 무늬를 꾸미는 과정과 동일하다.

보통 테셀레이션이라 하는데 테셀레이션은 평면적인 공간을 한 개 혹은 두 개의 모형 또는 타일로 빈틈없이 메꾸는 것이다.

그림 1.1은 정사각형의 보도블록으로 가장 쉬운 규칙성이라고 할 수 있다. **그림 1.2**의 보도블록은 직사각형을 정사각형으로 만들어 규칙성을 만든 것이다. **그림 1.3**의 보도블록은 아래에서 언급하는 테셀레이션 기법을 도입하여 만들었는데, 기본적인 도형은 오른 쪽 위에 있는 직사각형이라고 할 수 있다. **그림 1.4**의 보도블록 모양이 가장 흔히 보이는 우리가 찾아볼 수 있는 예이다.

▲ 그림 1.1

▲ 그림 1.2

▲ 그림 1.3

▲ 그림 1.4

그 외에 생활 속에서 찾은 규칙성을 가진 무늬는 포장지(벽지무늬, 카펫무늬), 옷 등이 있다.

그림 1.5는 크리스마스 포장지이다. 정사각형으로 만든 도형의 규칙성을 찾아볼 수 있다. **그림 1.6**은 북유럽풍의 카펫 또는 러그이다. 요즘 북 유럽풍 인테리어가 각광받는데 이러한 삼각형 규칙성의 카펫을 많이 찾아볼 수 있다.

▲ 그림 1.5

▲ 그림 1.6

사실, 우리는 생활 속에서 이보다 많은 규칙성을 찾을 수 있으며 예술적으로 가치가 있는 무늬들도 있다. 앞서 설명한, 옷이나 포장지는 아마 예술적인 가치가 있는 규칙성일 것이다. 이런 무늬들이 쓰인 예술 작품도 있다.

대표적으로 하나만 제시한다면, 가장 유명한 에셔의 도마뱀을 들 수 있을 것이다. 여러 도마뱀을 합쳐서 무늬를 만들어내는데 빈틈이 없다.

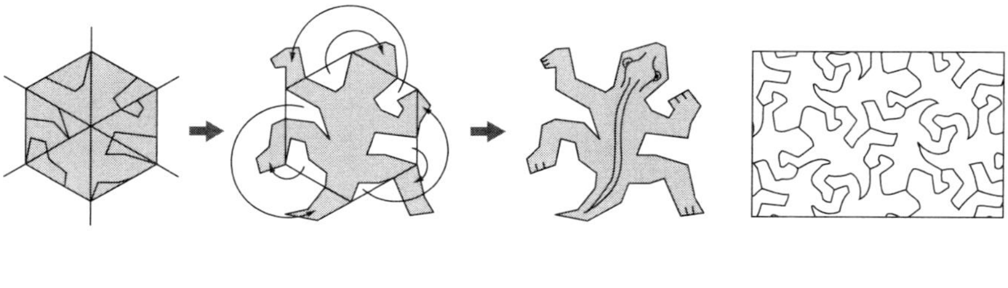

에셔는 이러한 도마뱀을 정육각형의 도형에서 착안하여 만들었다. 옆의 이미지를 잘 보면, 정육각형이 점점 도마뱀의 모습으로 되어가는 것을 확인 할 수 있을 텐데, 원래의 이미지인 오른쪽의 이미지와 비교하면 더 원리를 파악하는 데 도움이 될 것이다.

초등학교 수학의 도형영역에서 규칙 찾기와 무늬 꾸미기에서 이러한 활동들은 특히 도움이 될 수 있을 것이다. 먼저 일상생활에서 '우리가 무늬를 어디서 찾을 수 있을까'로부터 시작하여 우리가 무늬로 생각하는 것을 일상생활에서 어떻게 쓰고 있는지, 그와 더불어 예술에서는 어떻게 받아들여지는지도 얘기하고, 우리가 무늬를 어떻게 꾸밀 수 있을지 자연스럽게 토의해 볼 수 있다.

나의 그림자 속에서 찾은 닮음

처음 닮음의 요소를 찾을 때 도형처럼 각의 크기나 모양은 같지만 크기만 달라지는 것은 없을까 계속 생각하다보니 그림자가 떠올랐다. 나의 그림자는 내 모습을 비춘 것이기 때문에 내 모습과 모양은 같지만 빛의 각도에 따라 그 크기가 달라진다. 즉 그림자들은 서로서로 닮음이다. 그런데, 빛의 양에 따라 색깔이 짙고 옅어지거나, 또 각도에 따라 그림자가 위로 길어지거나 옆으로 퍼짐, 또는 기형적으로 바뀔 수 있어 완전한 닮음을 만들 수 없다는 문제가 있었다. 그래서 다른 닮음의 예를 찾은 것이 러시아인형 '마트로시카'이다. 마트로시카란 커다란 인형 안에 모양은 같지만 그보다 작은 인형이, 또 그 안에 더 작은 인형이 계속 들어 있는 인형을 말하는데, 닮음을 이야기 할 때 더할 나위 없이 좋은 예이다.

아이들에게 익숙한, 그림자를 통해 닮음이란 것을 설명하고, 닮음인 두 물체(그림자)의 같은 점과 다른 점이 무엇인지 스스로 찾도록 한다. 그리고 위에서 말했듯이 그림자는 완전한 닮음이 아니기 때문에, 앙증맞은 러시안 인형 마트로시카로 관심을 유도해 닮음을 확실히 익힐 수 있다.

소수를 활용한 키와 몸무게

소수를 이용한 예는 실생활에서 쉽게 찾을 수 있다. 대부분의 가정집에는 체중계나, 줄자가 하나씩은 있을 것이다. 만약 없더라도, 학교에서 매년 신체검사를 하기 때문에, 아이들 자신의 키와 몸무게는 소수점으로 이루어져 있다는 것을 알 것이다.

수학적 활용 측면으로 아이들의 키와 몸무게를 물어 소수가 무엇인지 설명하고 왜 소수가 필요한지를 알게 한다. 키와 몸무게를 예로 들어, 자연수로 나타내면 '철수는 140cm이고 민수도 140cm이다. 즉 둘은 같다.' 이지만 실제로 이 둘은 키 차이가 분명히 난다. 이것을 깨닫게 하여 키, 몸무게와 같이 연속성이 있는 것들은 조금 조금씩 차이가 나기 때문에 정확성을 위해 우리는 소수 사용이 필요함을 인식시킬 수 있다. 이 외에도 15cm자, 1.5L 페트병 등 많은 예를 찾을 수 있지만 실생활에서 찾을 수 있는 소수의 예는 모두 단위를 배워야 하는 문제가 있다.

버스 번호에 숨겨진 비밀

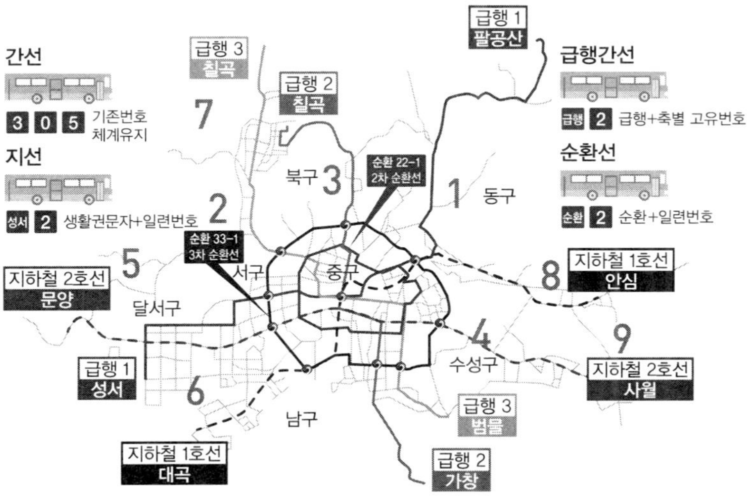

▲ 대구광역시 버스 번호의 원리

버스를 타다보면 종종 이런 의문이 들 때가 있다. '대체 이 버스 번호들은 어떻게 해서 붙여진거지? 무슨 순서가 있나?' 아니나 다를까 버스 번호는 아무렇게나 붙여진 것이 아니었다. 이 또한 지역별로 그 원리가 다르다고 하니 알아보자.

대구광역시 버스번호에는 각각 거치는 지역들이 숨겨져 있었다.(1. 동구, 2. 서구, 3. 북구, 4. 수성구, 5. 성서, 6. 대곡, 7. 칠곡, 8. 안심)예를 들면 427번은 수성구에서 서구를 들렸다가 칠곡 가는 버스이고, 706번은 칠곡에서 중구를 갔다가 대곡방향으로 가는 버스인 것이다. 이런 식으로 자신이 가고자 하는 지역의 번호만 알고 있으면 대략적으로 올바른 버스를 찾아 타기 쉬울 것이다.

신문에서 찾을 수 있는 규칙

우리가 흔히 접할 수 있는 책들이나 교과서에는 첫 페이지에 목차가 적혀져 있어서 원하는 내용을 쉽게 찾아볼 수 있다. 그러나 이와 같은 목차가 책들처럼 신문에서는 첫 페이지에 나와 있는 것이 아니어서 우리는 책들에 비해 신문에서 원하는 내용을 쉽게 찾아볼 수 없다. 하지만 목차가 없다고 해서 불규칙한 순서대로 신문에 기사들이 기재되는 것은 아니다. 신문에는 비슷한 종류의 기사들을 분류해 묶어서 규칙적으로 기재되며 이 외에도 신문에는 특정한 규칙들이 존재한다. 이 규칙들을 알아보기 위해 2013년 11월 4일 월요일부터 2013년 11월 7일 목요일까지의 중앙일보를 이용하였다.

먼저, 중앙일보의 면에 관한 규칙은 다음과 같다.

중앙일보의 면에 관한 규칙

	4일 자 신문	5일 자 신문	6일 자 신문	7일 자 신문
전체 면수	36면	32면	32면	32면
가운데면 (신문지 가운데가 갈라지지 않은 부분)	18, 19면	16, 17면	16, 17면	16, 17면
왼쪽 면	항상 짝수			
오른쪽 면	항상 홀수			

표에 나타나 있듯이 네 개의 신문 중 4일 자 신문만 36면이었고, 나머지는 모두 32면이었다. 이를 통해 중앙일보는 대개 30면 이상으로 구성되어있다고 볼 수 있다. 그리고 4일 자 신문이 36면이었으므로 신문의 가운데 면은 18, 19면이 된다. 이를 식으로 나타내면 다음과 같다.

왼쪽 면 $= 36 \div 2$, 오른쪽 면 $= 36 \div 2 + 1$

마찬가지로 5, 6, 7일 자 신문들은 모두 32면으로 구성되었으므로 이 신문들의 가운데 면은 '$32 \div 2$, $32 \div 2 + 1$' 즉, '16, 17면'이 되는 것이다. 그리고 신문은 반이 접힌 상태에서 첫 번째 면이 시작되므로 신문을 펼쳤을 때 항상 왼쪽 면에는 짝수가, 오른쪽 면에는 홀수가 적혀있다.

두 번째로 중앙일보의 구성에 따른 신문의 면의 개수는 두 번째 표와 같은 규칙을 가지고 있다.

중앙일보의 구성에 따른 신문의 면의 개수

	4일 자 신문	5일 자 신문	6일 자 신문	7일 자 신문
종합	8면 (이중 2면은 외교안보)	5면	6면	5면
정치	0면	2면	2면	3면
사건·사회	4면	3면	3면	4면
국제	2면	2면	1면	2면
문화	2면	2면	2면	2면
스포츠	4면	2면	2면	2면
사람·사람	1면	2면	2면	2면
오피니언	4면	4면	4면	4면
전면 광고	11면	7면	9면	8면
기획	0면	2면	0면	0면
대구경북	0면	0면	1면	0면
전국	0면	1면	0면	0면

표를 통해서 '오피니언' 부분은 항상 4면으로 구성되어 있고, '종합 부분'은 5~6면으로 구성되어 있다는 것을 알 수 있다. 그리고 '정치', '사건·사회' 부분은 2~4면으로 구성되어있다. 그런데 4일 자 신문에서는 종합 부분에 외교안보가 포함되어 8면으로 구성되었으므로 정치 부분은 한 면도 구성되지 않았다.

다음으로 '국제', '문화', '스포츠', '사람·사람' 부분은 대개 2면으로 구성되어 있으나 4일 자 신문에서는 '2013 중앙 서울 마라톤'에 관한 기사가 많이 실려 4면으로 구성되었다. 그리고 대부분 종합→정치→사건·사회→국제→문화→스포츠→사람·사람→오피니언 순으로 되어 있어 필요한 내용의 분류를 쉽게 찾을 수 있다.

마지막으로 각 분류의 특징과 규칙을 살펴보면, 우선 '사건·사회' 와 '국제'부분은 한 면에 기사들을 기재하고 다음 면에는 전면 광고가 기재되어있었다. 또 그 다음 면에는 다시 이 부분과 관련된 기사들이 기재되어있었다. 전면 광고는 이 부분에서뿐만 아니라 항상 신문의 마지막 면에 기재되어있었다.

그리고 날씨는 위의 분류와 관계없이 항상 신문의 8면에 기재되어 있었다. 또한 '오피니언' 부분은 항상 4면으로 구성되어 있고 마지막 면의 전면 광고 바로 앞에 구성되어 있었다. 이 중에서도 '시가 있는 아침'과 '만평'은 오피니언 부분 중에서 첫 번째, 두 번째 부분에 각각 기재되어있었다. 따라서 4일 자 신문에서 시가 있는 아침은 32면에 만평은 33면에 기재 되었고, 5, 6, 7일 자 신문에서는 각각 28면, 29면에 기재되어있었다. 이를 식으로 나타내면 다음과 같다.

시가 있는 아침 : ① 4일 자 신문→'36 − 1 − 3'(전체 면 수 − 전면 광고 면 수 − 2, 3, 4번째 오피니언 면 수)
② 5, 6, 7일 자 신문→'32 − 1 − 3'

만평 : ① 4일 자 신문→'36 − 1 − 2'(전체 면 수 − 전면 광고 면 수 − 3, 4번째 오피니언 면 수)
② 5, 6, 7일 자 신문→'32 − 1 − 2'

즉, 시가 있는 아침은 신문의 뒤에서 5번째에 기재 되어있고, 만평은 뒤에서 4번째에 기재 되어있는 것이다.

지금까지 중앙일보에 기재된 기사들과 구성들을 바탕으로 신문의 여러 가지 규칙들에 대해서 알아보았다. 조사를 하기 전에는 정확한 구성은 모르고 대략적으로 종합, 정치, 인물, 비평 이렇게 구성되어 있는 줄 알았는데, 이번을 계기로 날씨가 항상 8면에 기재되어 있다는 것과 정확한 분류와 거기에 해당하는 기사 면을 알게 되어 앞으로 신문을 편리하게 사용할 수 있을 것 같다.

자동차 번호판에 숨은 수학적 의미

세계에는 다양한 자동차 브랜드가 있고 그 목적에 따라 다양한 디자인과 다양한 차종이 존재한다. 그러나 대한민국 내에서는 자동차에 관련한 법률에 따라 일괄적으로 자동차번호판을 부착하도록 법으로써 정해놓고 있다. 나의 자동차 번호는 46모 4290이다.

별 뜻 없이 이 번호판을 받아들고 살아왔지만, 이 안에 담긴 특별한 메시지나 뜻은 없는 걸까? 하고 의구심을 가지게 되었다.

최근 우리나라 경제적 수준이 선진국에 근접해가면서 1인당 소득도 상당한 수준으로 올라섰다. 따라서 자동차를 소유하고 있는 개인이 늘어나고, 이에 따라 전체적인 자동차 등록 수도 늘어났다. 문득 같은 번호판을 가진 인간으로 치면 도플갱어에 해당하는 자동차들은 없을까 하는 의문도 들었다.

6자리 숫자와 한 개의 한글로 그 차의 특색을 나타내고 고유의 자동차 특색을 가지는 자동차 번호판에 대해 알아보도록 하겠다.

우선 맨 앞의 두 자리 숫자(○○)는 자동차의 종류를 나타낸다.

01~69번은 승용차를 나타내고, 70~79번은 승합자동차, 80~97번은 화물자동차, 98~99번은 특수자동차를 나타낸다. 01~99번 까지는 총 99까지 경우의 수가 나오면 세부적인 자동차의 종류에 따라 총 99종까지 표현할 수 있는 것이다. 현재까지 시중에 시판되어 분류되는 자동차의 종류가 99가지가 안 된다고 하니 향후 몇 십 년 동안 현재의 자동차번호판 체제가 유지될 것 같다. 가운데에 있는 한글은 차량의 용도를 나타내는 것으로 사업용과 비사업용을 구분해 부여해준다. 자가용과 같은 비사업용 자동차에는 〈가, 나, 다, 라, 마, 거, 너, 더, 러, 머, 버, 서, 어, 저, 고, 노, 도, 로, 모, 보, 소, 오, 조, 구, 누, 두, 루, 무, 부, 수, 우, 주〉 등의 32가지의 문자가 주어지며, 사업용 자동차의 경우 택시와 버스는 〈아, 바, 사, 자〉 렌터카 종류는 〈하, 허, 호〉 택배차량은 〈배〉를 사용하도록 정하고 있다. 14개의 자음과 3개의 모음을 이용해서 총 42가지의 경우의 수를 만들어 낼 수 있으며, 이것들을 이용해서 각 업종별 용도에 따라 배부하고 있는 것이다. 일반적으로 비영업용 차량이 많으므로 더 많은 경우의 수를

부여하고 있는 것을 볼 수 있다.

마지막 네 자리 수는 차량의 용도나 종류에 관계없이 모든 차량에 주어지는 일련번호다. 각 차량의 고유번호로써 그 차량을 구별해줄 수 있게 해주는 것이다.

1000～9999번까지 총 9,000가지의 경우의 수가 나타날 수 있으며, 총 6자리의 숫자와 1자리의 문자의 경우의 수가 합해지면, $99 \times 40 \times 9000 = 35640000$만가지의 경우의 수가 나온다. 그래서 총 3,560만 가지의 자동차 번호판을 현재의 법률상으로써 배분해 줄 수 있으므로, 차 번호가 겹치는 일은 아직은 없는 것이다.

휴대폰 이용 내역서

다음 자료는 실제 나의 휴대폰 이용 내역서이다. 다음 자료를 통해 초등학교에서 다루는 수학적 요소를 찾아보도록 하자.

최근 3개월 사용내역

	2014. 02	2014. 03	2014. 04	평균 사용량
서비스	총 사용 내역			
국내통화	69분 37초	44분 13초	75분 45초	63분 11초
문자메시지(MMS포함)	34건	42건	112건	62건
데이터 총 사용량	1,604,718KB	3,584,327KB	3,658,547KB	2,949,197KB

기본제공/사용내역

서비스	서비스구분	기본제공	기본사용
스마트54	음성	300분	75분 45초
스마트54	문자메시지	350건	112건
데이터무한자유2.0	데이터	무제한	3,653,438KB

할부금 상세내역

구분	총 할부금	이번 달 내실 금액				결제 후 남은 금액		마지막 청구 년 월
		회차	할부금액	할부지원금	금액	회차	금액	
단말기 할부금	847,000원	32	23,500원	0원	23,500원	4	94,000원	2014년 08월

① 최근 3개월 사용 내역을 보면 항목별로 각각의 달에 쓴 통화, 문자메시지, 데이터의 변화 추이를 알 수 있다. 이러한 변화 추이를 통해 **초등학교 3～4학년군의 '확률과 통계' 단원**에서 실제로 그래프를 그려 볼 수 있는 활동을 할 수 있다.

② 최근 3개월 사용 내역에서 3월은 2월에 비해 국내통화를 얼마나 더 썼는가, 얼마나 덜 썼는가를 통해 **수와 연산의 '덧셈과 뺄셈' 단원**을 적용할 수 있다. 하지만, 국내통화는 시간의 덧셈과 뺄셈이므로 아래에서 상세히 다시 설명하도록 하겠다.

③ 최근 3개월 사용 내역의 '국내통화' 행을 보면, 분과 초로 이루어져 있는데, 이를 통해 시간의 덧셈과 뺄셈을 공부해 볼 수 있으며, 분과 초로만 표현된 것을 시간 단위까지 확장하여 표현 해 보는 활동을 할 수도 있다. 이는 **초등학교 3～4학년군의 측정 부분에 '시간' 단원**에서 다룰 수 있는 내용이다.

④ 최근 3개월 사용 내역의 "총 데이터 사용량" 행을 보면 그 수가 백만 정도의 단위로 매우 큰 것을 알 수 있는데, 이를 통해 큰 수를 직접 체험할 수 있으며 반올림, 올림, 버림 등을 활용할 수도 있다. 이는 **초등학교 3～4학년군의 측정 부분에 '어림하기' 단원**에서 다룰 수 있다.

⑤ 최근 3개월 사용 내역의 제일 우측 열 "평균 사용량"을 보면 각 항목별로 평균값이 있다. 이를 통해 **초등학교 5～6학년군의 확률과 통계파트에 '가능성과 평균' 단원**에서 배운 내용을 알 수 있다. 문자메시지는 숫자가 자연수로서 단순하므로 쉽게 학생들에게 적용할 수 있다.

⑥ 기본제공/사용내역은 기본 제공량과 사용량이 나타나있다. 문자메시지의 경우 기본 350건 제공에 내가 사용한 양은 112건이다. 이를 112/350라 하여 분수와 연관 지을 수 있다. 이는 **초등학교 3～4학년군의 수와 연산 파트에 '분수' 단원**과 연결된다. 만약 내가 제공량 350보다 더 많은 양을 사용한다면 가분수로 표현이 될 것이다.

⑦ 할부금 상세내역은 할부금 내역을 나타낸 표이다. 표에 의하면 847,000원을 총 32회에 걸쳐 월 23,500원을 분납하게 된다. 현재 28회분 658,000원(23,500원×28)을 납부하고, 4회 분 94,000원(23,500×4)이 남아있는 상태이다. 이는 847,000원－(23,500×28)=94,000로 표현할 수 있는데, **초등학교 3～4학년군의 수와 연산에 '자연수의 혼합계산' 단원**과 연결된다. 또한 얼마나 납부했는가를 28/32라는 분수로 표현하여 **초등학교 3～4학년군의 수와 연산에서 '분수' 단원**과 연결지을 수도 있다.

아르바이트

요즘 나는 아르바이트를 구하는 데에 관심이 있다. 아르바이트를 구하려고 다양한 아르바이트 자리를 탐색하다가 여섯 가지의 아르바이트 자리를 추려냈다. 과연 어떤 아르바이트가 내게 비용 대비 가장 높은 보수를 받는가에 대해서 생각해보면서 수학적 요소를 발견하였다.

각각의 아르바이트 조건에 대해 다음과 같이 풀이하였다.

1	'ㅎ'학원은 동아백화점 수성점 근처에 있다. 중고등학생 수학을 가르치는데 월요일부터 토요일까지 저녁 시간이다. 클래스를 얼마나 맡는가에 따라 금액이 달라진다. 아르바이트 이기보다는 강사에 가까워 시급이 비교적 세다.
2	경북대학교 인근 수학학원이다. 중2를 대상으로 수학을 가르치는데 주 2회(화요일, 목요일) 6시부터 8시까지이다.
3	경북대학교에서 20분 거리이다. 예비 고1을 대상으로 영어 그룹과외를 한다.
4	'ㅍ'공부방은 2호선 이곡역 1번 출구 근처에 있다. 중1을 대상으로 시급은 10,000원이다. 시간과 요일은 합의가 가능하다.
5	'ㄱ'학원은 1호선 대구역 근처 버스로 갈 수 있는 곳이다. 중학생 수학 학습관리와 문제풀이 아르바이트를 모집한다. 화요일, 수요일, 금요일 오후 6시부터 10시까지이고, 시급은 7,000원이다.
6	'ㄷ'중학교 멘토링은 중학생 국어, 영어, 수학을 가르친다. 11월부터 2월까지 총 13주 동안 주 1회 2시간이고, 시급은 12,500원이다.

아르바이트 (1)

기숙사에서 우선 동아백화점 수성점 근처까지 걸리는 시간은 네이버 지도 기준 약 50분이다. 평일 저녁시간에는 차가 막히는 것까지 생각하면, 기숙사에서 학원까지의 소요시간을 1시간이라고 생각하자. 그럼 하루에 2시간씩 6일, 그리고 한 달이라고 계산하면 48시간을 통학하는 시간으로 쓰게 된다. 최저 임금이 시간당 5,210원이다. 통학 시간 동안, 최저임금을 받는 다른 아르바이트를 하게 되면 48시간×5,210원 = 250,080원을 번다. 그리고 통학하는 데에 버스비로 하루에 2,200원이 든다. 2,200원씩 6일, 한 달이라고 계산하면 52,800원이 된다.

강사로 클래스를 맡게 되면 일반 아르바이트보다는 시급을 더 받을 수 있다. 하지만 아직 대학생이니 시급으로 12,000원 정도 받을 수 있다고 생각하자. 중1부터 수학2까지 가르칠 수 있으니, 최대 중1, 중2, 중3, 수학1, 수학2 이렇게 다섯 클래스를 가르칠 수 있다. 한 클래스당 주 2시간이라고 생각하면, 일주일에 10시간을 한다. 일주일에 120,000원이고, 한 달은 480,000원이다.

'ㅎ'학원을 선택하게 되면 수입은 480,000원이다. 그리고 그에 대한 비용으로 250,080+52,800원 = 302,880원이다. 순수익은 177,120원이다.

아르바이트 (2)

기숙사에서 경북대학교까지 걸리는 시간은 30분이다. 그럼 하루에 1시간씩 2일, 한 달로 계산하면 8시간이 통학 시간으로 쓰인다. 1에서와같이 계산하면 8시간×5,210원 = 41,680원이다. 통학하는 데 버스요금으로 하루에 2,200원씩 6일, 한 달이라고 계산하면 52,800원이 든다.

일반적으로 학원에서는 시급이 7,000원정도 한다. 가벼운 문제풀이 채점선생님의 경우이다. 주 2회, 2시간이므로 일주일에 4시간 정도 된다. 일주일에 28,000원이고, 한 달에는112,000원이다. 만약 수학을 가르치는 강사라면 시급은 더 높은 편이다. 시급을 12,000원 정도로 생각해보자. 일주일에는 48,000원이고, 한 달에는 192,000원이다.

경북대학교 인근 수학학원을 선택하면 수입은 112,000원 혹은 192,000원이다. 그에 대한 비용으로는 94,480원이다. 순수익은 17,520원 혹은 97,520원이다.

아르바이트 (3)

경북대학교까지 30분, 추가 20분이니 총 50분이 든다. 하루에 100분이다. 통학시간으로 100분씩 2회, 200분에 한 달은 800분, 대략 13시간 정도 든다고 생각하자. 13시간×5,210원 = 67,730원이다. 그리고 통학으로 버스비 52,800원이 든다. 비용으로 120,530원이 든다. 영어 그룹과외인데, 일반적으로 고등학생 과외는 2시간씩 주 2회, 35만 원부터 성각한다.

영어 그룹과외를 선택하면 수입은 350,000원이고, 이에 따른 비용은 120,530원이다. 순수익은 229,470원이다.

아르바이트 (4)

1호선 교대역에서 2호선 이곡역까지 28분이 소요된다. 대략 30분으로 잡자. 하루에 1시간이 든다. 주당 3시간에, 한 달에는 12시간이다. 12시간× 5,210원 = 62,520원이다. 지하철 요금은 52,800원이다.

중1영어를 가르치는데, 공부방은 과외타입으로 진행된다. 주 3회에 2시간 정도라고 생각해보자. 한 주에 6시간이니, 1주당 60,000원이다. 한 달에 240,000원이다.

공부방을 선택하면 수입은 240,000원이고, 그에 따른 비용은 115,320원이다. 순수익은 124,680원이다.

아르바이트 (5)

'ㄱ'학원은 네이버 기준 40분 정도 소요되는 위치에 있다. 왕복 80분씩, 주 3회이니 240분이다. 통학시간으로 3시간이 걸린다. 5,210원씩 계산하면 15,630원이다. 한 달에는 62,520원이다. 버스요금으로 52,800원. 비용으로 115,320원이 든다.

하루 4시간 주 3회이니 12시간이다. 7,000원씩 12시간, 1주일에 84,000원이다. 한 달에는 336,000원이다.

'ㄱ'학원을 선택하면 수입은 336,000원, 비용은 115,320원이다. 순수익은 220,680원이다.

아르바이트 (6)

'ㄷ'중학교는 해안역 바로 근처에 위치해있다. 약 19분 소요된다. 20분이라고 잡자. 하루에 40분이 소요된다. 약 3,473원씩 한 달에 13,892원이다. 지하철 요금으로 52,800원이 든다. 하루에 2시간이므로 25,000원을 번다. 한 달에는 100,000원이다.

멘토링을 선택하면 수익은 100,000원이고, 이에 따른 비용은 33,308원이다. 멘토링의 순수익은 33,308원이다. 결과를 정리하자면 다음 표와 같다.

	1	2	3	4	5	6
소요시간 (1개월)	88시간	24시간	29시간	36시간	51시간	10.6시간
순수익	177,120원	17,520원 혹은 97,520원	229,470원	124,680원	220,680원	33,308원
1시간당 수익 (대략적 수치)	2,013원	730원 혹은 4,063원	7,913원	3,463원	4,327원	3,142원

이를 통해 3번 영어 그룹과외가 비용대비 높은 보수를 받는다는 사실을 알 수 있었다.

이 문제에 대해 생각하면서 나는 기본적으로 사칙 연산을 비롯하여 비례식, 규칙성 등의 수학적 요소를 발견하였다.

비용에 대해서, 내가 실질적으로 통학에 드는 요금과 가정적 상황에 대한 비용을 더하고,

수익과 비용을 빼서 순 수익을 얻었다. 그리고 단위 시간당 시급과 드는 시간을 곱하고, 순수익에서 소요시간을 나누어 시간당 수익 값을 얻었다. 이를 통해 우리 일상에서 숫자와 관련된 모든 것에는 사칙연산이 꼭 따라다닌다는 것을 알 수 있었다.

그리고 60분 : 5210원 = 40분 : x이 비례식을 활용하여 40분에 대해서는 얼마가 해당하는지 쉽게 알 수 있었다. 시간과 같이 단위가 1이나 10이 아닌 것에 대해서는 비례식으로 계산하는 것이 분수로 곱해서 파악하는 것보다 쉬움을 깨달았다. 주당 비용과 한 달 비용 사이의 규칙성도 파악하여 손쉽게 계산하였다. 비례식과 규칙성이라는 요소가 쓰임을 알 수 있었다.

간단한 대학교 학생 번호의 규칙

대학에 입학하고 3월 한 달 내내 매번 새로운 자리에 가서 자기소개를 하는 시간을 가졌던 것 같다. 자기소개를 할 때 마다 공식적으로 동기들이 하는 말 중 하나는 학번과 이름이다. 뿐만 아니라 매번 과제를 낼 때에도 이름보다 학번 적는 것이 중요시되기도 하며, 학과 내에서 각 학년 별로 같은 번호의 선후배 사이를 더 돈독하게 하기위한 '줄 선배'라는 개념도 있다. 그럼 이렇게 자기소개를 하거나, 줄 선배와 같은 것이 생겨날 수 있었던 '학번'이 어떻게 만들어지는지 정리해 보았다.

사실 학번 만들기는 너무나도 간단하다. 대구 교육 대학교의 학생 번호는 모두 9자리의 숫자로 구성되어 있다.

먼저, 이 9자리의 숫자를 다음 그림과 같이 총 3개의 구간으로 나누어 생각하면 된다.

○○○○ / ○○ / ○○○

첫 번째 네 개의 자리는 해당 입학 연도에 해당된다. 1994년에 입학을 하게 되면 앞의 네 자리가 1994가 되고, 2014년에 입학을 하게 되면 앞의 네 자리가 2014가 되는 것이다.

입학연도	학번
1994	19**94**
2014	20**14**

●●●● / ○○ / ○○○

여기서 정해지는 네 자리의 숫자 중에 끝의 두 자리 숫자가 간단히 통용되어 불리는 '학번'이 된다고 보면 된다. 이 '학번'이 동기와 선후배를 구분 짓게 된다.

두 번째 두 개의 자리에는 숫자로 지칭된 13개의 심화과정 이름이 들어가게 된다.

○○○○ / ●● / ○○○

01부터 13까지의 숫자를 활용하는데 이것을 표로 정리하여 나타내면 다음과 같다.

01	02	03	04	05	06	07
윤리	국어	사회	수학	과학	체육	음악
08	09	10	11	12	13	
미술	실과	교육	영어	컴퓨터	특수교육	

그러므로 두 번째 구간에 들어갈 숫자는 윤리심화과정이라면 01이 되는 것이고, 수학심화과정이라면 04가 되는 것이다. 만약 13개 이외의 과가 더 생성이 된다면 14의 수를 부여하면 된다. 숫자는 계속 늘어나는 무한성을 가지고 있기 때문에 갑자기 많아지거나 줄어들어도 거기에 대한 변화는 일어나지 않는다.

마지막 세 번째 구간의 세 개의 자리에 들어가는 것은 앞서 말했던 첫 번째 구간의 '학번' 내 자신의 번호가 된다.

○○○○ / ○○ / ●●●

001	고○○	011	오○○
002	김○○	012	오○○
003	김○○	013	이○○
004	김○○	014	이○○
005	모○○	015	이○○
006	문○○	016	이○○
007	배○○	017	이○○
008	손○○	018	이○○
009	안○○	019	장○○
010	양○○	020	전○○

이 번호는 이름의 'ㄱ, ㄴ, ㄷ' 순으로 정해진다. 예를 들어 미술심화과정 13학번 학생들의 이름을 이용해 보겠다.

이름을 순서대로 나열한 후 번호를 붙이면 된다. 근데 오른쪽의 표에서 색칠된 부분과 같이 이름이 같을 경우에는 어떻게 해야 할까? 간단하다. 생일 순서대로 번호를 부여하면 된다. 015 이○○의 생일은 94년 12월 06일 이며, 016 이○○의 생일은 94년 12월 20일이므로 생일이 더 빠른 이유나가 앞의 번호를 받게 되는 것이다. 다시 정리하면 번호 순서 기준은 이름의 'ㄱ, ㄴ, ㄷ' 순이 우선이 되고 하위 기준으로 생년월일이 된다.

위에서 말한 세 가지 구간에 대한 규칙을 모두 정리하면 손쉽게 학번을 만들 수 있다. 그 학생의 번호를 직접 듣지 않아도 이름과 학년, 심화과정만 안다면 대충 학번을 어림짐작할 수 있는 것이다.

예를 들어 '3학년 미술심화과정 이○○'이라는 정보만 있으면 별 무리 없이 학번을 유추할 수 있다. 3학년이라면 별다른 변수가 없었다면 2012년도 입학생이다. 또 미술심화과정이라면 08번째 심화과정이며, 이름이 이○○이면 어림짐작으로 15번대의 번호를 생각해 볼 수 있다. 물론 각 심화과정 별로 학생들의 이름이 어떻게 분포되어 있는지는 미지수이지만 정확히 201208~학번이라는 것은 알 수 있으니 어림짐작하여 201308014 이○○ 학생이라는 것을 알 수 있게 된다.

또 반대로 학번을 들으면 그 사람에 대한 다양한 정보를 알 수 있게 된다. 예를 들어 학번이 200704001이라면 적어도 3가지의 대략적인 정보를 얻게 되는 셈이다. 2007년에 학교에 입학하였으며 수학심화과정의 학생이었다. 또 001번의 학생이었으니 성의 초성이 'ㄱ'과 가까운 자음이라는 것을 쉽게 알 수 있다.

이런 학번 제도는 학교 행정업무나, 수업 등에 굉장히 편리하다. 만약 많은 사람들 이름 가운데 누군가의 이름을 찾고 싶다면, 그 사람의 입학연도나 심화과정 둘 중 한 가지만 알아도 2000여 명의 대구교대 학생들을 보다 쉽게 걸러내어 원하는 사람을 찾아 낼 수 있게 된다. 그렇기 때문에 등록금을 내지 않은 학생이라던가, 수업의 출석 여부를 알고 싶은 학생이 있을 경우 고유한 번호로 쉽게 찾아낸다. 아무 생각 없이 사용하고 활용 하는 모든 곳곳에 이렇게 수학적 요소가 숨어 있다. 복잡하고 다양한 것들을 정리하기 위해서 숫자가 사용되기도 하며 오히려 반대로 의미 없어 보이는 숫자에는 다양한 정보와 의미가 담겨 있기도 하다.

십자수 도안에서 수학적 요소 찾기

최근 실과 강의시간에 십자수를 배우고 있는데, 십자수의 도안을 보다가 좌표의 개념을 찾을 수 있었다. 십자수는 먼저 바탕천의 중심점을 찾고, 그것을 도안과 비교 해가며 수를 놓는다. 이때, 중심점을 원점(0, 0)이라고 보고, 수를 놓는 위치를 각각의 좌표로 본다면 십자수 도안을 좌표 평면으로 볼 수 있다.

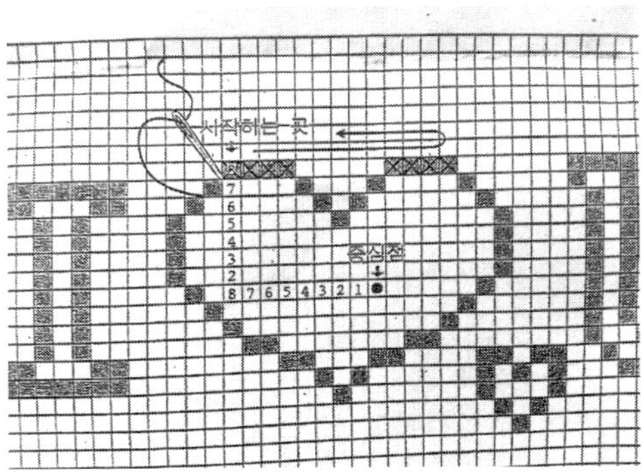

그림판으로 십자수 도안 위에 좌표평면을 그려 보았다. 중심점을 원점 $O(0,\ 0)$으로 잡고, 가로축은 x축, 세로축은 y축으로 놓았다. 그랬더니 시작하는 곳이 $A(-8,\ 7)$의 좌표이다. 십자수 도안을 좌표 평면으로 나타내었더니 더 도식적으로 보여서 좋은 것 같다. 이렇게 십자수 도안에서도 수학적 요소를 찾을 수 있다니, 새로운 것을 발견해 내는 느낌이다.

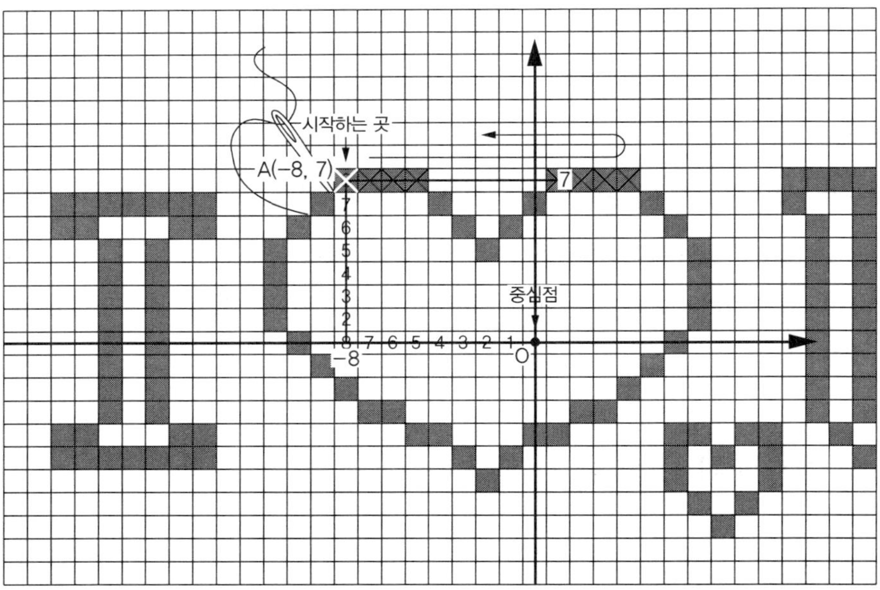

대학 수학능력 시험 및 모의고사의 등급표

고등학생 때 우리가 자주 받았던 모의고사 성적표에도 수학이 반영되어 있다. 성적표에는 학생들의 원점수, 등급, 표준점수, 백분위가 나타나있는데 표준점수의 경우에는 일정한 계산 방법이 있고 그 계산을 거친 숫자가 점수로 나타난다. 또한 학생들의 등급 기준은 절대평가가 아니라 상대평가로 전체 학생 중에 자신이 어디에 위치했는지를 기점으로 나뉜다. 아래는 예시 성적표이고 여기에 나타난 수학 규칙은 다음과 같다.

영역	국어	수학	외국어	탐구	
				물리 1	화학 1
표준점수 (1)	116	122	137	66	60
원점수 (2)	82	74	97	43	40
백분위 (3)	75	83	99	92	79
등급 (4)	4	3	1	2	3

① **표준점수** : 표준점수는 일정한 계산 방법이 있는데 이는 **(원점수－평균점수)÷(표준편차)×20+100**으로 나타난다. 같은 점수를 받는다 하더라도 표준점수가 높을 수 있는데, 이는 그 과목의 점수 편차가 심하다는 것을 말하며 어려운 시험일 수록 표준점수가 높다. 예를 들면 예시의 국어 원점수가 82점이고, 수학의 원점수가 74점인데 반해 국어의 표준점수는 116, 수학의 표준점수는 122인데 이는 국어보다 수학 시험이 어려웠으며 학생들 간의 점수 차이가 크다는 것을 뜻한다.

② **원점수** : 학생이 시험을 치른 후 채점 결과로 받은 점수를 말한다.

③ **백분위** : 동일 시험을 본 학생들 가운데 자신의 점수가 차지하는 위치이다. 예를 들면 수학의 백분위가 83이라는 것은 100명 중 자신보다 시험을 못 친 사람이 83명쯤 있다는 뜻이다.

④ **등급** : 점수에 따라 9등급으로 서열을 구분한 것이다. 백분위 상위 4%는 1등급, 그 다음 7%는 2등급, 다음 12%는 3등급, 다음 17%는 4등급, 다음 20%는 5등급, 다음 17%는 6등급, 다음 12%는 7등급, 다음 7%는 8등급, 마지막은 9등급이다. 그래서 등급은 점수와

관련이 없고 백분위와 상관이 있으며, 경계선일 경우에는 걸쳐진 높은 등급이 나타나도록 되어있다.

영화관의 좌석 배치

영화를 보러 자주 가는데 그 때마다 어디서부터 1번 좌석이 시작되는지 몰라 무수히 많은 자리를 지나쳐 내 자리에 앉는 등 곤란한 때가 종 종 있다. 다음 좌석 표는 내가 자주 가는 대구 CGV의 영화 좌석표인데 다른 모든 상영관도 이와 같은 방식의 규칙이 적용된다.

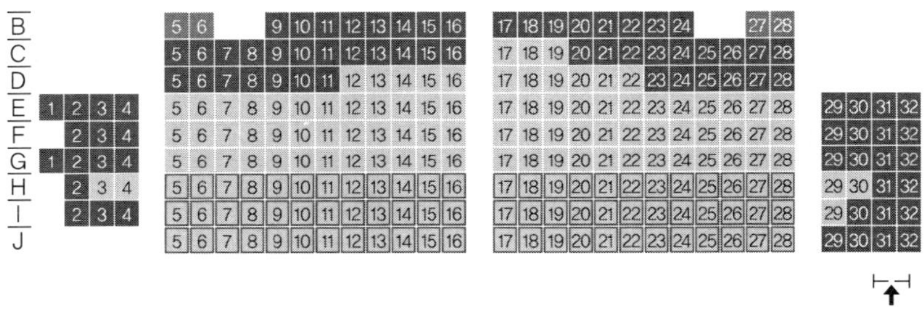

▲ 대구 CGV IMAX 상영관

먼저, 모든 영화관이 A열부터 시작하는 반면에 IMAX 상영관의 경우 관람자의 좀 더 원활한 시야 확보를 위해 B열부터 좌석이 존재한다는 것이 첫 번째 규칙이다. 두 번째는 스크린을 보고 섰을 때 가장 왼쪽의 줄부터 1번이 시작된다는 것이다. 따라서 한 상영관에서 같은 열에 있는 좌석은 모두 같은 번호를 가진다. 위의 예시에서 1번이 존재하는 행은 E행이다. 그 외 1번이 없는 행, 예를 들면 C행이나 D행은 왼쪽의 4좌석이 존재하지 않지만 1번부터 시작하지 않고 가장 왼쪽의 E행 1번을 기준으로 4칸 떨어져있으므로 5번부터 시작하는 것이다. 이는 대구 CGV의 상영관에만 국한되는 규칙이 아니라 전국 영화관 어디에서나 적용되는 좌석 배치법이다.

카페 음료 사이즈에서 나타나는 규칙성

평소 나는 커피를 매우 좋아해 카페를 자주 이용하고, 또 다양한 종류의 커피를 맛보기 위해 여러 카페를 다닌다. 그런데 카페에서 음료를 시킬 때 마다 늘 한 가지 궁금했던 것이 있었는데, 그것은 바로 음료의 사이즈와 그의 변화에 따른 가격 차이였다. 돈을 더 지불해 더 큰 사이즈의 음료를 먹는 것이 나에게 이득이 될 지, 아니면 어떤 선택을 하더라도 득도 실도 없을지 알고 싶었다. 따라서 나는 음료의 사이즈와 가격 사이에 분명 어떤 상관관계가 있을 것이라 예상하고, 내가 자주 이용하는 카페 5곳의 가격을 분석해 보았다.

사이즈	가격(라떼)	가격차이	사이즈 차이
스타벅스			
숏(237ml)	4,100	500	+118
톨(355ml)	4,600	500	+118
그란데(473ml)	5,100	500	+118
벤티(591ml)	5,600		
투썸플레이스			
레귤러(354ml)	4,400	500	+134
라지(480ml)	4,900		
스무디킹			
S(354ml)	4,700	1,000	+118
R(473ml)	5,700	1,000	+118
L(591ml)	6,700		
공차			
라지(500ml)	3,900	1,300	+250
점보(750ml)	5,200		
커피빈			
레귤러(355ml)	5,000	500	+118
라지(473ml)	5,500		

정확한 사이즈가 명시되어 있지 않은 프렌차이즈 카페는 조사 대상에서 제외 시켰다. 조사 전 나의 예상과는 반대로, 더 큰 사이즈를 선택해도 가격이 할인되거나 양이 더욱 많아지지는 않았다. 위의 표에서 보이는 것처럼 사이즈도 일정하게 커지고, 가격도 일정하게 증가했다. 이

를 통해 우리는 커피 음료의 사이즈와 증가되는 가격 사이에 비례 관계가 있음을 알 수 있다.

그러나 위의 조사 결과를 토대로 약간 다른 방식으로 계산을 해 보았다. 스타벅스의 수치를 예로 118ml가 증가할 때마다 500원이 추가되고 있는데, 그렇다면 원래의 양(355ml)의 가격에서 118ml에 해당되는 가격이 약 얼마인지 궁금해졌다.

355÷3 = 118.333… (ml)
355ml에 해당되는 가격 : 4600÷3 = 1533.333… (원)

계산 결과, 기존의 제공되는 양에서 118ml에 해당되는 가격은 약 1,500원으로 나왔다. 결국 사이즈 업을 한다면 기본적으로 제공되는 양의 가격에서 1/3만큼만 지불하고도 똑같은 양을 더 마실 수 있는 것이다.

단순히 첫 번째의 조사 결과만을 놓고 봤을 때는 사이즈 업을 하는 것이 나에게 얼마나 이득이 되는지 감이 잘 오지 않았는데, 이렇게 계산을 통해 직접적인 수치를 눈으로 확인하니 확실히 잘 와 닿게 되었다.

이러한 조사와 계산을 하면서 하나의 음료에 대한 가격에도 수학적인 규칙과 비가 적용 되어 있는 것을 발견하고, 가격 하나를 책정하는 데에도 수많은 연구와 다양한 통계적 수치를 적용했을 것이라는 생각이 들었다. 또한 이런 사소한 것들을 그냥 지나치지 않고 늘 궁금증을 가지며 수학적인 요소와 어떤 연관성을 지니고 있는지 관찰해, 나에게 득이 되고 도움이 되는 것들을 잘 챙기는 현명한 소비자가 되어야겠다.

패스트푸드 체인점의 감자튀김의 가격대비 개수 비교

1. 주제 선정

시간이 없다거나 단순히 햄버거가 먹고 싶어서 패스트푸드 음식점에 들리는 사람이 많다. 일상에서 현대인에게 패스트푸드는 상당히 친숙한 음식이며, 누구나 한번쯤 패스트푸드점에서 감자튀김을 먹어 보았을 것이다. 나는 이 감자튀김이 똑같이 생겼지만 왜 다른 패스트푸드 체인점마다 가격이 다르며 양이 다를까에 대한 의문을 품어 보았다. 또한, 요즈음 패스트푸드

점에서는 어디나 할 것 없이 400~800원의 추가금액을 내면 용량을 늘려주는 서비스를 제공하고 있다. 이른바 '세트업'이라는 이름 하에 어느 패스트푸드점에서 추가금액을 내고 더 먹는 것이 소비자로서 이익이 되는가에 대해 아래와 같이 생각해 보았다.

① 각 패스트푸드 체인점의 감자튀김의 가격대비 개수 비교(대표 3사 : 버거킹, 롯데리아, 맥도날드)

② 세트 업을 하고 추가 금액을 지불했을 경우 각 패스트푸드 체인점별 가격대비 개수 비교(R사이즈, L사이즈)

2. 자료 수집

① 버거킹 가격대비별 감자튀김의 개수

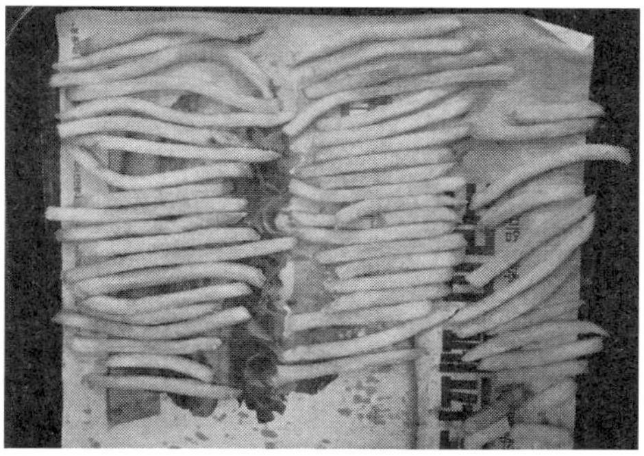

▲ **R사이즈 가격** : 1600원/개수 : 약 53개

▲ **L사이즈 가격** : 2100원/개수 : 약 78.5개

② 롯데리아 가격대비별 감자튀김의 개수

▲ **R사이즈 가격** : 1400원/개수 : 약 35개

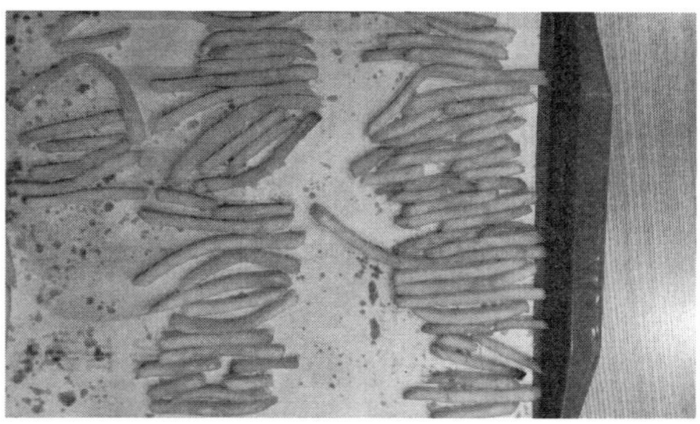

▲ **L사이즈 가격** : 1800원/개수 : 약 58개

③ 맥도날드 가격대비별 감자튀김의 개수

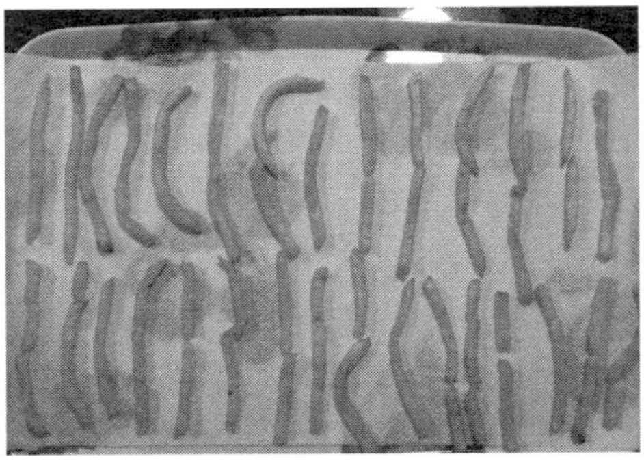

▲ **R사이즈 가격** : 1000원/개수 : 약 30개

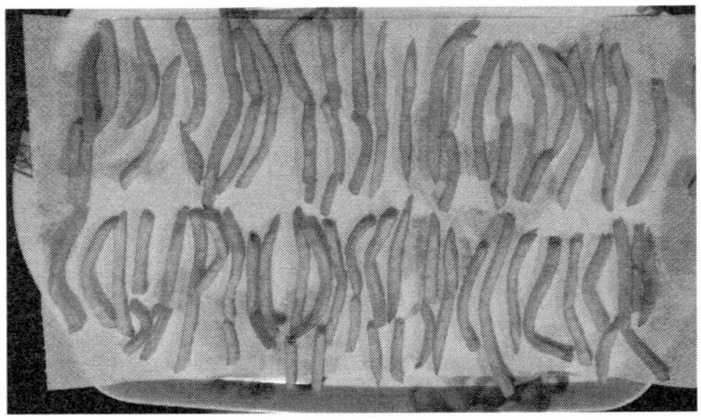

▲ **L사이즈 가격** : 1800원/개수 : 약 54개

- R : Regular/L : Large
- 감자튀김을 담는 양에 따라 개수가 달라질 것을 고려하여 평소에 넣는 양만큼 적당히 넣어달라고 부탁하였다. (오차범위 대략 5～10개)
- 표준 감자튀김 하나는 가장 긴 것과 가장 짧은 것의 합한 것의 중간 크기로 하였다.
- 짧은 감자튀김은 합쳐서 중간 크기 하나로 세었다.
- 각 패스트푸드점에서 사용하는 감자튀김 제품은 모두 동일하였다.

3. 자료 분석

① 각 패스트푸드 체인점의 감자튀김의 가격대비 개수 비교

위의 자료에 따라 가격대비 감자튀김 하나의 가격은 다음과 같다. (R사이즈 기준, 소수 첫째 자리에서 반올림한 금액)

버거킹 1600원÷53개 = 약 30원
롯데리아 1400원÷35개 = 40원
맥도날드 1000원÷30개 = 약 33원

이를 표로 나타내면 아래 표와 같은 결과를 도출해 낼 수 있다.

	버거킹	롯데리아	맥도날드
감자튀김 하나의 가격	약 30원	40원	약 33원

② 세트 업을 하고 추가 금액을 지불했을 경우 각 패스트푸드 체인점별 가격대비 개수 비교

위의 자료에 따라 각 패스트푸드 체인점의 사이즈별 감자튀김의 가격은 다음과 같다.

	버거킹	롯데리아	맥도날드
R사이즈	1,600원	1,400원	1,000원
L사이즈	2,100원	1,800원	1,800원

따라서 각 패스트푸드 체인점의 R사이즈와 L사이즈 감자튀김의 가격 차이는

버거킹 2100원 − 1600원 = 500원
롯데리아 1800원 − 1400원 = 400원
맥도날드 1800원 − 1000원 = 800원

임을 알 수 있다.

한편, 각 패스트푸드 체인점의 사이즈별 감자튀김의 개수는 다음과 같다.

	버거킹	롯데리아	맥도날드
R사이즈	53개	35개	30개
L사이즈	78.5개	58개	54개

따라서 각 패스트푸드 체인점의 R사이즈와 L사이즈 감자튀김의 개수 차이는

버거킹 78.5개 − 53개 = 25.5개
롯데리아 58개 − 35개 = 23개
맥도날드 54개 − 30개 = 24개

임을 알 수 있다.

각 패스트푸드 체인점에서 똑같이 4,000원(500원, 400원, 800원의 최소 공배수)을 내고 '사이즈업'을 한다고 가정하였을 때

버거킹 25.5개×8 = 204개
롯데리아 33개×10 = 330개
맥도날드 24개×5 = 120개

의 감자튀김의 증가분을 먹는 셈이다.

이를 표로 나타내면 다음과 같다.

	버거킹	롯데리아	맥도날드
감자튀김의 증가분	204개	330개	120개

4. 결론

① 각 패스트푸드 체인점의 감자튀김의 가격대비 개수 비교(대표 3사 : 버거킹, 롯데리아, 맥도날드)에서는 버거킹의 가격대비 감자튀김 하나의 개수의 가격이 30원으로 가장 저렴하기 때문에 R사이즈의 감자튀김을 먹고 싶다면 버거킹의 감자튀김을 사먹는 것이 낫다.

② 세트 업을 하고 추가 금액을 지불했을 경우 각 패스트푸드 체인점별 가격대비 개수 비교(R사이즈, L사이즈)에서는 '사이즈업'을 하였을 때 롯데리아의 감자튀김의 증가분이 가장 크기 때문에 (3. ② 참고) L사이즈의 감자튀김을 먹고 싶다면 롯데리아의 감자튀김을 사먹는 것이 낫다.

5. 의의

일상에서 우리가 궁금증을 가지지만 애써 해결하려고 하지 않는 것들, 알면서도 모른척하는 것들을 직접 패스트푸드 체인점을 돌아다니면서 조사를 해본 결과 위와 같은 결론을 도출해낼 수 있었고 이를 실생활에 바로 적용할 수 있었다. 초등 수학이라는 측면에서 보자면 위의 탐구를 감자튀김이라는 주제로 감자튀김의 개수 세기와 가격 비교하기, 가감승제에 관한 기본 개념 탐구와 같은 수업에 적용시킬 수 있을 것이다. 현장에서 학생들에게 수학을 쉽고 재미있게 가르치기란 어려운 과제가 아닐 수 없다. 삶과 직접적으로 맞닿아있는 주제, 실생활에서 즉시 써먹을 수 있는 방법 등을 수업에 활용한다면 더욱 효과적이지 않을까 생각한다.

효과적으로 지하철 환승하기*

1. 동기

집에서 학교까지 매일 지하철을 타고 통학을 해야 한다. 그러나 아침잠이 많은 나에게는 정시성이 뛰어난 지하철이 야속하기만 하다. 눈앞에서 지하철을 놓치고, 좀 더 빨리 갔으면 하지만 모든 역마다 멈춰서고 일정한 속도로 달려 정해진 시간에 도착하는 지하철 때문에 늘 답답한 아침을 맞이하곤 한다. 특히 2호선에서 1호선으로 갈아타야 하는데, 이때 환승을 놓치거나, 1호선 지하철을 기다리는 시간이 너무 길게 느껴졌다. 문득 들었던 생각은 '몇 시 몇 분 지하철을 타면 집에서 교대까지 최대한 빠르게 올 수 있을까?'였다. 그래서 우리집에서 반월당까지 가는 2호선과, 반월당에서 교대역으로 가는 1호선의 도착시간을 분석해보고, 가장 효율적으로 환승을 할 수 있는 시간대를 알아보고자 했다. (지하철의 도착시간과 출발시간은 같다.)

2. 시간대에 따른 출발시간과 반월당역에서 환승시간

2호선의 신매역에서 반월당까지는 총 10정거장이고, 한 정거장 사이 걸리는 소요시간은 정확히 2분이다. 그러므로 신매역 출발시간에, 20분을 더한 것이 2호선의 반월당역 도착시간이 된다. 그리고 환승시간을 계산해야 하므로, 2호선이 반월당에 가장 빠르게 도착한 시간 이후의 1호선의 반월당역 도착시간만 생각한다. 또 반대로, 동 시간대의 마지막 2호선의 반월당역 도착열차시간보다 훨씬 늦은 1호선 도착시간은 배제하도록 한다. 2호선에서 1호선으로 가는 도보 시간이 대략 1분~2분 정도이기 때문에 2호선보다 1호선 도착시간이 좀 더 늦어야 환승 가능하다는 것을 염두에 둔다. 또한 환승을 '바로 한다'는 기준은 '환승할 열차를 기다리는 시간이 3분 이내일 경우'로 정한다.

* 여기서 언급한 지하철은 대구광역시의 지하철 1, 2호선을 말한다.

(1) 8시대 신매에서 출발시간과 2호선과 1호선의 반월당 도착시간(단위 : 분)

2호선 신매	03	08	13	17	22	27	32	37	42	47	53	58
2호선 반월당	23	28	33	37	42	47	52	57	02	07	13	18
1호선 반월당	25	30	35	40	45	50	55	00	06	13	20	27
	A	B	C	D	E	F	G	H	I	J	K	L
대기시간	2	2	2	3	3	3	3	3	4	6	7	2
교대역 도착시간	29	34	39	44	49	54	59	04	10	17	24	31

8시대에 신매역의 출발시간은 13분～17분 사이(배차간격 4분), 27～53분 사이(배차간격 6분)의 배차시간을 제외하면 나머지는 5분 간격이다. 환승시간을 계산해야 하므로, 2호선이 반월당에 가장 빠르게 도착한 시간인 23분 이후의 1호선의 반월당역 도착시간만 생각한다. 또 반대로, 8시대의 마지막 2호선의 도착시간인 18분보다 훨씬 늦은 1호선 도착시간은 제외하였다.

① 다른 열차를 탔지만 환승시간이 똑같은 경우

한 열에 있는 2호선과 1호선의 시간을 단순히 비교하는 것이 아니라 B 2호선 반월당 도착시간과 A 1호선 반월당 시간을 비교해보고 B2호선 시간이 더 빠를 경우 환승이 가능하다는 것을 알아야 한다. 실제로 L의 2호선 반월당 도착시간이 그 앞 열차의 열에 있는 1호선 반월당 도착시간보다 빠르므로 앞차와 환승시간이 똑같다는 것을 알 수 있다.

그러므로 신매에서 53분에 출발하든 57분에 출발하든 반월당에서 1호선은 9시 20분에 똑같이 갈아 타기 때문에 결국에 교대 도착시간은 같아진다. 즉, 굳이 8시 53분 차를 타기 위해서 뛸 필요는 없다는 것이다.

② 1호선과 2호선의 도착시간이 같은 경우

K의 2호선 반월당 도착시간과 J의 1호선 도착시간은 같다. 그러나 갈아타러 가는 시간이 1분 정도 소요되기 때문에, 환승을 하기 위해서는 아주 빠르게 뛰거나, 그 뒤차(20분)으로 갈아타야 한다.

③ 1교시(9시)에 늦지 않으면서 효과적으로 환승하는 경우

그러나 1교시 전에 도착하려면 A～G열차를 타야 한다. 바로 환승을 할 수 있는 열차는 I, J, K를 제외한 모든 열차이다. 그러므로 A～G열차를 타면 지각하지 않고 효과적으로 환승할 수 있으나 학교까지 걸어가는 시간이 있기 때문에 F열차를 마지노선으로 생각하는 것이 좋다.

(2) 9시대 신매에서 출발시간과 2호선과 1호선의 반월당 도착시간(단위 : 분)

2호선 신매	03	09	16	23	30	37	44	51	58
2호선 반월당	23	29	36	43	50	57	04	11	18
1호선 반월당	27	34	41	48	55	02	09	16	23
	A	B	C	D	E	F	G	H	I
대기시간	4	5	5	5	5	5	5	5	5
교대역 도착시간	31	38	45	52	59	06	13	20	27

9시대에는 A－B를 제외하고 배차간격이 7분으로 규칙성이 있다. 배차간격이 5분이었던 8시대보다는 열차수가 줄었음을 알 수 있다. 또한 2호선의 반월당 도착 전의 1호선 도착시간과, 동시간대 마지막 2호선 열차 도착시간후의 1호선 도착시간은 제외하였다.

① (1)－①와 다르게 출발시간이 달라도 환승시간이 같은 경우는 없다. 출발시간이 다르면 환승시간도 다 달랐다. 또 9시대에는 바로 환승 할 수 있는 열차도 없다. 9시대는 환승 대기시간이 대체로 길다.

② 도착시간에 영향을 미치는 것－환승시간이 길수록 느리게 도착하는가?

도착시간을 결정하는 것에 있어서 환승시간은 중요하다. A～C까지는 (1)과 신매역에서 출발 시간이 비슷하면 교대역에 도착하는 시간도 비슷하다. 하지만 환승 대기시간이 길어지면서 도착시간도 늦어졌다. 특히D열차는 (1)의 E열차와 출발 시간이 1분밖에 나지 않는데 도착시간은 무려 3분이나 차이가 났다. 또 8시대는 27분 차를 타도 54분에 도착하여((1)－F) 지각을 하지 않지만 9시대 열차는 그보다 3분 늦게 출발하고 8시대 열차보다 3분 늦게 도착하는 것이 아니라 무려 5분 늦은 59분에 도착하여((2)－E) 지각을 하게 된다. 그러므로 '학교 가려면 20분쯤에 있는 차를 타야지' 또는 '1교시 수업때 27분 차를 타도 지각이 아니었으니까 오늘도 30분 차를 타도 되겠지'라는 막연한 생각들은 아주 잘못 되었다는 것을 알 수 있다. 2교시 수업(10시)이 든 날은 1교시 수업(9시)이 든 날보다 더 서둘러야 한다.

(3) 10시대 신매에서 출발시간과 2호선과 1호선의 반월당 도착시간(단위 : 분)

2호선 신매	05	12	19	27	35	43	51	59
2호선 반월당	25	32	39	47	55	03	11	19
1호선 반월당	27	35	43	51	59	07	15	23
	A	B	C	D	E	F	G	H
대기시간	2	3	4	4	4	4	4	4
교대역 도착시간	31	39	47	55	03	11	19	27

① 대기시간에 영향을 미치는 것－배차간격이 클수록 대기시간이 긴가?

2호선 신매역에서 출발하는 A～C열차의 배차간격이 7분 그대로 유지되는 반면, 반월당으로 오는 1호선 열차는 8분의 배차간격을 가지고 있다. 그러므로 환승 대기시간도 1분씩 증가했다. 신매역에서 출발하는 열차의 배차간격도 8분이 되자, 대기시간이 4분으로 일정해 졌다. 그러므로 1호선과 2호선의 열차의 배차시간이 환승 대기시간에 영향을 끼친다.

배차간격이 느린 (2)의 E와 달리 D열차(27분 차 출발)를 타도 지각은 하지 않는다. 그러나 배차간격이 빨랐던 (1)의 F보다는 도착시간이 1분 늦은 것을 볼 수 있다.

② 3교시에 늦지 않으면서 효율적으로 환승하는 경우

3교시 수업을 듣기 위해서는 A～D열차를 이용해야 한다. 이 중에서 환승을 바로 할 수 있는 경우는 A와 B의 경우이다.

달력에서의 규칙

1년 365일, 매달의 시작은 거의 다른 요일로 시작이 된다. 한 달의 시작이 매년 어떤 규칙을 가지고 있지는 않을까 하는 생각에 달력에서의 수학을 찾기로 하였다.

그림 1.7은 2012년, 2013년, 2014년, 2015년의 11월 달의 달력이다. 2013년, 2014년, 2015년의 3년 동안 11월의 시작은 금, 토, 일 순으로 되어있는 것을 확인할 수 있다. 11월뿐만 아니라, 다른 달 역시 확인해 본 결과 3월도 금, 토, 일, 4월과 7월은 월, 화, 수, 5월은 수, 목, 금, 6월

2012.11

일	월	화	수	목	금	토
28	29	30 9.15	31	1	2	3
4	5	6	7	8	9	10
11	12	13	14 10.1	15	16	17
18	19	20	21	22	23	24
25	26	27	28 10.15	29	30	1

2013.11

일	월	화	수	목	금	토
27	28	29	30	31	1	2
3 10.1	4	5	6	7	8	9
10	11	12	13	14	15	16
17 10.15	18	19	20	21	22	23
24	25	26	27	28	29	30

2014.11

일	월	화	수	목	금	토
26	27	28	29	30	31	1
2	3	4	5	6	7 윤9.15	8
9	10	11	12	13	14	15
16	17	18	19	20	21	22 10.1
16	24	25	26	27	28	29
30						

2015.11

일	월	화	수	목	금	토
1	2	3	4	5	6	7
8	9	10	11	12 10.1	13	14
15	16	17	18	19	20	21
22	23	24	25	26 10.15	27	28
29	30	1	2	3	4	5

▲ 그림 1.7

은 토, 일, 월, 8월은 목, 금, 토 9월과 12월은 일, 월 화 순으로 시작되는 것을 확인할 수 있었다. 이렇게 한 달을 시작하는 요일이 매 해 하루씩 뒤로 가는 이유는 바로 한 달은 365일이고, 일주일은 7일이기 때문이다. 즉 수식으로 나타내면 다음과 같다.

$$365 \div 7 = 52 \cdots 1$$

1년 365일을 7일로 나누었을 때 총 7일씩 52주와 1일이 남게 된다. 이 남는 1일 때문에 매년 달의 시작하는 요일이 하루씩 밀리게 되는 것이다.

하지만 문제는 2016년의 달력에서 발생 되었다. 2016년은 2013, 2014, 2015년이 금, 토, 일이었으므로 일요일에서 하루 밀린 월요일이어야 한다. 하지만 2016년의 11월의 시작은 월요일이 아닌 화요일로 2015년에 비해 2일이나 밀려서 시작이 된다. 그리고 2012년 이전의 달력을 살펴보면 2009, 2010, 2011년의 11월의 시작은 월, 화, 수가 아닌 일, 월, 화 순이다. 왜 이런 차이가 난 것일까?

2016.11

일	월	화	수	목	금	토
30	31 10.1	1	2	3	4	5
6	7	8	9	10	11	12
13	14 10.15	15	16	17	18	19
20	21	22	23	24	25	26
27	28	29 11.1	30	1	2	3

▲ 그림 1.8

이 차이는 바로 2016년이 윤년이기 때문에 나타나게 되었다. 태양력에서 2월은 28일까지 있는 것이 평년이다. 그러나 2월을 29일로 둔 해를 윤년이라 하여 치윤법에 따라 400년에 97년을 윤년으로 두고 있다. 이것은 1년의 길이가 365일로 실제보다 0.2422일 짧은 것이므로, 점차 계절과 차이가 발생하게 되는 것을 해결하고자 한 것이다. 윤년의 해는 2월이 29일이기 때문에 또 다시 하루가 밀리게 되고, 원래 밀리던 것보다 이틀이 밀려 2016년 11월의 처음은 월요일이 아닌, 2일이 밀린 화요일이 된다. 그리고 이 윤년은 4로 나누어 떨어지는 해는 우선 윤년으로 하고, 그 중에서 100으로 나누어 떨어지는 해는 평년으로 하며, 다만 400으로 나누어 떨어지는 해는 다시 윤년으로 정하였다.

그래서 2016년의 11월이 화요일부터 시작되었으므로 다음 윤년인 2020년 전 까지는 2017, 2018, 2019년에는 수, 목, 금 순으로 11월이 시작이 되고 2020년은 2일이 밀린 일요일로 시작이 된다. 윤년이 있는 해에 하루씩 더 밀리는 규칙이 12달 모두 적용되는 것은 아니다.

2011.01

일	월	화	수	목	금	토
26	27	28	29	30	31	1 신정
2	3	4 12.1	5	6	7	8
9	10	11	12	13	14	15
16	17	18 12.15	19	20	21	22
23	24	25	26	27	28	29

2011.02

일	월	화	수	목	금	토
30	31	1	2	3 설날	4	5
6	7	8	9	10	11	12
13	14	15	16	17 1.15	18	19
20	21	22	23	24	25	26
27	28	1	2	3	4	5 2.1

▲ 그림 1.9

2011년 1월과 2월의 시작은 각각 토요일, 화요일이었다. 지금까지 찾은 규칙에 따르면 2012년은 윤년이기 때문에 2012년의 1월과 2월은 2일이 밀린 월요일과 목요일이어야 한다. 하지만 달력을 살펴보면 2012년의 1월과 2월은 하루가 밀린 일요일, 수요일로 윤년임에도 불구하고 평년과 같은 규칙을 발견할 수 있다. 1월과 2월은 그럼 윤년과 상관없이 계속 규칙적인 것일까? 그건 아니었다. 2013년의 1월과 2월이 월요일, 목요일이 아닌 화요일, 금요일로 불규칙적으로 바뀌었기 때문이다.

2013.01

일	월	화	수	목	금	토
30	31	1 신정	2	3	4	5
6	7	8	9	10	11	12 12.1
13	14	15	16	17	18	19
20	21	22	23	24	25	26 12.15
27	28	29	30	31	1	2

2013.02

일	월	화	수	목	금	토
27	28	29	30	31	1	2
3	4	5	6	7	8	9
10 설날	11	12	13	14	15	16
17	18	19	20	21	22	23
24 1.15	25	26	27	28	1	2

▲ 그림 1.10

2013년은 평년이기에 다른 달들은 모두 규칙적으로 차례로 요일이 변했다. 하지만 1월과 2월만 윤년처럼 2일을 건너 요일이 변했다. 왜 윤년이 아닌 평년에 이런 불규칙이 발견된 것일까? 그것은 바로 윤년이 2월을 29일로 하는데 그 이유가 있다. 윤년인 해 이더라도 1월은 31일로 규칙적으로 날이 바뀐다. 2월 역시 29일 전 까지는 변한 것이 없으므로 규칙적으로 날이 바뀐다. 평년에 규칙적이고 윤년에 불규칙을 보인 이유는 딱 하루, 2월 29일 때문이므로 2월 29일 이전의 날 까지는 규칙적으로 요일이 바뀌는 것이다. 그래서 1월과 2월의 경우 윤년의 해에도 1월 2월까지는 변한 것이 없이 지나가므로 불규칙적인 변화를 보이지 않고 규칙적으로 요일이 변하는 것을 발견할 수 있다. 그리고 윤년 다음의 평년에는 2월29일이 지난 해 이므로 윤년 다음의 평년에 2일이 더 밀리는 불규칙적인 변화를 확인할 수 있다. 그래서 2012년 윤년 이후인 2013년 평년에 1월 2월의 요일이 2일 더 밀린 화요일과 금요일로 시작하게 된 것이다.

내가 사는 하루하루에는 아마 이 뿐만 아니라 다른 규칙들도 많을 것이다. 조금만 더 내 주위를 신경을 쓰고 본다면 쉽게 발견할 수 있는 것들이고, 나와 밀접하게 관련된 규칙들이기 때문에 꽤 재미가 있다. 그렇기 때문에 앞으로도 주위에서 재미있는 수학적 요소를 많이 찾고 다음에 교직에 나갔을 때 수학에 대한 아이들의 흥미를 불러일으킬 때 이용해도 좋을 것이다.

학생들이 공부하는 교실, 복도, 급식소에서의 수학

학생들이 공부하고 있는 교실에서, 가장 많이 보는 것이 교실의 TV이다. 그래서 TV를 수학과 관련시켜 생각해 볼 수 있지 않을까 생각한다.

3학년 학생들에게 길이의 개념을 학습하면서 인치와 센티미터 단위를 가지고 우리 교실에서

TV를 활용하여 TV크기를 왜 인치로 하는지에 대한 의문점을 던져 수학과 관련시킬 수 있다. 27인치 TV가 몇 센티미터인지 알기 위해 다같이 1인치는 2.54센티미터라는 것을 조사하고 27인치는 곧 68.58센티미터라는 사실을 이끌어 내었다.

그렇다면 왜 TV는 인치라는 단위를 사용하는지 아이들에게 호기심을 유발하기 위하여 이야기해주면 TV는 미국에서 먼저 생산된 제품이기에 미국에서는 십분법인 cm단위를 잘 사용하지 않아서이고 TV를 최초로 만든 미국에서 길이를 재는 법을 활용하기 때문이라 안내한다. TV의 길이는 모니터의 대각선의 길이로 결정되는데 일반 TV와 요즘 나오는 와이드 TV는 같은 인치여도 크기가 다름을 감안하고 직접 교실의 TV의 대각선을 재어 실제 교실 TV의 인치와 동일한지 확인한다.

또 복도의 신발장의 신발을 넣는 칸을 수학적으로 연결시켜본다면 학생들이 인원을 x라 하고 신발의 수를 y라 했을 때 $y = x \times 2$라는 규칙이 있다.

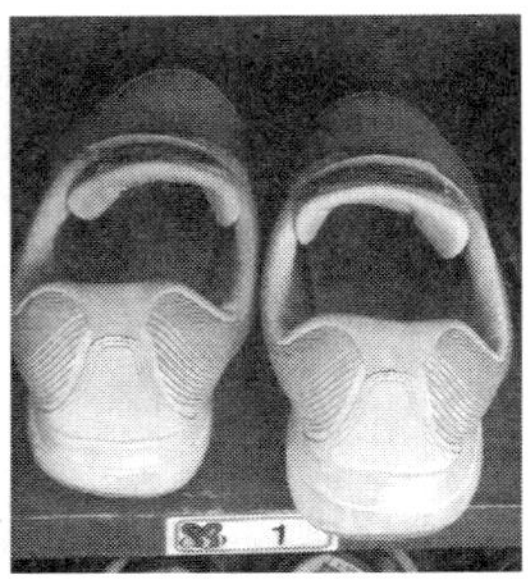

또한 학생들이 급식소에서 먹는 젓가락과 숟가락의 개수도 젓가락의 수를 y라하고 숟가락의 수를 x라 했을 때 $y = x \times 2$라는 규칙을 마찬가지로 이끌어 낼 수 있다.

배스킨라빈스에서

어느 날 아르바이트를 가던 도중에, 내가 일하고 있는 배스킨라빈스에는 어떤 수학 원리들이 있을까 생각을 해보게 되었다. 내게는 정말 친숙한 아이스크림 가게에 대한 생각을 하다 보니 더욱더 흥미를 갖게 되었고 나는 생각보다 많은 수학 원리들을 배스킨라빈스에서 찾게 되었다.

① 아이스크림을 담는 용기의 용량은 가격과 직접적인 연관이 있다. **그림 1.11**은 포장 가능한 용기인 파인트부터 하프갤런까지의 가격을 그 용기에 담아야 하는 정량의 그램으로 나눈 식이다. 즉, 식의 값은 1그램 당 아이스크림의 가격을 나타낸 수이다.

7,200÷336
=21.4285714286

13,500÷643
=20.9953343701

19,500÷989
=19.7168857432

23,500÷1,237
=18.9975747777

▲ 그림 1.11

▲ 그림 1.12

8 801234 567893

국가표시 제조업체 코드 자체상품 코드 검증코드

▲ 그림 1.13

② 포인트 적립을 위해 고객의 카드나 어플리케이션 소지 여부를 묻는다. 그 중 하나인 적립 어플을 예로 들자면, 기존의 마그네틱 카드에 입력된 고객의 정보를 핸드폰 어플 속 바코드 16자리에 심어둔 것이다. 그리고 할인 쿠폰이나 상품 쿠폰은 어플 바코드와 혼동되지 않게 11자리, 12자리 바코드를 이용한다. 여기서 사용하는 바코드는 이때까지 해피포인트 카드번호를 봤을 때, 앞의 8자리 82311239는 대부분 가지고 있는 숫자이고 뒤의 8자리가 고객의 개인 정보를 담고 있는 코드인 것 같다. KAN 코드의 구성 원리와는 다르지만 숫자마다 가지고 있는 정보가 다르다는 것이 공통점이다.

③ 현금 결제를 할 때에는 꼭 현금영수증 발급 여부를 물어야 한다. 가끔 사업자 지출증빙으로 해달라는 고객들이 있는데, 개인 고객이 핸드폰 번호를 입력하는 것과는 다르게 이 때 입력해야 하는 사업자 등록번호는 어떻게 구성이 된 것인지 찾아보았다.

사업자등록번호는 XXX-XX-XXXXX 형태로 10자리로 구성.

1. 국세청(세무서)코드 : 3자리

순수한 신규개업자(폐업 후 재개업이 아닌 자)에게만 사업자등록번호 최초 부여관서의 코드(국세청, 세무서별코드)를 부여하며 관서간 세적이전, 관할구역 변경의 경우에는 청-서코드 변경을 하지 아니한다.

2. 개인-법인 구분코드 : 2자리

가. 개인구분 코드

(1) 개인과세사업자 소재지 구별 없이 순차적으로 부여 : 01~79

(2) 개인면세사업자 산업 구별 없이 순차적으로 부여 : 90~99

(3) 소득세법 제1조 제3항에 해당하는 법인이 아닌 종교단체 : 89

(4) 소득세법 제1조 제3항에 해당하는 자로서 "(3)"이외의 자 (다단계판매업자, 아파트관리사무소 등) : 80

나. 법인성격코드 : 법인에 대하여는 성격별 코드를 구분하여 사용

(1) 영리법인의 본점 : 81, 86, 87

(2) 비영리법인의 본점 및 지점 (법인격 없는 사단, 재단, 기타단체 중 법인으로 보는 단체를 포함) : 82

(3) 국가, 지방자치단체, 지방자치단체조합 : 83

(4) 외국법인의 본·지점 및 연락사무소 : 84

(5) 영리법인의 지점 : 85

3. 일련번호(마지막의 앞 4자리) : 과세사업자(일반·간이), 면세사업자,

- 법인사업자별로 등록 또는 지정일자순으로 사용 가능한 번호를 0001~9999로 부여
- 비영리법인의 본·지점은 등록 또는 지정일자순으로 0001~5999로 부여
- 국세기본법 제 13조 제2항의 규정에 의하여 법인으로 보는 단체는 6000~9999로 부여

4. 검증번호(마지막1자리) : 전산시스템에 의해 사업자등록번호의 오류여부를 검증하기 위하여 부여된 특정숫자

④ 11시가 되면 퇴근을 하기 위해 컵 재고조사를 하고 시재를 맞춘다. 재고조사를 할 때는 싱글 컵부터 하프갤런 컵까지의 개수를 모두 세어야 하는데, 한 줄에 50개 또는 25개씩 비닐에 포장되어 있어서 n줄의 개수를 구할 때 25×n개로 계산하여 빠른 시간 안에 재고조사를 마칠 수 있다. 시재를 맞출 때에도 마찬가지이다. 단위 별로 지폐의 개수와 동전의 개수를 모두 세고 계산할 때에는 5만 원×n개, 1천 원×m개 등처럼 종이에 적어서 바로 시재를 확인하고 맞출 수 있다.

⑤ **그림 1.14**는 배스킨라빈스의 레인보우샤베트 라는 아이스크림의 영양성분 표이다. 이 표에 나와 있는 대로 1g에 4kcal의 열량을 내는 탄수화물과 단백질은 $(35+1)\times 4 = 144$kcal, 1g에 9kcal의 열량을 내는 지방은 $1\times 9 = 9$kcal의 열량을 낸다. 이 세 영양소의 열량을 모두 합하면 155kcal로 거의 비슷한 값의 열량을 구할 수 있다. 또, 싱글레귤러 컵(115g) 기준으로 161kcal라는 것이기 때문에 킹 컵(145g)이나 레귤러 콘을 먹을 때에는 161kcal보다 더 섭취한다고 볼 수 있다.

영양정보

· 1회 제공량 싱글레귤러(115g) 기준

칼로리	161kcal
당류	35g
포화지방	1g
단백질	1g
나트륨	40mg
기타	알레르기 유발성분 : 우유

▲ 그림 1.14

▲ 그림 1.15

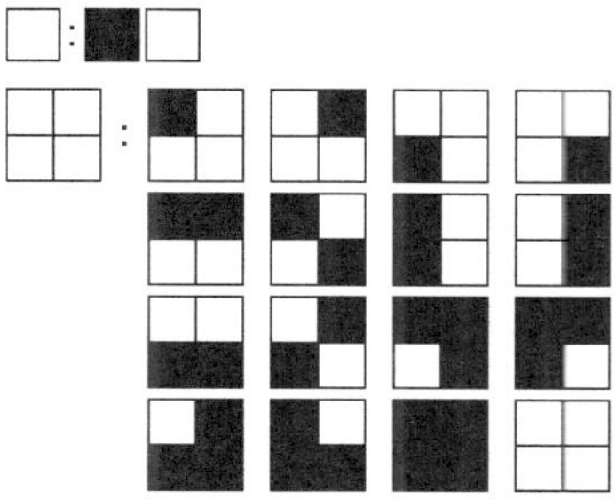

▲ 그림 1.16

⑥ **그림 1.15**는 작년 말 새로 나온 오로라빌리지 케이크이다. 케이크 오른쪽 밑 쪽에 보면 QR코드가 있는데, 초콜릿으로 만들어져서 고객들이 호기심에 한 번 코드를 찍어보고 먹을 수 있도록 했다. 코드를 찍으면 광고 모델인 엑소의 배스킨 광고 동영상이 나온다.

이렇게 마케팅에도 쓰인 QR코드는 무엇일까? 앞서 설명했던 바코드에 담을 수 있는 정보가 한계에 다다르게 되어, 더 많은 정보를 담을 수 있는 코드를 만들어냈는데 그것이 바로 QR코드이다. QR코드는 바코드와 달리 격자무늬로 양쪽 방향으로 정보를 인식할 수 있다.

그럼 과연 QR코드는 얼마나 많은 양의 정보를 담을 수 있을까?

정사각형 하나를 검은색 또는 흰색으로 칠한다고 했을 때, 나올 수 있는 경우의 수는 두 가지이다. 2×2 모양의 정사각형은 위 **그림 1.16**과 같이 16가지가 나온다. 3×3 격자모양은 두 가지 경우가 존재하는 칸이 아홉 개이므로 2를 9번 곱한 512가지가 존재한다.

이처럼 QR코드의 가장 작은 단위인 21×21 격자모양의 정사각형에서는 2를 441번 곱하면 구할 수 있는데, 이 때 상품의 정보를 담고 있지 않은 검출 패턴, 타이밍 패턴 등에 쓰인 칸들을 제외하면 총 경우의 수는 2를 238번 곱한 수가 된다. 이렇게 큰 수가 가장 작은 단위이니, 가장 큰 단위인 177×177 정사각형에는 엄청나게 많은 양의 정보를 담을 수 있을 것이다.

지하철 배차간격과 수학

(241) 사월(沙月) 열차시각 안내

사월역 평일 운행		
상행 (문양방면)	시간대	하행 (영남대방면)
36 47 58	5	
09 19 29 39 49 59	6	05 19 29 39 47 54
07 14 21 28 34 40 46 51 56	7	01 08 15 22 28 33 38 43 48 53 58 (+5, 출근시간대 배차간격 5분)
01 06 11 16 21 26 31 36 41 46 51 56	8	03 08 13 18 23 28 33 38 43 48 53 59
02 08 15 22 29 36 43 50 57	9	05 11 17 24 31 38 45 52 59
04 11 18 26 34 42 50 58	10	06 13 20 27 34 41 48 55
06 14 22 30 38 46 54	11	03 11 19 27 35 43 51 59 (+8)

도시에서 생활하는데 있어 지하철은 필수적인 교통수단이다. 버스보다 빠르며 시간 또한 정확하다는 장점을 지니고 있다. 지하철을 기다리다 보면 지하철이 규칙적으로 몇 분 간격으로 들어옴을 느낄 수 있다. 하지만 어느 시간대에는 지하철이 더 자주 오는 것 같은 기분을 느낄 수 있다. 과연 시간대와 지하철 배차간격은 어떠한 상관관계를 지니고 있을까?

지하철은 통근자와 통학생들에게 매우 중요한 발이 되어준다. 그러므로 그들이 많이 이용하는 시간대에 지하철을 많이 배치시켜서 지하철을 이용하는 데에 불편함을 덜어주어야 한다. 아침 출근하는 시간인 7시와 8시에는 지하철 배차간격이 5분임을 알 수 있다. 보통 7분일 때와 다른 것을 알아차릴 수 있다. 또한 사람들이 많이 이용하지 않는 시간대인 오전 11시에는 배차간격이 8분까지 늘어남을 알 수 있다.

1호선	2호선	3호선
30개역 (대곡~안심)	29개역 (문양~영남대)	30개역 (칠곡경대병원~용지)
영업 : 25.9km 건설 : 28.4km	영업 : 31.4km 건설 : 32.2km	영업 : 23.1km 건설 : 23.95km
34편성 (204량)	34편성 (180량)	28편성 (84량)
평일 : 23편성 **296**회 휴일 : 17편성 **264**회 토요일 : 20편성 **280**회	평일 : 24편성 **296**회 휴일 : 18편성 **264**회 < 토요일 : 20편성 **280**회	평일 : 22편성 **312**회 휴일 : 16편성 **288**회 토요일 : 19편성 **296**회

또한 사람들이 집에서 휴식하거나 놀러 가는 휴일보다 일상생활에서 학교나 직장으로 이동하는 평일에 지하철을 더 많이 운영함을 알 수 있다. 최근 대구에서 3호선이 개통하였다. 3호선은 1, 2호선보다 지하철 칸 수가 적고 지하철 길이도 짧음을 눈으로 확인할 수 있다. 하지만 배차간격은 1, 2호선과 동일하였는데 그러기 위해서 3호선의 운영횟수가 다른 호선들보다 더 많음을 확인할 수 있다. 동일한 시간 내에 적은 수용 량으로 많은 사람들을 이동시켜야 하기 때문이다.

내가 지하철 승강장에 막 들어섰을 때 때마침 지하철이 들어온 상황을 '우연히' 지하철이 들어왔다고 생각할 수도 있다. 하지만 이것은 우연이 아니며 철저한 이용환경의 수요예상분석 아래 배차간격이 정해진 것이다. 이 지하철 사례를 통해 생활에서의 규칙 찾기를 접목해볼 수 있을 것이며 이 규칙이 만들어진 이유까지도 도출해 낼 수 있을 것이다.

산책하다 발견하는 길 위의 수학

최근 아침, 저녁으로 선선한 바람이 불어 산책하기 좋다. 도심 속을 걷다 보면 길에 대한 여러 가지 궁금증과 의문들이 생긴다. 횡단보도의 규격은 어떻게 정해지는 것일까?, 보도블록으로 주로 사용하는 도형은 무엇이고, 그 이유는 무엇인가? 가로수의 간격은 어디서나 일정한 것일까? 그렇다면 어떻게 정한 것일까? 신호등에서 찾을 수 있는 수학적 요소는 무엇이 있을까? 등 길 위에서 생각해 볼 수 있는 수학적 물음들은 꼬리를 문다. 그 중 몇 가지를 직접 조사하고, 생각해 보았다.

1. 횡단보도의 규격?

횡단보도의 흰 사각형은 가로는 정해진 규격이 없지만, 세로는 45cm로 일정하다. 그리고 그 간격은 세로의 1.5배이다. 횡단보도의 이러한 규격이 무엇 때문에 정해졌을까 생각하다 두 가지 이유를 생각하게 되었다. 첫 번째는 땅만 보고 걸어도 횡단보도를 인식할 수 있도록 사람의 보폭을 고려한다는 것이다. 흰색 사각형의 간격을 계산해보면 67.5cm가 나온다. 대한민국 평균 남성의 보폭은 73.2cm이다. 보폭이 사각형의 간격보다 조금 크다. 그러면 걸음을 뗄 때마다 흰색 사각형을 밟게 된다. 이는 한 걸음을 걸을 때마다 흰 사각형을 인식할 수 있다는 것을 의미한다. 두 번째로 생각한 이유는 보행자가 기다리는 지점에서 보는 각도로 사각형들이 겹치지 않고 인식되어야 한다는 점이다. 긴 횡단보도의 경우 사각형 사이의 간격이 좁으면 분명하게 인식되지 않을 수 있다. 위의 사진을 언뜻 보면 흰 사각형의 세로 길이가 간격보다 길어 보인다. 그리고 끝으로 갈수록 촘촘해 보인다. 하지만 줄무늬가 분명히 인식된다. 이는 간격이 세로 길이의 1.5배이기 때문이다.

2. 신호등에 숨겨진 수학?

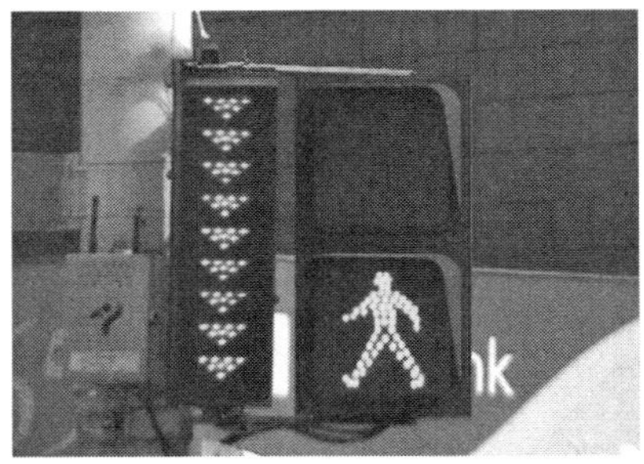

신호등은 상징적 신호로 단순한 의미를 전달하는 약속이다. 여기서 이미 수학적 의미를 내포하고 있다.

- 빨간불에 정지하고 녹색불에 이동한다는 점에서 이진법 수학체계를 지니고 있다.
- 녹색불은 일정시간 시간 그냥 켜져 있고, 일정시간 점멸하다가 빨간불로 바뀐다. 이 시간은 어떻게 계산되는 것일까?

신호등의 시간은 사람들의 보행 속도와 차선에 따라 결정된다고 추측했다. 실제로 집 앞의 4차선 도로의 초록불 신호는 7초 정도 켜져 있다가 18초 점멸하고 빨간불로 바뀌었다. 일반 사람들이 보통 시속 4km/h, 1m/s로 걷고, 노인이나 어린이들이 대충 2배정도 느리다고 보았다. 그리고 4차선 도로는 도로 폭이 1차선당 3.5m였으므로 14m의 길이를 이동해야 함으로 총 14~28초가 소모된다. 직접 측정한 25초가 그 범위 안에 있었다.

실제로 이 시간은 인구밀집까지 고려한다고 한다. 그래서 앞의 7초는 앞에서 사람과 뒤에 선 사람 모두가 횡단보도에 진입하는 시간을 의미한다고 한다. 일반적으로 이론적 계산보다 좀 더 시간이 짧은데 그 이유는 시간이 길 경우 신호 위반 차량이 늘기 때문이라고 한다.

3. 가로수 간격?

가로수는 6m 간격을 두고 심겨져 있다. 이는 나무가 성장한 후 크기와 관련되어 있다. 도심 속에서 가로수로 쓰이는 나무는 양버즘나무, 은행나무, 당단풍, 은단풍, 느티나무가 있다. 이들의 지름은 평균 3m이다. 나무의 양분이나 가지의 겹침 등을 고려하여 지름의 두 배 간격으로 심겨진 것이다.

4. 보도블록 도형?

보도블록 도형은 여러 가지가 있다. 직사각형, 정사각형, 육각형도 있고 여러 가지 도형이 섞여 있기도 하다. 흔히 변형된 도형도 많이 보인다. 모든 디자인은 수학적 의미를 내포하고 있기 때문에 수학적으로 생각해 볼 수 있다.

- 왜 삼각형으로 이루어진 보도블록은 보기 힘들까? 육각형, 사각형이 왜 많을까?

  평면을 빈틈없이 채울 수 있는 정다각형은 정삼각형, 정사각형, 정육각형이 있기 때문일 것이다. 다른 도형의 경우에도 변형하거나 다른 다각형과 조합하여 평면을 채울 수 있다. 그런데 삼각형은 왜 보기 힘든 것일까? 그 이유는 삼각형은 다른 다각형들에 비해 면적이 작기 때문에 효율이 떨어지기 때문일 것이다.

- 왜 직사각형, 정육각형이 변형된 모양이 많을까?

  직사각형, 정육각형의 면을 변형시키면 보도블록을 배치할 때 맞닿는 면적이 넓어진다. 맞닿는 면적이 넓으면 마찰력이 많이 작용하고 더 튼튼하고 견고해진다.

- 보도블록 패턴 속 수열

  육각형 보도블록 패턴을 보면 중심으로부터 1, 6, 12, 18로 늘어가는 또는 반복되는 수열을 찾을 수 있다. 이 외에도 모든 패턴들에서 수열을 찾아낼 수 있다.

지금까지 길 위에서 발견되는 수학적 요소들을 찾아보았다. 우리가 매일 걷는 거리 위에도 많은 수학적 요소들을 발견할 수 있다는 것을 알게 되면서 수학이 얼마나 우리의 생활과 밀접한지 다시 생각하게 되었고, 생활 속에서 수학적 요소들을 찾아보니 교과서적으로 배우던 것보다 좀 더 쉽고 재미있게 느껴졌다.

레고 블록에서 찾을 수 있는 수 개념

아이들이 많이 가지고 노는 장난감 레고 블록은 각각의 블록이 일정한 크기를 기준으로 규격화되어 있기 때문에, 수 개념을 배우는 데에 다양한 응용을 할 수 있다.

어린 아동들이 가지고 노는 큰 블록의 경우에는, 네 개의 돌기를 가진 정사각형 블록을 기본단위로 하여(1), 1×2 블록, 1×3 블록 등을 흔히 볼 수 있으며, 6개 돌기를 가진 1.5 길이의 블록, 2×3 플레이트, 4×4 플레이트 등 다양한 형태를 가지고 있다.

그러나 모든 레고는 두세 가지의 규격 기준에 맞추어 제작되기 때문에, 종류의 차이만 두어 가지 있을 뿐 같은 종류의 레고는 다른 회사의 제품이라도 모두 호환된다. 따라서 규격화된 블록들은 특정 단위를 기준으로 일정한 수 체계를 이룰 수 있는 것이다.

다음 그림을 통해 자연수 체계에 대한 예시를 들어 보겠다. 그림에서, 2×1 블록 하나는 1×1 블록 두 개를 나란히 붙인 것과 길이가 같다. 또한, 1×1 블록 두 개, 2×2 블록 두 개를 그림과 같은 모양으로 배치하였을 때, 블록 전체의 가로는 단위 길이 2이고, 세로는 3이다. 따라서, 이 블록들을 딱 맞게 위에 끼울 수 있는 블록은 2×3 플레이트이다.

$$1+1=2$$

2×3 플레이트는 1×1 블록이 6개 모인 것과 같은 크기이므로, 다음 식으로 표현할 수 있다.

$$2\times(1\times1)+2\times(2\times1)=6$$

또한, 이용하기에 따라서는 레고 블록을 분수 개념을 표현하는 데 사용할 수도 있는데, 특정 블록을 기준으로 하여 1로 정하면, 더 작은 블록들이 분수를 표현하는 것이다. 6×1 길이를 1로 두고 예시를 들어 보겠다.

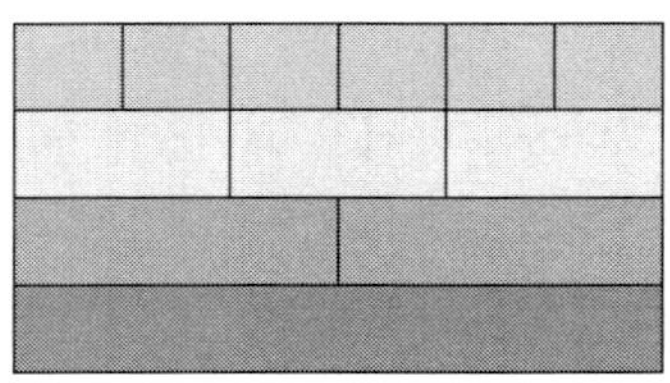

6×1 블록 위에 3×1 블록 두 개가 나란히 붙고, 그 위에 2×1 블록이 3개, 꼭대기에 1×1 블록이 6개 붙었다. 앞에서 6×1 블록을 1로 둔다고 했으므로, 3×1 블록은 1/2이라고 할 수 있다. 따라서 2×1 블록은 1/3이고, 1×1 블록은 1/6

이라 할 수 있다.

이처럼, 레고 블록은 '규격화된 블록'이라는 특성 때문에, 수 체계를 표현하는 데에 적절한 수단이 될 수 있으며, 아이들에게 친근한 완구를 통해 수학에 접근한다는 점에서 이점이 있다. 레고가 아니더라도 다양한 조립형 완구를 만지기를 좋아하는 아이들이 있는데, 이런 조립하는 능력과 만들기 능력이 뛰어난 학생이 수학에 강하거나, 공학 계열의 진로를 갖는 경우를 많이 볼 수 있는데, 이런 현상이 우연이라고 볼 수는 없을 것이다.

가계부

가계부를 통해 다양한 수학적 요소들을 알아보기 위해, 지난 두 달간 기록한 나의 가계부를 사용했다. 단, 지출(식비)에 해당하는 부분만을 표시했다. 그리고 3월에 지출한 식비의 세부사항을 한눈에 알아보기 쉽게 하기 위해 원형 차트를 이용해 나타내어 보았다.

3월	식비			총 지출
지출			129,900	675,000
	주요 지출 목록	떡볶이	15,000	
		파스타	32,900	
		회덮밥		
		고기류	34,000	
		학식		
		후식	6,700	

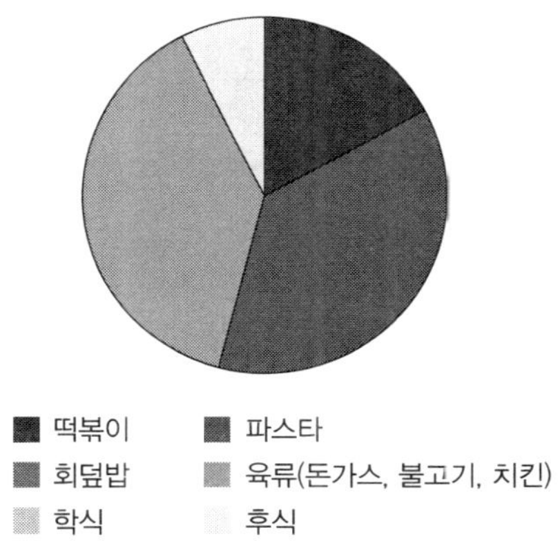

3월 한 달의 총 지출 675,000원 중 식비가 차지하는 비중을 백분율(%)로 나타내어 보자.

$$\frac{129000}{675000} \times 100 = 19.11\%$$

전체 식비를 1이라고 했을 때, 그 중 각각의 항목이 식비에서 차지하는 비중을 소수로 나타내면 다음과 같다. 단, 근삿값으로 나타낸다. (각 항목에 해당하는 지출 비용을 전체 식비로 나눈다.)

	떡볶이	파스타	회덮밥	고기류	학식	후식	합
소수	0.12	0.25		0.26		0.05	0.68

'고기류' 항목에서의 지출이 가장 많았고, 그 다음은 '파스타', '떡볶이', '후식' 순서이다. 이를 부등호와 등호를 사용해서 대소 관계를 표시 해보자.

고기류 > 파스타 > 떡볶이 > 후식 > 회덮밥 = 학식

이번에는 4월의 식비를 분석해 보자. 4월에 지출한 식비의 세부사항을 한눈에 알아보기 쉽게 하기 위해 원형 차트를 이용해 나타내어 보았다.

4월	식비			총 지출
지출	133,580			546,700
	주요 지출 목록	떡볶이	6,000	
		파스타	9,500	
		회덮밥	14,000	
		고기류	10,000	
		학식	3,000	
		후식	20,880	

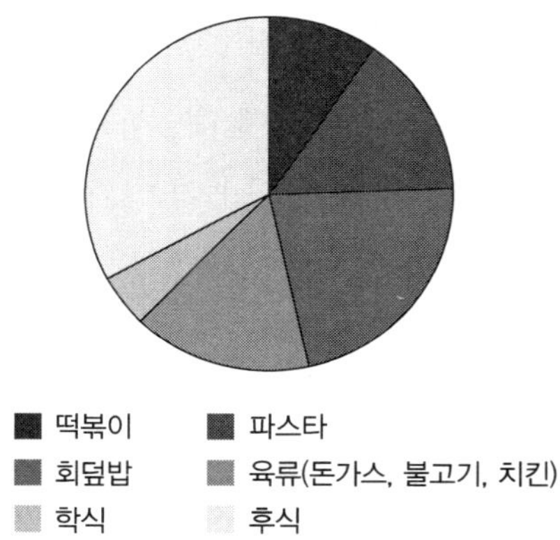

4월 한 달의 총 지출 546,700원 중 식비가 차지하는 비중을 백분율(%)로 나타내어 보자.

$$\frac{133580}{546700} \times 100 = 24.43\%$$

전체 식비를 1이라고 했을 때, 그 중 각각의 항목이 식비에서 차지하는 비중을 소수로 나타내면 다음과 같다. 단, 근삿값으로 나타낸다. (각 항목에 해당하는 지출 비용을 전체 식비로 나눈다.)

	떡볶이	파스타	회덮밥	고기류	학식	후식	합
소수	0.04	0.07	0.10	0.07	0.02	0.16	0.46

'후식'의 지출이 가장 많으며, 그 다음은 '회덮밥', '파스타 = 고기류', '떡볶이', '학식' 순서이다. 이를 부등호와 등호를 사용해서 대소 관계를 표시해보자.

후식 > 회덮밥 > 파스타 = 고기류 > 떡볶이 > 학식

3월과 4월의 평균 식비는 $\frac{129900+133580}{2}=131740$(원)

지금까지 나의 3월과 4월의 가계부 내용 중 식비를 분석해 보았다. 단순히 기록에서만 끝날 수 있는 내용을 상세하게 분석해 봄으로서 다양한 수학적 요소들을 찾아낼 수 있었다. 우선은 항목을 나눠서 표를 이용하여 일목요연하게 정리를 하고, 표를 바탕으로 원형그래프를 그려서 각 항목이 차지하는 비율을 한눈에 알아볼 수 있도록 한다. 그리고 각각의 항목이 총 식비에서 차지하는 비중을 소수로 나타냈는데, 이 때 소수 둘 째 자리까지 반올림하여 근삿값으로 표시했다. 그리고 이 근삿값을 바탕으로 각 항목의 대소 관계에 대해 알아보았다. 3월과 4월에 지출한 식비의 평균도 구했다.

가계부 하나만으로 통계에서부터 소수, 근삿값, 대소 관계 등 다양한 수학적 요소들을 찾아낼 수 있다. 따라서, 초등학교에서도 학생들에게 일정기간 동안 자신의 가계부를 작성할 기간을 주고, 그 내용을 바탕으로 다양한 수학 개념을 적용해 보면 아이들에게 더 즐겁고 유익한 시간이 될 수 있을 것이라고 생각한다.

제2장

하루 24시간 동안 만나는 수학

유경이의 하루

이 글을 시작하기 전, 난 생활 속에 다양한 수학적 요소들을 생각하고 탐구하여 보았다. 그러다 '초등학생의 시각으로 생활을 엿보아보자'라는 생각에, 초등학생이 되어 그의 하루를 쫓아가며 수학적 요소를 찾아보기로 하였다. 따라서, 내가 말하고 있는 생활 속의 수학적 요소들이 유치하고 쉽고 복잡하지 않겠지만, 초등학생들이 쉽고 재미있게 발견할 수 있는 요소들을 가장 실생활과 밀접하게, 실생활 안에서 정리해보았기 때문에 독창적이고도 유용한 방식이라 생각된다. 그렇다면 지금부터 나는 13살, 초등학생 6학년이 되어 아침에 일어나 잠자리에 들기 전 까지 발견할 수 있는 수학적 요소들을 발견해 보겠다.

초등학교에 다니고 있는 조유경(13)은 오늘 하루 자신의 생활 속의 수학적 요소들을 찾아보도록 하였습니다. 선생님이 "자신의 주변에서 수학을 찾아보세요."하고 숙제를 내주기도 했지만 무엇보다 자신이 학교에서 배운 수학을 적용해보고 싶었기 때문입니다. 유경이가 아침에 눈을 뜨자 자신의 방 벽지가 보였습니다. 세로 줄무늬로 이루어져 있었는데, 빨→흰→노→흰→빨→흰→노→… 이러한 패턴으로 이루어져 있었지요. 유경이는 쉽게 규칙을 파악할 수 있었고, 그 속에서 통일감과 아름다움을 느낄 수 있었습니다. 아름다움을 느끼며 눈을 뜬 유경이는 시계를 보니 아침 7시였습니다. 자신이 어제 저녁 10시에 잠이 든 것을 생각해 볼 때, $2+7=9$, 즉 9시간을 잤다는 것을 계산해볼 수 있었습니다. 또한, 유경이는 옷 입는 데에 5분이 걸리고, 씻는 데에 5분, 아침을 먹는 데에 20분이 걸립니다. 집을 나서서 버스정류장까지 10분이 걸립니다. 유경이는 8시에 버스를 탈 수 있는지 계산해보았습니다. '아하 우리는 시간을 만들어 놓았기 때문에, 하루하루 순간순간을 정확히 측정해볼 수 있구나. 또한 하루를 좀 더 효율적으로 사용할 수도 있겠군. 내가 9시간 잤으니 내가 계획한대로 규칙적인 하루를 시작할 수 있겠구나' 라고 생각하였습니다. 유경이가 씻고 옷을 입으려는데, 옷장에는 상의가 5벌, 하의가 2벌이 있었습니다. 유경이는 자신이 서로 바꾸어 가며 매치할 수 있는 옷의 종류를 생각해 보았습니다. 상의 1벌당 하의가 2벌을 바꾸어 입을 수 있으니까 $5\times2=10$, 즉 겹치지 않고 매일 바꾸어 가며 옷을 입는다면 10일간 다른 옷을 입을 수 있다는 것을 알 수 있었습니다. 유경이는 이렇게 쉽게 계산할 수 있도록 해주는 수학이 고마워졌습니다. 밥을 먹으며 TV를 먹으며 날씨를 봅니다. 기상캐스터가 나와 오늘의 최저온도 19도, 최고온도 27도라고 말해줍니다. 유경이는 '오늘은 따뜻하겠구나'라고 생각합니다. 19도와 27도의 온도를 자신이 생각할 수 있다는 사실에 유경이는 놀라워합니다. '아하! 이것이 다 수학의 힘이구나. 추상적인 것을 구체화시킴으로써 우리의 인식을 넓혀주었어!' 27도는 따뜻하다고 우리 모두 암묵적으로 알고 있었습니다. 그때, 엄마가 "유경아~ 우유 500ml를 마셔라"라고 하셨습니다. 유경이는 500ml가 어느 정도인지 알고 있습니다. 유경이는 이렇게 들이를 정하여 사용하고 있다는 사실에 감사했습니다. 어머니께서 오늘 케이크를 교실에 보내주신다고 하셨습니다. "유경아, 4명당 케이크 하나를 먹을 수 있는데, 몇 개를 사서 보내면 되겠니?" 라며 물어 보시 길래, 32÷4 = 8으로 금방 계산하여 "8개면 될 것 같아요"라고 대답하였습니다. 이렇게 빠르게 계산한 자신이 기특하고 예뻤습니다.

초등 수학으로의 적용 : 수학적 패턴, 덧셈, 나눗셈, 들이, 온도, 시간, 확률

유경이는 수학적 생활 요소들을 찾아보기로 하고, 버스를 타고 혼자 등교해 보기로 하였습니다. 유경이의 집은 5층에 있고, 엘리베이터는 지금 25층에 서있었습니다. 한 층을 내려오는데 2초가 걸린다고 하였을 때, 25층 − 5층 = 20층, 20×2 = 40초로 계산을 해보았을 때, 자신이 있는 층까지 엘리베이터가 오는데 40초 정도 걸린다는 것을 알 수 있습니다. 아! 당연히 아무도 내리거나 타지 않고 바로 내려올 때의 경우입니다. 어디에서나 예외가 있다는 사실을 유경이는 잘 압니다. 최소 40초 정도가 걸릴 것이기 때문에, 유경이는 40초 만에 얼른 잊고 나온 물건을 가지러 갔다 올 수 있었습니다. 버스정류장으로 가는 길, 차들의 뒤에는 번호판이 있었는데 모두가 각자 다른 숫자들을 가지고 있었습니다. 0~9까지의 숫자가 네 자리로 배열되니 이토록 다양한 배합들이 나올 수 있다는 사실에 경이로워졌습니다. 모든 차들이 각자 다른 번호를 가지고 있는 것을 보고, 숫자를 이용하여 이렇게 다양한 표현을 할 수 있다는 사실이 놀라웠습니다. 가다가 맨홀뚜껑을 보니 모두가 동그란 모양이었습니다. 그것을 보니, 얼마 전 선생님께서 하신 말, 원은 어느 방향이든 폭이 같다는 것이 생각이 났습니다. 그래서 유경이는 여기 사다리를 타고 사람이 내려가려면 어디에나 사다리를 놓아도 되기 때문에 편리 하겠구나 라고 생각하였습니다. 옆에 보니 고층건물을 본 유경이는 이 건물의 높이를 대충 어림

잡아보고 싶었습니다. 큰 사람의 키가 최대 2m로 생각을 했을 때 한 층의 높이는 대략 3～4m 정도가 될 것이라고 추측하였습니다. 4m로 한 층의 높이를 계산하였을 때, 총 10층 건물이었기 때문에 건물의 높이가 40m 정도 된다는 것을 어림해볼 수 있었습니다. 물론 정확한 치수는 아니지만, 어림잡아 계산할 수 있다는 사실에 기분이 좋았습니다. 어느새 버스정류장에 도착하였습니다. 돈을 2,000원을 가지고 있었는데 버스를 타고 1,000원을 내니 1,000원이 남았습니다. 유경이는 이 1,000원으로 할 수 있는 것을 생각해보았습니다. 버스 안에 사람이 10명 있었는데, 6명이 내리고 3명이 탔습니다. $10-6+3=7$, 유경이가 얼른 계산해보니 이 버스에 7명이 있다고 결론이 나, 사람을 세어 보았더니 7명이었습니다. 유경이는 자신이 수학을 할 수 있다는 것이 자랑스러웠습니다. 버스에서 내린 유경이는 학교에 걸어가며 새의 무리를 보았습니다. 새가 5마리가 모이를 먹고 있었는데, 유경이는 이 새의 다리를 계산해 보고 싶었습니다. 1마리의 새가 다리 2개를 가지고 있으니, 5마리의 새의 다리의 개수는 10개였습니다.

초등 수학으로의 적용 : 뺄셈, 곱셈, 덧셈, 어림잡기, 원, 확률, 경우의 수, 4자리의 수

학교에 들어서며 유경이는 다양한 도형을 볼 수 있었습니다. 창문은 직사각형으로 이루어져 있었고, 그 사각형의 변은 모두 수직을 이루고 있었습니다. 정사각형으로 이루어진 창문도 볼 수 있었습니다. 구름사다리와 축구골대는 사다리꼴을 이루고 있었고, 중간의 창문은 원으로 이루어져 있었습니다. 문은 직사각형 이었고, 어떤 문은 반원을 이루고 있었습니다. 유경이는 학교에서 다양한 도형을 찾는 재미를 느낄 수 있었습니다. 운동장에 아이들이 축구를 하고 있었는데, 유심히 축구공을 보자 오각형으로 가득 차 있었습니다. 하지만 오각형으로는 완벽히 접하여 꽉 채울 수 없다는 사실을 깨닫고 다시 보니 오각형과 육각형으로 이루어져있다는 사실을 발견할 수 있었습니다. 자신이 배운 수학적 사실을 직접 물체로 보니 너무 신기하고 재미있었습니다. 한 수업은 40분이고 쉬는 시간은 10분입니다. 총 50분으로 보았을 때 4교시를 하면 200분이 됩니다. 200분은 3시간 20분입니다. 유경이는 오늘 3시간 20분을 수업한다고 생각하였습니다. 수업 후에 어머니께서 보내주신 케이크가 도착하였습니다. 케이크는 8조각으로 나누어져 있었는데 4명당 1개의 케이크를 먹을 수 있었습니다. 한 친구가 "우리는 1/4조각을 먹으면 돼"라고 하였습니다. 유경이는 재빨리 "그럼 우리 2조각씩 먹어야 해"라고 말하였습니다. 이렇게 분수를 써보니 수학에 대한 흥미가 더욱 생겼습니다. 케이크를 먹고 난 뒤 유경이는 심심하여 우리 반 학생들을 '안경을 쓴 학생' '안경을 쓰지 않는 학생' '안경을 쓸 때도 있

고 안 쓸 때도 있는 학생'으로 분류하여 벤 다이어그램을 만들어 보았습니다. 벤 다이어그램을 만들어서 보니 정확히 관계가 파악되었습니다. 유경이는 갑자기 어제 반별로 만든 그림이 생각났습니다. 우리 반의 그림을 보니 가로 1m, 세로 1m로 넓이가 $1m^2$이었습니다. 2반의 그림을 보니 가로 0.8m, 세로 1.2m로 넓이가 $0.96m^2$였습니다. 이로 우리 반의 그림이 더욱 넓다는 것을 알 수 있었습니다. 수업시간 중, 유경이는 계속해서 수학 문제들이 생각났습니다. '우리는 6줄로 앉았는데, 각 줄마다 책상이 6개씩 놓여있었습니다. 4줄로 다시 앉으면 한 줄에 책상을 몇 개씩 놓아야 할까? 우리 반 아이들은 몇 명일까? 우리 반에는 손가락이 몇 개 있을까?' 주변을 둘러보니 여러 궁금증이 생겨나고, 그것을 수학으로 해결할 수 있었습니다.오후가 되었다. 유경이는 '모든 과목이 수학문제 투성이야'라고 생각하였습니다. 사회 시간에는 지리를 공부했습니다. 제주도의 일주도로의 길이는 약 182km이고, 초콜릿 하나는 약 1cm입니다. 1m는 100cm이고, 1km는 1,000m입니다. 일주도로의 길이를 재려면 초콜릿이 몇 개가 있어야 할까요? 국어 시간에는 낱말들이 수학 문제로 보였습니다. 편지+봉투 = 편지봉투라면 줄자－자 = 줄일까요? 육개장+육개장 = 십이 개장이 될까요? 미술시간이 되었습니다. 유경이는 동그라미와 세모, 네모를 잔뜩 그렸다.

초등 수학으로의 적용 : 벤 다이어그램, 넓이, 시간, 도형, 분수, 곱셈, 나눗셈, 길이

저녁에 집에 도착한 유경이는 오늘 용돈 기입을 하다, 자신이 1년간 쓴 용돈의 추이가 궁금해졌습니다. 그래서 유경이는 1월 달부터 지금 10월 달까지 한 달간 쓴 총 금액을 막대그래프와 꺾은선 그래프로 그려보았습니다. 꺾은선 그래프로 그랬을 때 더욱 자신의 용돈 변화를 알 수 있다고 생각하였습니다. 그래프의 효율성을 느끼게 되었습니다. 자신의 옆에 3층으로 된 초콜릿이 한 층에 8개가 있었습니다. 유경이는 보지도 세지도 않고 총 초콜릿이 24개인 것을 알 수 있었습니다. 어머니께서 저녁을 하시는 것을 찬찬히 지켜보니, 각 재료마다 비율대로 첨가하는 것을 볼 수 있었습니다. 예를 들어, 간장 1 대 참기름 2와 같이요. 이럴 때, 유경이는 비율이 쓰일 수 있다는 것을 알 수 있었지요. 유경이는 잠자리에 들며, 오늘 하루를 되새겨 보았습니다. 이렇게 하루에 많은 수학적 요소를 발견하며 내가 학교에서 배우고 있는 수학에 대해 다시 생각해보는 기회가 되었습니다. 세상에 수학이 없었다면 얼마나 끔찍할지 상상하기도 싫어졌습니다. 자신이 배우는 수학적 지식이 이렇게 다양하게 사용되고 있고, 사용할 수 있다니 수학이 왜 필요하여 발전되어 왔는지 더욱 느낄 수 있었습니다. 앞으로 수업시간에 배우는 수

학들을 잘 기억하고 학습하여 더욱 많은 수학적 요소들을 발견하고, 자기의 삶에 수학을 적용하여 사용해보겠다고 다짐하며 유경이는 잠에 빠져들었습니다.

초등수학으로의 적용 : 그래프, 곱셈, 비율

저는 다음 활동을 통하여 이렇게 다양한 많은 경우(거의 대다수의)에서 수학적 요소들을 찾을 수 있고, 그것을 지도할 수 있다는 사실에 놀랐습니다. 초등학생들이 배우는 모든 수학은 기본적인 수준의 것들입니다. 기본적인 것일수록 우리의 실생활과 밀접하지 연관되어 있지요. 아이들은 자신의 옆에 있는 것을 공부할 때, 공부의 목적이 명확할 때 학습능력이 증진합니다. 어렵고 복잡해 보이는 수학을 실생활에서 찾을 수 있고, 어떻게 사용되는지 알 수 있다면 더욱 효과적이고 재미있는 수학이 될 수 있는 것이 자명하기 때문에, 오늘의 이러한 경험을 통하여 더욱 흥미 있는 수학수업을 만들어 볼 자신감이 생겼습니다. 앞으로 저도 초등학생 유경이처럼 많은 상황을 수학적으로 다시 한 번 생각해보게 될 것 같습니다. 또한, 제 지식과 창의력이 부족하여 미처 깨닫지 못했던 다양한 수학적 사례들을 더욱 탐구하고 생각해보아야겠다는 결심을 하였습니다. 대학생 이지만, 수학이 많이 사용된다는 사실을 알고 있었음에도 불구하고, 이러한 활동을 통하여 다시 한 번 수학의 유용성과 재미를 느낍니다.

나의 생활과 수학

오늘은 학교 내 주차 공간과 원활한 통행을 위해 차량번호 뒷자리 4번, 9번이 학교에 출입 못하는 목요일이다. 이러한 제도를 '차량 5부제'라고 한다. 이 제도 속에도 수학의 요소가 숨어 있다. 일단 차량번호의 뒷자리가 될 수 있는 숫자는 0에서 9까지 총 10개의 번호가 있다. 그리고 일주일은 7일인데 여기서 수업이 없는 토요일, 일요일을 제외하면 5일이 된다. 10개의 뒷자리를 다섯으로 나누면 월, 화, 수, 목, 금요일 중 하루에 차량번호 뒷자리 2개씩 출입의 제한을 받게 되는 것이다.

차량 5부제에 숨어있는 수학적 요소는 여기서 끝이 아니다. 차량번호 뒷자리 1, 6번이 월요일에 통제를 받고 화요일에는 2번 7번이, 수요일에는 3번 8번이, 목요일에는 4번, 9번이, 금요일에는 5번, 0번이 같은 방식으로 제한을 받는다. 왜 간단하게 1번, 2번을 월요일에 3번, 4번을 화요일에 이런 식으로 하지 않았을까? 그 이유는 차량의 뒤 번호의 분포가 균등하지 않기 때문에 최대한 균등하게 통제하기 위해서 그런 것이다. 그러한 방법을 찾다 보니 10개의 숫자를 균등하게 분배하기 위해서 5로 나누었을 때 나머지가 1인 뒤 번호는 월요일에 2인 뒤 번호는 화요일 등 이 방법을 발견해 낸 것이다. 이러한 차량 5부제라는 제도 하나에도 십진기수법, 묶어 세기, 5씩 뛰어 세기, 7씩 뛰어 세기, 나눗셈의 몫과 나머지, 분포와 분산 등 수많은 수학적 요소가 포함되어 있었다. 그냥 하나의 제도를 무심코 자세히 들여다보았을 뿐인데 예상 이상의 요소들이 너무 많아서 놀라웠다.

실과 바느질 과제를 위해 서문시장을 찾았다. 바느질 용품을 만드는 것이었는데 천을 사야 했다. 원단을 파는 가게들이 집적되어 있는 곳에 도착해서 원단을 사려고 필요한 만큼 "가로 60cm, 세로 40cm만큼의 천을 구할 수 있을까요?"라는 요구를 했더니 "여기서는 천을 한 마 단위로 밖에 안 팔아요."라는 대답이 돌아왔다. 천 구입은 처음인지라 한 마 단위라는 것은 처음 들어봤는데 반마를 살 순 없냐고 물으니 단위를 쪼갤 수는 없다고 하셨다. 우리나라의 단위는 매우 다양한 것들이 있다.

군대에서 처음 접하게 된 단위 중에 '홉'이라는 단위가 있다. 주량을 적으라는 설문지 칸에 홉이라는 단위를 몰라 당황하고 있을 때, 선임이 그냥 소주 반 병으로 생각하면 된다는 말에 '그렇구나!'하고 넘어갔다. 나중에서야 알게 된 사실인데 180cc를 한 홉이라고 한다고 했다. 한 되와 한 말 또한 많이 들어봤지만 양감은 없었는데 고체의 경우 1.8L와 18L가 각각 한 되와 한 말이고 액체의 경우 2L와 20L가 각각 한 되와 한 말이라는 것을 알게 되었다. 11월 3일, 최창우 교수님 수업에서 홉과 되와 말에 대한 설명을 들으니 아는 것이 나와 매우 반가웠다. 이러한 단위들은 마트에서도 쉽게 접할 수 있다. 대파 한단, 양파 한 묶음, 마늘 한 묶음, 연필 한 다스 등등 우리의 생활과 단위는 떼려야 뗄 수 없는 관계이다. 단위, 묶어세기와 집합과 집합수 등 수학의 요소가 다양하게 통용되고 있는 것이다.

이번 달 휴대폰 요금이 44,280원 나왔다. 기본료가 11,000원이고, 1초당 1.8원의 통신요금이 나온다. 그럼 나의 통화 시간을 계산해보면 일단, 44,280원에서 부가가치세 10%를 빼면 39,852원이다. 여기서 다시 11,000원을 빼고 28,852원을 1.8로 나누면 16,029초가 나온다. 내가 통화한 시간은 16,029초이고 분으로 따지면 267분이고 시간으로 따지면 4.45시간으로 약 5시간이다. 1초가 60개가 모여 받아 올려져 1분이 되고, 1분이 60개가 모여 1시간이 되는 60진법의 논리가 녹아있는 것이다. 그리고 4.45시간이라는 표현에서 소수와 소수점이 없다면, 그리고 분수의 논리가 없다면 우리가 그러한 미묘하고 섬세한 수들을 어떻게 설명할 수 있을까?

지난달 25일에 이사를 와서 5일간 전기를 쓰니 3,840원이 나왔다. 그리고 이번 달에 한 달간 전기를 쓰니 약 19,000원의 전기세가 나왔다. 5일치의 전기요금인 3,840원에 한 달은 약 30일이니 곱하기 6을 하면 30이니까 3,840×6 = 23,040원인데 그렇게 보면 이번 달은 조금 아껴 쓴 것이 아닌가 하는 것을 승법적 계산을 통해 알 수 있다. 또한 하루에 얼마 정도를 쓰는지 알아보기 위해 3,840원을 5로 나누면 나의 하루 전기 사용량은 768원임을 알 수 있다. 또한 밥솥과 냉장고, 믹서 등의 전력량과 에너지소비효율등급을 통해 투입되는 전기에너지의 양에 따라 기계가 얼마만큼의 힘으로 일을 하는가와 얼마나 효율적으로 에너지를 소비하는 가를 알 수 있다. 이 번 달에 믹서를 바꾸었는데 단위시간당 400W의 전력량을 소비하는 믹서에서 350W를 소비하는 믹서로 바꾸었다. 그랬을 때, 소비 전력량 = 단위시간 전력량×사용시간이니까 하루에 5분간 믹서를 사용한다고 했을 때, 한 달에 절약되는 소비 전력량은 0.4×5/60×30 = 0.996kW/h에서 0.35×5/60×30 = 0.8715kW/h이니까 0.1245kW/h나 절약하는 것이 된다.

요즘 주택용 누진요금제라고 하여 서민생활을 보호하고 과소비를 줄이기 위해 사용량이 많아질수록 요금이 증가하는데, 월사용량 300kW/h까지는 요금이 저렴하지만 300kW/h를 초과하면 조금만 더 써도 전기요금이 큰 폭으로 증가하게 된다. 201～299kW/h 사용고객은 보통요금을, 199kW/h 이하를 사용하는 고객은 저렴한 요금 수준을 적용함으로써 전기요금 부담을 완화해 주고 있으며, 매월 300kW/h 이상 사용하는 고객은 에너지 절약 유도를 위해 높은 요금 수준을 적용하고 있다. 누진적용을 예로 들면 300kW/h를 사용했을 때 요금 39,440원을 기준으로 볼 때 200kW/h 사용 요금은 20,100원으로 0.5배이나, 500kW/h 사용 요금은 111,580원으로 2.8배이며 더욱이 700kW/h를 사용했을 때의 요금은 256,610원으로 무려 6.5배가 된다.

생활과 가장 밀접한 관련이 있는 에너지 사용 분야에서도 수학을 알면 아껴 쓸 수 있고, 원하는 만큼 조절해서 쓸 수 있다. 그만큼 금전적으로 혜택을 보고 해를 피할 수 있는 것이다.

비와 비율을 아는 사람이라면 200kW/h 2만 원, 700kW/h 26만 원을 고르라고 할 때 누가 700kW/h의 손을 들겠는가?

이처럼 우리가 조금만 눈을 둘러보면 우리 생활 주변에 많은 수학적 요소들을 발견할 수 있다. 혹자들은 수학을 배워서 실생활 어디다 써먹느냐고 무심코 비판 아닌 비난을 쏟는다. 하지만 정작 그 사람들은 자신이 깨닫지 못하는 중에 수학적 요소와 원리들을 다 쓰면서도 공기가 너무 익숙해 공기의 소중함을 모르듯이 수학이 공기처럼 일상생활 속에 잘 녹아 있어 그 쓰임과 소중함을 모르고 살아가는 것이다.

신기하고 재미있는 "(두 자리 수)×(두 자리 수)"

"으, 짜증나 죽겠어."

학교에서 과제로 받은 곱셈 문제를 풀던 근호는 화가 났어요.

"무엇이 그렇게 짜증나니?" 옆에서 책을 읽고 계시던 삼촌이 물었어요.

"삼촌, 곱셈을 하는데 정말 지루하고 재미없어요. 곱셈이 복잡해서 머리도 아프고 하나하나 곱하기도 정말 귀찮아요. 이렇게 재미없는 걸 계속하려니 정말 짜증나 죽겠어요."

"그렇구나. 곱셈 계산이 재미없어서 짜증났던 것이었구나."

"삼촌, 복잡한 곱셈을 재미있고 간단하게 하는 방법이 없을까요?"

"이 녀석. 그렇게 편한 거 찾아 다니면 못 써."

"에이, 그래도 이런 곱셈은 너무 지루하고 재미없어요."

"그럼 삼촌이 신기하고 재미있게 곱셈하는 방법을 몇 가지 알려줄까?"

"우와. 정말 그런 방법이 있어요? 빨리 가르쳐 주세요!"

"근호야. 평소에 '십의 자리 수×십의 자리 수'의 곱셈을 어떻게 했니?"

"저요? 저는 그냥 세로로 식을 적은 뒤에 일에 자리 수부터 하나하나 계산해요. 예를 들어서 18×17의 경우 이렇게 했어요."

$$\begin{array}{r} 12 \\ \times\ 31 \\ \hline 12 \\ 36 \\ \hline 372 \end{array}$$

"이렇게 했을 때 불편했던 점은 없었니?"

"가로로 되어있는 식을 세로로 한 번 더 적어야 해서 불편했어요. 그리고 숫자를 하나하나 차례대로 곱한 뒤 더해야 해서 번거로웠어요. 그리고 거기에 '받아 올림'까지 생각하면 어휴…. 그래서 중간에 실수를 많이 했던 것 같아요."

"그렇지. 그럼 방금 했던 곱셈을 그림으로 한 번 해볼까?"

"우와. 그림으로요?"

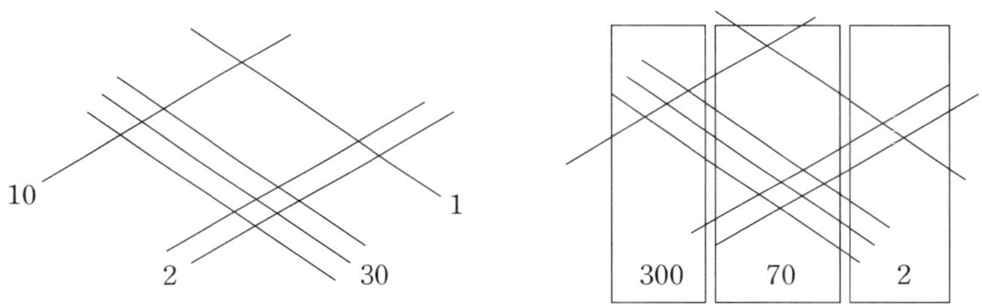

"그래. 12×31을 위의 그림처럼 십의 자리를 나타내는 선분과 일의 자리를 나타내는 선분으로 나타낼 수 있어. 십의 자리 선분끼리 만나는 교점은 3개. 그러니까 3×100 = 300. 십의 자리 선분과 일의 자리 선분이 만나는 교점은 7개. 그러니까 7×10 = 70. 일의 자리 선분끼리 만나는 교점은 2개. 이렇게 자리를 고려하여 교점의 개수를 구하면 372(300+70+2)라는 값을 쉽게 구할 수 있지."

"우와, 정말 신기하고 재미있어요. 그리고 더 간단한 거 같아요. 삼촌, 다른 방법은 또 없나요?"

"근호가 이렇게 곱셈을 재미있어 하다니 놀랍구나. 그럼 다른 재미있는 곱셈 방법도 알아볼까?"

"네."

"그럼 11에서 19 사이의 두 수를 곱하는 재미있는 방법을 알려주마. 15×17을 예로 들어볼까? 먼저 곱하려고 하는 수에 곱하는 수의 일의 자리 수를 더한 뒤 10을 곱하는 거야. (15+7)

×10 = 220이 되겠구나. 그리고 두 수의 일의 자리 수를 곱하는 거야. 5×7 = 35가 되겠구나. 그러면 앞서 구한 220과 35를 더한 255가 15×17의 답이 되는 거란다. 신기하지?"

"우와. 삼촌 정말 짱 신기해요. 그런데 이 방법은 11부터 19 사이의 두 수일 경우에만 사용할 수 있는 건가요?"

"물론 아니란다. 21～29 사이의 두 수의 곱셈, 31～39 사이의 두 수의 곱셈 등에도 이 방법을 응용할 수 있단다."

"정말이요? 어떻게요?"

"방법은 똑같단다. 다만 2129 사이의 두 수의 곱셈에는 10 대신 20을 곱해주고 3139 사이의 두 수의 곱셈에는 30을 곱해준다는 것이 다르단다. 그럼 23×25를 예로 들어볼까? 먼저 곱하려고 하는 수에 곱하는 수의 일의 자리 수를 더한 뒤 20을 곱하는 거지. (23+5)×20 = 560이 되겠구나. 그리고 두 수의 일의 자리 수를 곱하면 3×5 = 15가 되지. 그러면 560과 15를 더한 575가 정답이 되는 거란다.

"삼촌, 정말 짱 멋있어요. 이 방법을 사용하면 복잡한 두 자리 곱셈도 쉽게 해낼 수 있을 거 같아요."

11에서 19 사이의 두 수의 곱

- 곱하려고 하는 수에 곱하는 수의 일의 자리를 더한 뒤 10을 곱한다.
- 두 수의 일의 자리 수를 곱한다.
- 제일 처음 구한 수와 두 번째에서 구한 수를 더하여 답을 구한다.

21에서 29 사이의 두 수의 곱

- 곱하려고 하는 수에 곱하는 수의 일의 자리를 더한 뒤 20을 곱한다.
- 두 수의 일의 자리 수를 곱한다.
- 제일 처음 구한 수와 두 번째에서 구한 수를 더하여 답을 구한다.

91에서 99 사이의 두 수의 곱

- 곱하려고 하는 수에 곱하는 수의 일의 자리를 더한 뒤 90을 곱한다.
- 두 수의 일의 자리 수를 곱한다.
- 제일 처음 구한 수와 두 번째에서 구한 수를 더하여 답을 구한다.

"삼촌. 그런데요, 방금 삼촌이 가르쳐준 방법에서 91에서 99 사이의 두 수의 곱을 구하는 방법은 90 같은 큰 수를 곱해야 하고 여전히 불편한 거 같아요. 93×97 같은 큰 수를 쉽게 계산할 수 있는 방법은 없나요?"

"오, 아주 좋은 질문이야. 사실 90 이상의 두 자리 수 곱셈을 쉽게 할 수 있는 방법이 있단다."

"정말이요? 삼촌 어서 가르쳐 주세요!"

"녀석, 급하긴. 98×97을 예로 들어 보자꾸나. 두 수가 너무 커서 계산하기 쉽지 않을 거 같지?"

"네. 너무 복잡할 거 같아요."

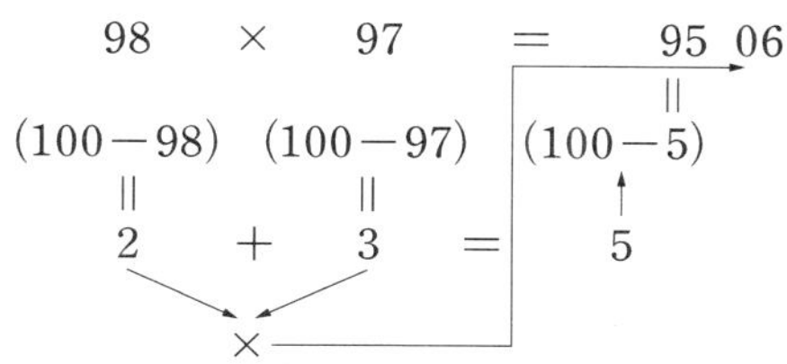

"하지만 이렇게 하면 쉽단다. 100에서 98을 빼면 2. 또 100에서 97을 빼면 3. 그렇게 나온 2와 3을 더한 5를 다시 100에서 빼면 95지. 95에 100을 곱한 수 9500에 앞의 2와 3을 곱한 수 6을 더한단다. 봐라. 9506. 정말 신기하고 쉽게 답을 구했지?"

"우와! 정말 신기하고 간단하네요!"

100에 가까운 두 자리 수의 곱셈 (90이상의 두 자리 수 곱셈에 유용)

- 100에 대한 두 수의 보수를 구한다.
- 100에서 두 개의 보수를 더한 수를 뺀다.
- 두 번째에 100을 곱한 수와 맨 처음 구한 2개의 보수를 곱한 수를 더하여 답을 구한다.

"어때? 곱셈이 재미있게 느껴지지 않니?"

"네, 삼촌. 곱셈이 이렇게 재미있을 수 있다니."

"근호가 재미있다니 삼촌이 기분 좋구나. 그럼 삼촌이 마지막으로 하나 더 알려줄까?"

"우와. 우리 삼촌 짱."

"이번에는 76×74을 한번 해보자꾸나. 어때? 쉽게 할 수 있을 거 같니?"

"앞에서 삼촌이 가르쳐 준 방법을 써도 어려울 거 같고…. 으, 머리아파요."

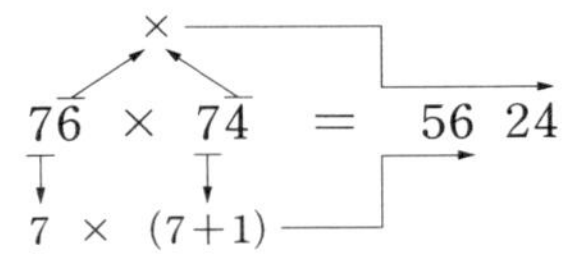

“그렇지? 하지만 이렇게 하면 쉽단다. **(십의 자리 수)**와 **(십의 자리 수에 1을 더한 수)**를 곱하고, 다시 그 수에 100을 곱해. 그러니까 56(7×8)에 100을 곱해서 5600을 구하는 거지. 그리고 일의 자리 수끼리 곱한 수를 더한단다. 5624. 쉽지?”

“우와. 정말 쉽게 답을 구했어요!”

“그렇지? 이 방법은 십의 자리 수가 같고, 일의 자리 수의 합이 10이 되는 두 수의 곱셈에 쓸 수 있단다.”

“그렇구나.”

“그럼 이번에는 반대로 일의 자리 수가 같고, 십의 자리 수의 합이 10이 되는 두 수의 곱셈을 해볼까?”

“네, 삼촌.”

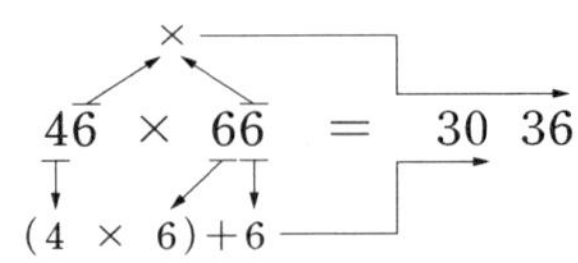

“46×66이 좋겠구나. 이 경우에는 이렇게 십의 자리 수끼리 곱한 다음 일의 자리를 더하고, 그 수에 100을 곱한단다. 그러니까 (4×6)+6 = 30. 30에 100을 곱해서 3000을 구하는 거지. 그리고 일의 자리 수끼리 곱한 수를 더한단다. 3036. 어때? 신기하지 않니?”

“삼촌. 정말 신기하고 재미있어요.”

십의 자리 수가 같고 일의 자리 수의 합이 10이 되는 두 수(두 자리 수)의 곱셈

- 십의 자리 수와 (십의 자리 수+1)한 수를 곱한다.
- 일의 자리 수끼리 곱한다.
- 맨 처음 구한 수에 100을 곱한 수와 두 번째에서 구한 수를 더해 답을 구한다.

일의 자리 수가 같고 십의 자리 수의 합이 10이 되는 두 수(두 자리 수)의 곱셈

- 십의 자리끼리 곱한 값에 일의 자리 수를 더한다.
- 일의 자리끼리 곱한다.
- 맨 처음 구한 수에 100을 곱한 수와 두 번째에서 구한 수를 더해 답을 구한다.

"어때? 이제 곱셈이 재미없고 지루하지만은 않지?"

"네, 삼촌."

"근호야. 오늘 삼촌이 가르쳐 준 방법을 유용하게 사용할 수 있다고 해서 곱셈훈련을 소홀히 해서는 안 되는 거 알지? 삼촌이랑 약속하자구나."

"네, 삼촌. 약속해요."

어머니, 동생과 함께 한 나들이

내용	수학적 요소
어린이날 오후, 어머니가 갑자기 드라이브를 가자고 하였다. 단, 저녁에는 할머니, 할아버지와 식사를 할 예정이기 때문에 5시 이전에 돌아와야 한다. 1시에 출발을 하기로 하였다.	• 1시에 출발하여 5시 이전에 돌아오기 위해 갈 수 있는 곳들 선택 (2007 개정 6학 년 확률과 통계－경우의 수) • 1시에서 5시 사이이므로 4시간 동안 나가 있음 (3～4학년 측정－시간의 뺄셈)
차에 탄 우리는 오랜만에 소수서원을 가기로 하였다. 다만 내부에 들어가지는 않고, 주변을 산책하기로 결정하였다. 햇볕이 뜨거워져 구슬 아이스크림 자판기로 향했다.	• 소수서원으로 결정했고, 내부에 들어갈지, 주변을 산책할지 두 가지 경우 중 선택 (2007 개정 6학년 확률과 통계－경우의 수)
구슬 아이스크림은 한 개당 1,500원이었다. 나와 동생이 하나씩 먹기로 하고 3,000원을 자판기에 넣었다. 그 후 4가지 맛 중 하나씩을 선택했다.	• 1500×2＝3000 (3～4학년 수와 연산－곱셈) • 4가지 중 선택 (2007 개정 6학년 확률과 통계－경우의 수) • 합동인 1,000원짜리 지폐 3장 (5～6학년군 도형－도형의 합동)
그런데 어머니가 옆에서 500원이 남으면 커피자판기에서 커피를 뽑아 마신다고 하였다. 계산을 잘못한 것이다. 나는 다시 가격을 알려드렸고, 어머니는 지갑에서 500원을 다시 꺼내어 커피를 손에 들었다.	• '3000－500＝2500'이라는 수식을 통한 잘못 예상된 어머니의 총 가격 (3～4학년군 수 와 연산－뺄셈)
잠시 의자에 앉아서 사진을 몇 장 찍고 주변을 걷기 시작하였다. 선비촌 쪽으로 향했는데 그 길은 처음 보는 길이었다. 그러나 가는 길이 더워서 소수서원에 주차해 둔 차를 타고 올걸 하고 약간의 아쉬움이 들었다. 역시 선비촌도 내부에는 가지 않고 주변만 둘러보기로 했다.	• 차를 타지 않고 걸은 것과, 주변만 보기로 한 결정 (2007 개정 6학년 확률과 통계－경우의 수) • 휴대폰 용량을 사진을 찍기 전과 찍은 후에 비교해보고, 각 사진의 평균 용량은 어느 정도인지 계산 (3～4학년군 수와 연산－뺄셈, 나눗셈)
한 바퀴 크게 돌고 나서 주변의 커피숍으로 향했다. 마실 음료를 각각 고른 뒤, 자리를 정해 앉았다.	• 마실 음료와 자리 선택 (2007 개정 6학년 확률과 통계－경우의 수) • 음료(카페라떼 2잔+레모네이드 1잔)값 지불 (3～4학년군 수와 연산－곱셈, 덧셈)

음료가 나오길 기다리며 같이 사진을 찍었다. 휴대폰 셀카를 이용하다 보니 얼굴이 반대로 나와서 무언가 어색했다.	• 사람의 얼굴은 완벽한 좌우대칭이 아니기 때문에 반대로 대칭된 얼굴을 보면 어색함 (5~6학년군 도형-도형의 대칭)
마시다 보니 어머니의 잔이 새고 있었다. 그래서 바꿔온 뒤 책꽂이의 책을 한 권 꺼내 왔다.	• 똑같은 것으로 바꿔왔으므로 바꾸기 전과 바꾼 후의 컵은 합동 (5~6학년군 도형-도형의 합동) • 네모난 책꽂이에 네모난 책들이 가지런히 꽂혀 있음 (5~6학년군 도형-입체도형)
다 마시고 난 후 가게를 나와 왔던 길로 되돌아 차에 탔다. 오는 길에 내가 대구로 돌아갈 버스표를 예매했다.	• 버스비는 12,600원인데 20,000원을 내어 거스름돈은 20000－12600＝7400원 (3~4학 년군 수와 연산-뺄셈)
집에 돌아와 어디서 할머니, 할아버지와 어디서 저녁을 먹을지 결정하고 예약했다.	• 어디에서 저녁을 먹을지 결정 (2007 개정 6학년 확률과 통계-경우의 수)

우리 집에서 찾을 수 있는 수학

"아빠, 오늘 신문 가져왔어요. 테이블에 놓아둘게요!"

"그래 알겠다. 아빠 신문도 가져와주고 참 고맙구나."

"에이, 뭐 이거 들고 오는 게 힘든 일도 아니고. 그렇다고 무거운 짐 덩어리도 아니고. 그냥 종이 뭉친데요, 뭘. 히히."

"음…. 그래 가벼운 종이 뭉치이지. 근데 형근아. 너 이건 몰랐을 걸?"

"뭘요?"

"신문지 한 장 두께가 얼마 정도 될 것 같아?"

"음, 0.1mm 정도 될까요? 되게 얇은데…."

"그러면 이 신문지 한 장을 50번 접었을 때 두께가 어느 정도 될 것 같으냐?"

"50번을 접는다면 한 백과사전 정도 될 것 같은데요? 아닌가, 저 상자 높이만큼 되려나?"

"이 신문지 한 장을 50번 접으면 그 두께가 112,589,990km가 된단다."

"km요? 그것도 1억 km가 넘어요?"

"그래. 이 정도일 줄은 상상도 못 했지? 형근이 네가 말한 대로 아주 얇고 가벼운 종이 한 장인데 말이야."

신문지 한 장의 두께를 0.1mm로 봤을 때 이 신문지를 한 번 접으면 그 두께가 0.2mm가 되고, 다시 이것을 접으면 0.4mm, 또 접으면 0.8mm, 여기서 한번 더 접게 되면 1.6mm 이런 식으로 신문지의 두께는 점점 늘어나게 된다. 또 늘어나는 비율은 일정하지 않고 기하급수적이다. 그래서 0.1mm 두께의 신문지를 50번 접었을 때의 신문지 두께를 구하기 위해 계산식을 세워보면,

$$(0.1\text{mm}) \times 2 \times 2 \times 2 \times \cdots = (0.1\text{mm}) \times 2\text{의 }50\text{제곱} = 112589990684262.4\text{mm}$$

가 된다. 즉 112,589,990km정도가 되는 것이다.

이 두께가 생각했던 것보다 너무 커서 어느 정도인지 실감이 안 난다면, 태양에서 지구까지의 거리는 빛이 도달하는 시간으로 계산했을 때 약 150,000,000km로 계산된다. 즉, 신문지 50번을 접어 두께를 112,589,990km짜리로 만든 것 세 개만 있으면 지구와 태양을 왕복할 수 있다는 소리이다.

"형근아, 엄마가 도시락 싸 놓은 거 식탁 위에 올려놨다."

"네. 고마워요, 엄마!"

"보온병에 보리차도 넣어 놨으니까 잊지 말고 보온병도 꼭 들고 가!"

"알겠어요! 아 근데 종이가방에 도시락이랑 같이 넣으니까 도시락은 네모난데 보온병이 둥글어서 딱 자리를 못 잡아요. 보온병도 네모나면 안 되나?"

"보온병이 둥그렇게 생긴 데는 다 이유가 있는 거야."

보온병뿐만 아니라 음료수병, 액체 통조림, 물병 등 액체를 담는 용기들은 대부분 둥근 모양이다. 특별히 미적 디자인에 중점을 두고 만든 제품이 아닌 이상 대부분이 원기둥 모양이다. 무슨 이유로 액체 용기들은 대부분 원기둥 모양일까? 여기에는 용기 제조업체가 효율적인 측면에서 수학을 사용한 사실이 있다.

용기 제조업체는 많은 양의 액체를 담을 수 있는 용기를 만들면서도 그 용기에 드는 재료를 적게 들이는 것이 이익창출에 중요할 것이다. 그러기 위해서는 용기가 원기둥형일 때, 사각기둥, 오각기둥 등 다각기둥일 때의 부피를 구해 비교해보아야 할 것이다. 이를 위해 원의 넓이와 일부 정다각형의 넓이, 둘레의 길이를 직접 비교해보면, 면적이 똑같이 100제곱센티미터인 정사각형의 둘레의 길이는 40cm이고, 같은 면적인 정삼각형의 둘레의 길이는 45.6cm이다. 그

러나 정사각형과 정삼각형에 비해서, 같은 면적인 100제곱센티미터 면적의 원의 둘레의 길이는 약 35.4cm밖에 되지 않는다. 다시 말하면 넓이가 같은 원, 정사각형, 정사각형 등의 도형에서 원의 둘레의 길이가 가장 짧다. 이를 바탕으로 보았을 때, 같은 양의 액체를 담을 수 있으며 높이가 같은 용기들 가운데서도 원기둥 모양의 용기가 그 옆면에 드는 재료가 가장 적은 것을 알 수 있다. 원기둥 모양의 용기가 용량 대비 가장 효율적인 제조가 되는 것이다.

수학과 함께한 나의 하루

알람 소리에 잠에서 깬다. 시끄럽게 울리는 시계는 숫자 8을 가리키며 8282 일어날 것을 재촉한다. 꿈속에서 24시간의 1/3을 보냈다. 평소에는 별 생각 없었는데 막상 분수로 나타내어 보니 잠자는 시간이 아깝다는 생각도 든다.

눈을 비비며 화장실로 가 세수를 하고 머리를 감는다. 거울에 비친 내 모습에 선을 그려보면 왼쪽과 오른쪽 모습이 같다. 왼쪽 눈과 오른쪽 눈이 짝을 이루고, 왼쪽 팔다리와 오른쪽 팔다리가 짝을 이룬다. 우리 몸은 좌우 대칭이다.

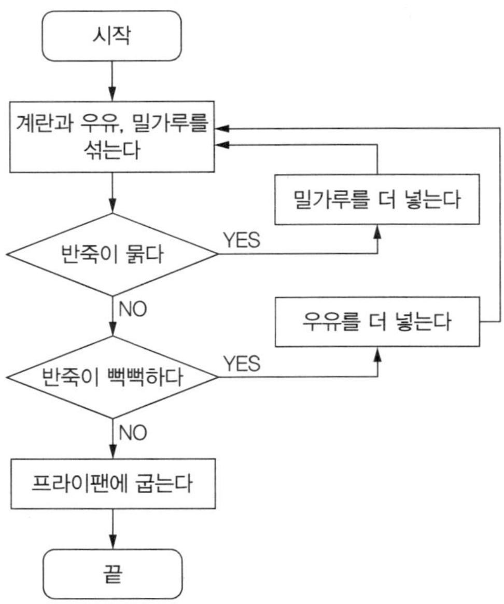

아침 메뉴는 핫케이크로 정했다. 먹음직스러운 케이크 사진만 있는 줄 알았는데 자세히 보니 재료첨가량, 영양성분 등을 표시하기 위한 수많은 숫자들과 g, mg, ml 같은 단위까지 여기저기 숨어있는 수학적 요소들이 많았다. 포장지에 나와 있는 설명서는 2장 기준인데 한 장은 좀 아쉽고 그렇다고 아침부터 두 장을 먹기엔 부담스러워 설명서에 적힌 계란과 우유, 가루의 양을 3/4 정도 사용했다. 계란은 안타깝게도 통분이 안 돼서 그냥 한 개를 넣었더니 반죽이 묽었다. 그래서 가루를 더 넣었더니 뻑뻑해서 다시 우유를 넣고 가루를 넣기를 반복했다. 문득 다리 4개 동물과 다리 2개 동물의 수 문제를 풀 때 직접 수를 대입하여 수의 크기를 높였다가 낮췄다가를 반복하여 정답에 근접해가는 과정이 떠올랐다. 또한 고등학교 때 배운 순서도도 생각이 나서 오랜만에 낡은 정석 책을 뒤적이며 잠깐 회상에 잠기기도 했다.

프라이팬에 올린 빵이 부풀어 오르는 동안, 주변 물건들의 모양에 눈길이 갔다. 프라이팬부터 케이크, 접시, 테이블까지 유독 원모양이 많이 보였다. 왜 그럴까? "수학에서 가장 완전한 도형은 원이다. 원은 자연과 인간이 만들어낼 수 있는 가장 실용적이고 효율적인 기하학적 공간을 나타낸다. 모든 모양 중에서 최소의 길이로 최대의 공간을 가둘 수 있는 것도 원이다."

따라서 둥근 접시는 다른 모양의 접시보다 더 많은 음식을 담을 수 있으며 둥근 모양의 케이크는 최소한의 반죽을 사용해 최대의 공간을 채우게 해주며 둥근 테이블은 같은 길이로 다른 어떤 모양보다도 더 많은 면적을 차지하기 때문에 더 많은 접시를 올려놓을 수 있다.

어느새 잘 구워진 케이크를 자를 때에는 분수 단원에서 빠지지 않는 단골 문제인 피자 나누기가 생각났다. 피자는 무리지만 핫케이크라면 가격 면에서나 조리 난이도면에서도 괜찮을 것 같고 실과 수업과 연계해서 학생들과 직접 만들어보고 분수 공부도 함께하면 좋을 것 같다는 생각이 들었다. 다음으로 오늘 입을 옷을 정했다. 긴 바지가 3개, 긴팔 티셔츠가 6개, 셔츠가 5개, 니트와 가디건이 6개. 항상 입을 옷이 없다고 생각했지만 하나하나 세어보니 경우의 수가 엄청나게 많았다. 티셔츠와 니트 혹은 가디건을 입는 경우의 수가 33가지, 셔츠와 니트, 가디건을 입는 경우의 수는 27가지. 가을 옷 만해도 60 여 가지의 경우의 수가 있었다. 오늘은 평소에 안 하던 이런저런 생각을 하다 보니 조금 늦었다. 아침시간에는 지하철이 정각을 기준으로 5분마다 규칙적으로 오는 것을 알고 있기에 시간에 맞게 서둘러 나갔다. 버스나 승용차의 경우 교통 상황, 신호, 기름이 떨어져 주유소에 들리는 등 여러 가지 변수가 존재하기 때문에 정류장에 도착하는 시간도 목적지까지 걸리는 시간도 불규칙적이다. 그래서 나는 버스보다 지하철을 애용한다. 언젠가 지하철을 운전하는 사람은 차도 안 막히고 편하겠다고 생각한 적이 있는데 다시 생각해보니 지하철이 변수가 적기는 하지만 모든 역마다의 거리가 정확히 같지는 않을 것이고 직선, 곡선 등 철로에 따라서 어느 정도 차이가 있을 것인데 매시간 마다 정확하게 도착하는 걸 보면 오히려 항상 속도와 시간에 사로잡혀 힘들 수도 있겠다.

학교에 가서는 미술 수업을 들었다. 두 조가 ppt를 이용해 발표하는 수업이었는데 이 ppt를 담고 있는 컴퓨터 역시 수학의 2진법 원리를 이용해 작동된다. 또 미술 수업하면 수학과는 전혀 상관이 없다고 생각했지만 하루 종일 수학에 초점을 맞추고 생각하다보니 미술에서도 인체를 그릴 때 인체 비례를 이용했으며 좌우 대칭, 상하 대칭 등 수학과 많은 연관이 있었다.

집에 돌아오는 길에 정말 우연히 고등학교 시절 친구를 만났다. 둘이 같은 시간에 역에 도착하고 또 많은 사람 중에 서로를 알아볼 확률이 얼마나 될까? 반가운 마음에 주변 호프집으로 향했다. 마침 한국시리즈 7차전 날이었다. 반가운 친구와 내가 좋아하는 술과 스포츠. 환상의 조합이었다. 소주와 맥주, 소위 '소맥'을 기계적으로 3 : 7로 섞어 마시며 점점 흐려지는 머릿속으로 술에도 수학이…. 고등학교 졸업 이후 수학과는 작별인사를 했다고 생각했었는데 어디를 가든 무엇을 하든 수학이 없는 곳은 없다는 사실이 새삼 놀라웠다. 소주 1병을 일반적인 소주잔에 따르면 7잔이 나온다. 예전에는 7잔이 아니었다는데 왜 7잔이 되었을까? 단순히 양을 줄이기 위해서일까? 용량을 적절히 조절하다 보니 우연히 7잔이 되었을까? 하지만, 이는 소주의 판매를 늘리기 위해서 소주 1병의 용량과 1잔의 크기를 조절하여 7잔이 되도록 한 어떤 소주회사 사원의 아이디어 때문이라고 한다. 7은 소수이기 때문에 2, 3, 4, 5, 6의 수로 나누어 떨어지지 않고 나머지가 남게 된다. 즉, 소주 1병을 두 사람이 나눠 마실 경우에는 한 사람 당 3잔씩 마시면 1잔이 남게 되고, 세 사람이 마시면 2잔씩 마시고 1잔이 남는다. 네 사람이 마시게 되면 2잔씩 마시기에 1잔이 부족하게 된다. 바로 이렇게 조금 남고 조금 부족해서 술을 마시는 사람들은 1병의 소주라도 더 시키게 된다. 7잔의 소주는 소주의 판매량을 늘릴 수 있었던 것이다. 소수의 성질은 술의 마케팅에까지 이용된다.

스포츠에도 역시 수학이 숨어있었다. 스포츠 종목을 살펴보면 같은 숫자의 배열이 아주 많이 사용되는 것을 알 수 있다. 야구는 3이 자주 보인다. 3의 배수인 9명이 수비를 하고 정규 이닝은 9회까지 하며, 3아웃 공수교대와 삼진이 있다. 프로 리그는 주중과 주말로 나눠 3연전을 벌이며, 외야수는 3명이다. 반면 축구는 4가 많이 나온다. 월드컵은 4년마다 열리며, 조별리그에 4팀씩 배정되고, 32팀이 본선에 진출해 16강부터 토너먼트를 벌인다. 축구 경기장은 야구장과 달리 사각형이다. 월드컵이 4년마다 열리는 것은 올림픽과 겹치는 것을 피하기 위해서다.

올림픽은 4의 배수 해에, 월드컵은 그 사이에 2년 시차를 두고 열린다.

집에 돌아오는 길 어느새 지갑이 텅텅 비어있다. 한 달 용돈은 30만 원, 통장 잔고는 9만 원. 다음 달 용돈을 받으려면 남은 날은 12일. 그렇다면 앞으로 하루 평균 쓸 수 있는 돈은 7,500원. 한 달이 30일이라고 생각했을 때 원래 하루 평균 쓸 수 있는 돈은 만 원이다. 제 딴에는 계획적으로 쓴다고 가계부도 쓰고 쓸 돈을 미리 예상해가며 쓴다지만 오늘처럼 계획에 없던 술자리 같은 변수가 곧잘 생기기 마련이기 때문에 월말에는 늘 돈이 부족하다.

집에 바로 들어가기에는 날씨도 선선하고 단풍이 아름다워 잠시 집 앞 놀이터 벤치에 앉았다. 나도 모르게 여기에도 수학과 관련된 게 있나 주위를 살피다 그만 고개를 저었다.

수학과 함께한 오늘은 생각지도 못한 곳까지 수학이 자리 잡고 있다는 사실을 몸소 깨달은 특별한 하루였지만 숫자와 수학에만 신경을 집중하다 보니 하루 동안 스쳐 지나간 소소한 감정들을 놓친 것 같다. 분명 수학은 우리에게 유용한 학문이고 현대 사회에서 수학 없는 세상은 도무지 상상이 안 갈 정도로 수학은 우리 삶 그 자체다. 하지만 그 대단한 수학도 가을이 되자 부쩍 쓸쓸한 나의 감정도 알 수 없는 이 허전함도 어떠한 방식으로도 설명하지 못한다. 한 때는 사람 사이의 관계도, 사랑도, 모든 세상일이 수학처럼 명료한 답이 있고 공식이 있다면 마음 다치지 않고 더 쉽게, 더 행복할 수 있지 않을까라는 생각을 했었다. 하지만 오늘 아침 지하철을 탔을 때 마치 나를 위해 남겨놓은 것처럼 딱 한 자리가 비어 있었던 행운처럼, 혹은 계획 없이 우연히 만난 친구라는 변수로 인해 마음이 한결 가벼워진 것처럼 어쩌면 인생이란 정해진 공식도 답도 없기 때문에 저마다 의미를 가지고 더 소중한 것이 아닐까라는 생각이 든다.

2013, 런던 여행기

2013년 8월 22일부터 8월 28일까지 런던을 다녀왔다. 그 여행기에 맞추어 각 상황에 알맞은 수학적 요소를 찾아보았다. 아래의 내용은 수학적 요소를 찾은 상황에 관련된 여행기만을 실었다. 일상생활에서 흔히 접할 수 있는 수학적 요소를 알아보는 과정에서, 아이들로 하여금 수학을 좀 더 가깝게 생각할 수 있게 한다.

그 결과, 현실과 관련된 수학적인 요소들은 효율적으로 움직이려고 하는 사람들의 생각에서 출발한 것들이 많았다.

첫째 날 8월 22일 POHANG–INCHEON–Heathrow–VICTORIA COACH STATION

인천공항은 처음이었는데, 건물 구조도 복잡하고 너무 크더라. 환전해야 할 은행이 B1층이라는 것만 알고 찾아 나섰다. 여기저기 물어물어 은행을 찾고 환전을 완료하였다!

- **수학적 요소**

① 5～6학년군/확률과 통계/가능성과 평균

여행을 계획할 때 예산이 가장 중요하다. 인터넷 블로그에 작성되어있는 여행기 예산들을 찾아보고 그들의 **각 평균**을 구해서 전체적인 예산을 잡았다. 또한 아직 학생임을 감안하여 최대한 줄일 수 있는 부분의 예산을 줄였다. 전체적인 예산이 정해지면, 하루 동안 사용할 수 있는 평균을 구해보았다. 그래서 정해진 예산 :

총 ￡450 – 숙소 ￡108, 오이스터(교통카드) ￡20 + ￡5(보증금) = 450 – 133 = 317
비행기에 있을 2일을 제외, 6일. 317 ÷ 6 = 52…5 하루 ￡5,253 정도 사용가능.

② 5～6학년군/측정/비와 비율

환전을 위해서 한국과 영국의 **환율**을 알아보아야 한다. 환전할 당시의 환율은 1745.61이었다. (1 : 1745.61 = 450 : 785,524) 사실 보통 환전할 때는 원화를 기준으로 외화를 바꾸는데, 이번 여행에서는 현금만을 가져갈 계획이라 외화를 기준으로 원화를 계산했다. 그렇다 보니 **1 : 1745.61 = 450 :** $\boldsymbol{x}$로 계산하였다.

둘째 날 8월 23일 SUMOSET HOUSE(The Courtauld Institute Gallery)–British Museum–St. Paul's Cathedral–The Millennium Bridge –Tate Modern

- **수학적 요소**

① 1～2학년군/도형/평면도형과 그 구성요소 – 심화 과정 : 한붓그리기

코톨드 미술관은 건물은 작지만, 각 시대별로 여러 작품들이 전시되어있었기 때문에 건물 자체가 미로처럼 구성되어있었다. 다음 관람해야 할 스케줄들이 많았기에 우리는 최대

한 효율적으로 움직여야 했다. 미술관 관람 팜플렛 자체에 지도가 그려져 있었기에, 방마다 점 하나씩을 찍어서 **한붓그리기**를 하였다.

셋째 날 8월 24일 Phothbello Market-South Kensington-V&A Museum

사우스 켄싱턴은 박물관들이 많이 모여 있는 곳이다. 비도 많이 오고 있었고 각 박물관의 줄도 너무 길었다. 그래서 상대적으로 줄이 없고 사실상 제일 가보고 싶던 V&A 박물관으로 갔다. 그런데 이놈의 영국 건물들은 하나같이 미로 같다. 그래서 팜플렛에 늘 지도를 그려놓는다. 하지만 이날은, 포토벨로 마켓에서 생각지도 못한 지출이 있었기에 박물간 팜플렛을 사지 않았다. 그런데 이 조그마한 행동이 날 충격에 빠트릴 줄이야.

- **수학적 요소**

① 3～4학년군/확률과 통계/꺾은선 그래프

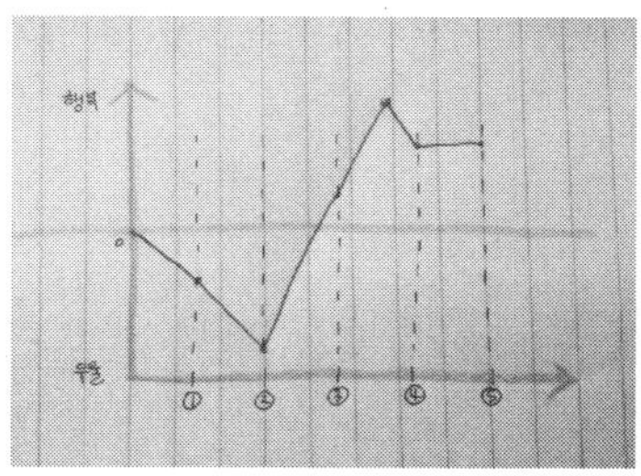

그래, 난 길을 잃었다. 그저 친구들과 다니면서 이것저것 멋지다 하면서 다녔는데, 미술품을 보다가 주위를 둘러보니 ① **혼자가 되었다**. 사실 이날 아침부터 미끄러져 무릎을 깨먹었다. 혼자가 되니까 이것부터 생각이 나더라. 오늘은 되는 날이 아니구나. 그런데 ② **처음 몇 분간**은 로밍도 안 한 내가 싫어졌고, 어떻게 애들과 다시 만나야 하는가 1층 로비를 찾아서 나섰다. 하지만 미로 같은 이놈의 건물은 나를 ③ **처음 보는 방**으로 안내했다. 그런데, 그 방은 내가 원체 관심 있던 공예품들이 많았던 곳이었다. 그 방에 들어가자마자, 내가 친구들을 잃어버려 국제미아가 될 수 있다는 생각조차 잊어버렸다. 다시 카메라를 들고서 감탄하며 찍으며 돌아다녔다. 결국 다행스럽게 ④ **무료 와이파이**를 연결하여, 1층 로비에서 친구들을 ⑤ **만났다**. 이런 상황을 꺾은선 그래프로 심리상태를 나타내보았다.

넷째 날 8월 25일 Trafalgar Square–The National Gallery–Covent Garden–Nando's Chicken

• **수학적 요소**

① 5～6학년군/측정/비와 비율

트라팔가 광장의 사자상과 함께 사진을 찍어보겠다고 애를 썼지만 사자와 우리간의 크기 차이만 엄청나다는 사실을 일깨워주었다. 또한 저 음식 사진은 우리들의 1인분과 런더너들의 1인분이 어떻게 다른지 확연히 보여준다. 사자상은 우리보다 **높이는 2.5배, 넓이는 약 30배** 정도 된다.

음식은, 사진의 휴지에 감싸있는 포크가 우리의 손만 하다. 그런데 저 요리가 포크의 **8배 정도**이다. 고로 우리의 정량보다 피쉬 앤 칩스는 **2.5～3배 정도**의 양이다.

다섯째 날 8월 27일 Wicked Theater–Soho(TOP SHOP–LIBERTY–HAMLEYS–Fortnum & Mason)–Picadilly Circus–Covent Garden–Wicked Theater

생각보다 비싼 접시가격에 놀랐고, 달달한 과자, 초콜릿, 마카롱에 황홀하고. 차와 관련한 간식거리, 차, 식기 등을 판매하는 백화점이었기에 다양한 종류가 있었다.

• **수학적 요소**

① 도형/다각형, 여러 가지 도형

하나의 식기 브랜드에, 같은 디자인으로만 해서 다양한 접시들이 많았다. 또한 많은 브랜드나 다양한 것들을 전시하기 위해서, 최대한 **효율적인 모양**의 것들을 전시하고자 했다. 그렇다 보니 원기둥 모양이나, 모서리가 둥근 직사각형 모양의 곽들이 많았다. 마카롱은 **원모양**으로 쌓아서 전시한 것들이 많았다.

② 1~2학년군/도형/평면도형과 그 구성요소-심화 과정 : 한붓그리기

Soho는 생각보다 넓었고 골목골목마다 작지만 오래된 상점이 많아서 들러보고 싶은 곳들이 많았다. 또한 친구들끼리 구경하고 싶은 부분들이 달라서, 다양하고 많은 상점을 가고 싶었다. 또한 런던에 몇 일 있어보니 여기 사람들은 퇴근 시간 역시 자기들 마음대로였다. 해가 지는 6시쯤에는 모든 상가가 문을 닫는다. 그렇다 보니, 최대한 효율적으로 움직여야 했다. 가지고 다니는 지도에 가고 싶은 상점을 표시하여 **한붓그리기**를 하였다.

지하철

지하철 내에서도 수학을 찾아볼 수 있다. 먼저 지하철을 내려갈 때를 생각해보면, 내려가는데 몇 m인지를 알고 계단 수를 맞춰야 각 계단의 높이를 정할 수 있다. 그리고 에스컬레이터가 설치되어있는데, 이 에스컬레이터는 몇 분 동안 사람이 지나지 않으면 멈춘다. 그리고 공간의 넓이에 따라 두 줄을 만들 수 있고 한 줄을 만들 수 있다. 또 엘리베이터는 12초 후에 문이 갇히는데 이 엘리베이터도 열림 버튼을 누른 뒤 몇 초 동안 열리는지 등은 장애인들과 노약자들의 속도와 편의에 맞춰서 가장 이상적으로 해두었다.

다음으로 돈 계산이 들어간다. 교통카드냐, 현금이냐에 따라 가격을 달라진다. 교통카드는 성인 기준으로 1,100원, 그리고 현금으로는 1,200원 현금이 더 비싸다. 현금을 낼 때는 만 원짜리를 쓸 수가 없다. 그래서 만 원짜리를 천 원짜리로 바꿔주는 기계도 있다. 거기에는 만 원

한 장을 천 원짜리 10장으로 바꿔주고 오천 원짜리 한 장을 천 원짜리 5장으로 바꿔준다.

그러나 현금은 여러 명을 더해서 계산할 수 있다. 교통카드는 지하철에서는 여러 명을 찍을 수 없지만 현금으로 계산하면 된다. 성인과 청소년, 유아로 나누어지기 때문에 이를 위해서 덧셈, 뺄셈 개념이 들어간다. 만약 성인과 청소년을 계산하는데 천 원짜리밖에 없다, 하면 내가 지불한 금액에 성인과 청소년 요금을 빼고 남은 돈들은 거스름돈으로 걸러서 나온다.

그리고 지하철 타러 가서는 배차간격이 있다. 이 배차시간을 잘 지키지 않으면 지각하기 십상이다. 먼저 89시의 출근시간에는 5분단위로 배차된다. 예를 들어서 2분 7분만 기억하면은 학교 갈 때 내가 몇 시에 타야 될지를 쉽게 생각해볼 수 있다. 그러나 9시 이후로는 다르다. 이 때부터는 배차간격이 8분이다. 만약 10시 20분의 지하철을 놓친다면 28분까지 기다려야 되는 것이다.

그리고 지하철을 탈 때 고려해야 할 것이 각 역마다 몇 분 걸리는지 이다. 한 역당 2분 걸리는 곳도 있고 1분 걸리는 곳도 있다. 이는 역마다 다른데, 이를 계산해서 내가 도착할 역까지는 몇 분 걸릴지를 예상해야 한다.

만약에 멀리까지 갈 거라면 환승할 때 걸리는 시간도 고려를 해야 한다. 환승은 생각보다 시간이 많이 걸린다. 그리고 만약에 배차간격이 내가 타고 있던 곳이란 다른 호선의 차가 많이 시간이 다르다면 훨씬 더 많은 시간을 소비해야 하기 때문에 이때는 1호선, 2호선의 배차시간을 다 따져보고 시간을 정해야 한다.

지하철에 드디어 탔을 때는 여러 가지 도형의 모양을 볼 수가 있다. 첫 번째로 지하철 역 전체 간들이 다 네모이다. 그리고 출입하는 문도 네모이다. 손잡이는 그립감이 좋게 세모 모양으로 되어있다.

지하철이 달린다. 이때는 거리와 속도와 시간의 관계를 알 수 있다. 거리에 따라서 시간이 많이 차이 난다. 그리고 속도도 차이가 난다. 원래 출발할 때는 갑자기 그 속도가 나는 게 아니다. 만약 거리가 짧다면 약간 속도 내다가 다시 멈추려 해야 한다. 그래서 거리를 웬만하면 일정하게 하려고 하는 이유가 배차간격을 지키기 위해서인 것 같다.

음식

음식에는 생각보다 많은 수학적인 내용이 들어가 있다. 먼저 음식 준비할 때 갖가지 재료를 사러 가야 한다. 마트에서 재료를 살 때 가공식품인 경우 일단 영양성분 표를 보게 된다. 많은 숫자가 나오는데 먼저 1회 분량을 보고 이 음식이 몇 회 분량인지, 만약 12회 분량인데 내가 지금 4회 분량을 먹겠다 하면 1회 분량에 전체적으로 곱하기 4를 해야 한다.

열량은 kcal단위이고 이 외에는 g혹은 mg으로 나온다. 이때 mg으로 표시된 단위는 1000mg = 1g이란 단위로 환산해서 몇 그램인지 계산할 수 있다. 그 옆에는 영양소기준치가 나오는데 이는 성인 여성 2,000kcal를 기준으로 나타낸다. 만약 아이가 먹는다 하면 아이의 하루 섭취열량을 비교를 해서 분수의 곱셈으로 구할 수 있다. 아이가 1,000kcal가 기준이라 하면 원래 음식에서 1/2로 계산을 해서 먹어야겠다는 걸 알 수 있다.

그리고 채소나 과일 같은 생 재료를 살 때는 무턱대고 가격표를 보는 게 아니라 이게 몇 g당인지, 아니면 한 개당인지를 잘 봐야 한다. 만약 몇 g당이면 내가 한 개를 산다고 해서 계산이 전혀 필요 없는 게 아니고, 한 개가 몇 g인지를 재고 100g당 얼마씩을 곱하는 것이다.

재료도 다 계산했으면 이제 집에 와서 본격적으로 요리를 시작한다. 요리를 할 때는 계량이 정말 중요하다. 계량에는 여러 가지 도구가 있는데, 부피를 재는 도구가 있고, 온도를 측정하는 도구가 있고, 시간을 측정하는 도구가 있고, 농도를 측정하는 도구가 있다.

먼저 부피를 측정하는 도구에는 저울, 계량컵, 스푼이 있다. 저울은 보통 g으로 표시를 하고 큰 저울은 kg까지 나타낸다. 만약 내가 작은 저울 밖에 없다면 각각을 재서 더하면 된다. 계량컵은 1C인데 이는 200cc이고 13T이다. 스푼은 1Ts이 15cc이고 이는 3ts이다. 그럼 1ts는 5cc라는 계산이 나온다. 만약 내가 1/2C를 넣어야 한다 하면 이는 13나누기 2를 하고 거기에 맞춰서 계량을 하면 된다.

학교 가는 길에 만난 수학

수학은 우리의 생활 속에 알게 모르게 깊숙이 자리 잡고 있다. 주변의 모든 것에 관심을 가지고 관찰해보면 평소에는 당연히 여겼거나, 혹은 아무런 신경을 쓰지 않았던 곳에서 수학을 발견할 수 있다. 다음은 어느 한 학생이 학교 가는 길에 만난 수학에 대한 이야기이다.

1. 보도블록에서 만난 수학

교대역 주변 보행로를 확장하면서 길가에 공사가 한창이다. 화단도 조성하고 보행로도 확장했다. 덕분에 매일 다니던 길이었지만 좀 더 주위를 살펴보며 걸어갔다. 그러던 중 '보도블록은 딱딱 맞춰지게 참 잘 만들었다'는 생각을 다시 한 번 하게 되었다. (어릴 때부터 많이 했던 생각이었었는데 한동안 보도블록을 아무 생각 없이 지나다녀서 그런 생각을 하지 못했다.)

그런데 모든 도형이 보도블록처럼 공간(평면)을 빈틈없이 메울 수 있는 것일까? 이에 몇 가지 경우의 수를 차근차근 생각해 보기로 했다. 정다각형을 생각해 보았는데, 우선 정삼각형의 경우 한 정 삼각형을 180도 회전하여 이어 붙이면 빈틈없이 평면을 채울 수 있다. 정사각형 또한 말할 것도 없이 가능하다. 그 다음 정오각형은 빈틈없이 평면을 채우는 것이 가능할까? 정오각형의 한 각의 크기는 108°이다. 그런데 두 개를 한 모서리를 겹쳐 붙이면 두 각의 합은 219°이고, 360°−219° = 141°로 하나를 더 붙인다고 해도 빈틈이 생겨 평면을 완전히 정오각형으로만 덮는다는 것은 불가능하다.

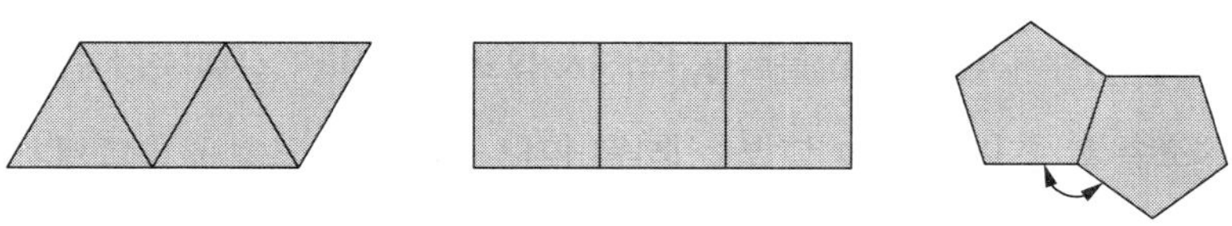

그렇다면, 이렇게 어떤 도형은 공간을 빈틈없이 메울 수 있고, 어떤 도형은 메울 수 없는 것일까 생각해 보자. 일단 빈틈이 없다는 것은 곧 모든 각들이 만나 360°를 이루어야 한다. 즉, 한 점에 모이는 평면도형들의 각의 합이 360°가 되어야 한다는 것이다. 앞서 살펴본 정삼각형과 정사각형 모두 한 점에서 모이는 각의 합이 360°가 된다. 반면 정오각형은 360°가 되지 않았다.

(정삼각형의 한 각)×(6개)=60°×6=360°
(정사각형의 한 각)×(4개)=90°×4=360°
(정오각형의 한 각)×(3개)=108°×3=324°
→ 360°−324°=36°로 한 각이 더 들어가기엔 너무 좁다.

예전에 이런 단순한 모양뿐만 아니라 복잡한 무늬나 모양을 가지고 이어붙여 작품을 만들어 놓은 것들을 봤었는데, 그것들을 놓고 분석해 보아도 분명 한 점에 모이는 각들의 합은 360°가 될 것이다.

2. 문구점에서 만난 수학

학교를 가는 길에 마우스 패드를 사기 위해서 학교 옆에 있는 교대문구에 갔다. 원래 가지고 있던 노트북을 다른 사람에게 팔면서 원래 쓰던 마우스와 마우스 패드를 모두 주었기 때문이다. 마음에 드는 마우스패드(내가 제일 좋아하는 키티가 그려진)를 고르고 계산을 하러 갔다. 그런데 내가 고른 마우스패드에 가격이 붙여져 있지 않았다. 그래서 주인아주머니께서 컴퓨터에 바코드 번호를 입력하셨다. 아주머니께서 직접 바코드 번호를 입력하셔서 내심 '번호가 많아서 혹시나 잘못 입력하면 어쩌지?'하고 걱정을 하고 있던 찰나, 컴퓨터가 삑! 하는 소리를 내며 번호를 다시 입력하라는 신호를 보냈다. 아주머니께서 입력하신 코드 번호가 등록이 안 된 거라서 그렇겠지 하고 생각하고 넘어갔는데, 바코드 번호를 정하는 데에도 어떤 규칙이 있을 것 같아 찾아보니 역시나 그랬다.

유럽 상품 번호 방식을 따르는 우리나라의 바코드 KAN(Korean Article Number)은 13자릿수의 숫자로 구성된 바코드로 국가, 제조업체, 제품 등의 정보가 담겨있다. 바코드 중 제일 앞의 세 개의 숫자는 제조국가를 나타내는데, 우리나라는 880이다. 그 다음 네 개의 숫자는 제조업자를 나타내고, 그 다음 다섯 개의 숫자는 어떤 상품인지를 나타내며 마지막의 숫자는 앞의 코드에 이해 결정되는 체크 숫자이다.

체크 숫자는 '체크 디지트(check digit)라 하며 판독 오류를 잡아내기 위한 숫자이다. 바로 이 체크 디지트에 수학적 원리가 담겨있다. 바코드의 13자리 중 홀수 번째 자리에 있는 수들은 그대로 더하고, 짝수 번째 자리에 있는 수들은 더한 다음 3배 하여 전체 합이 10의 배수가 되도록 체크 디지트를 정하게 된다.

내가 산 키티 마우스 패드의 바코드를 예시로 계산해 보도록 하자.

8 8 0 9 3 4 9 4 1 0 1 2 7
(홀수 번째 자리수의 합)+3×(짝수 번째 자리수의 합)+(체크숫자)=10의 배수 (8+0+3+9+1+1)+3×(8+9+4+4+0+2)+(체크숫자)=10의 배수 103+(체크숫자)=10의 배수

그러므로 전체의 합이 10의 배수인 110이 되기 위해서는 체크 숫자가 7이어야 한다.

바코드가 그냥 일반 상품 번호인 줄 알았더니 그 안에 제조국가와 제조업자, 상품의 종류, 그리고 오류방지 시스템이 모두 들어가 있다고 하니 새삼 숫자가 참 편리하게 사용되고 있다고 느껴졌다.

이런 오류방지 시스템이 있다는 것을 알았으니 이제는 상점에서 물건을 살 때 혹여나 바코드가 잘못 찍히거나 입력되어서 내가 산 물건의 값이 제대로 뜨지 않는 것은 아닌가 하는 걱정을 하지 않을 것 같다. 교대문구에서 컴퓨터가 주인아주머니께서 입력하신 바코드 번호의 오류를 찾아내어 삑! 하고 소리를 낸 것처럼 컴퓨터는 어디에서나 바코드의 '체크 디지트'를 이용해 오류를 찾아낼 것이기 때문이다.

이와 같은 오류 방지 시스템은 항공 예매, 세금 납부 등 많은 수들을 일련하게 나열하여 정리해야 하는 곳에 많이 쓰이고 있다고 하니 이제 혹시나 하는 걱정은 좀 덜 것 같다.

수민이의 경주여행

아래의 내용은 수민이가 친구들과 소풍을 가는 상황을 설정하여, 그 상황에서 접하게 되는 수학적 요소들을 교육과 관련시켜 논의한 것이다. 우리가 살아가는 삶 속에는 하루 동안의 아주 짧은 일상에도 이렇게 많은 수학적 요소를 찾을 수 있음을 알 수 있다.

이야기	수학적 요소
수민이는 친구들과 100일전에 경주투어를 하기로 약속했다. 며칠 전부터 들떠있던 수민이는 이번 경주여행 때, 친구들을 위해 도시락을 싸기로 결심하고, 재료를 사기 위해 집을 나섰다.	**2학년 측정영역-시각과 시간** 1시간은 60분이며, 1일, 1주일, 1개월, 1년의 상호관계를 배운다. 이때 1개월을 30일이라는 것을 가르치고 100일은 몇 개월인지를 알게 한다. 달력을 이용하면 더 좋을 것이다
수민이는 어디서 물건을 구입할 지 고민하다가 집에서 조금 멀리 떨어진 마트에서 구입하기로 결정한다. 버스를 타야 하지만 세일행사기간이어서 할인율이 큰 마트에 가기로 결정했다.	**규칙성과 문제해결**-마트에서 물건을 살 때, 할인율이 적용되는 것을 이용하여 백분율을 공부한다. 버스 번호는 세자리 수인데 버스 번호를 가지고 덧셈을 하거나 규칙에 따라 세자리 수 만들기를 할 수 있다.
마트에 도착해서 김밥을 만들 때 쓰는 재료를 구입하기 위해 이러저리 마트를 돌아다녔다. 마트에는 여러 가지 물건이 아주 많았는데, 정육면체 혹은 직육면체 상자에 들어있는 상품, 캔에 들어있는 상품 등 그 포장 또한 다양하였다.	**도형**-직육면체 정육면체 모양, 캔과 같은 원기둥 모양 찾고 쌓기나무로 직접 이 입체도형과 같은 모양의 입체도형 만들기를 할 수 있다. 고학년이 되면 직육면체와 정육면체의 성질도 공부할 수 있다.
김밥을 20줄 만들어서 나누어 먹으려고 하는데, 맛살이 한 봉지에 10개씩 들어있어서 두 봉지를 샀다. 단무지는 한 통에 30개가 들어 있어서 한 통을 샀다. 그 외에 당근, 시금치 등을 구입하였다. 그러고 나니, 남은 돈이 4천 원이었는데, 요즘 판매율 1위를 달리고 있는 과자가 3천 원이라는 말에 그 과자도 한 통 사서 집으로 돌아왔다.	**수와 연산**-김밥을 20줄 만드니깐 맛살, 단무지가 20줄 **이상** 있어야 한다. 20은 10의 배수니깐 맛살 두 봉지를 사야 된다는 것으로 실생활과 관련시킬 수 있다. 이상, 이하의 개념도 알 수 있다. 남은 돈 4천 원에서 3천 원짜리 과자를 사고 천 원이 남는 것을 뺄셈의 예로 활용할 수 있다. 3과 4를 비교할 수도 있다.
집으로 돌아온 수민이는 내일 아침에 만들 김밥 재료를 잘 다듬어 놓고 내일을 위한 준비를 하기 시작했다. 일단, 어떤 옷을 입고 갈 것인지가 가장 큰 관심사였다. 패션에 관심이 많은 수민이는 모자에서부터 신발까지 완벽하게 패션계획을 짰다.	**확률과 통계-경우의 수** 각 아이템의 수에 따라 경우의 수가 달라지긴 하지만, 모자, 상의, 하의, 신발 네 가지를 코디한다고 생각하는 방법과 같으므로 경우의 수를 쉽게 이해시킬 수 있다.
그 다음으로는 내일 사진을 찍기 위해 디지털 카메라에 용량이 얼마나 남았나 확인해서 필요 없는 사진은 삭제하였다.	**수와 연산-뺄셈&나눗셈** 사진 한 장 당 용량, 전체용량을 사진 한 장당 용량으로 **나누면** 몇 장을 찍을 수 있는지 나온다. 전체장수-저장되어 있는 사진 장수=새로 찍을 수 있는 사진 장수가 나온다.
다음날 아침, 수민이는 김밥을 싸는데 걸리는 시간과 준비시간, 그리고 약속장소에 가는 시간을 고려하여 5시 30분에 일어났다.	**3학년 측정영역-시간** 분 단위까지의 시간의 덧셈과 뺄셈을 할 수 있으므로 구체적 상황에서 걸린 시간을 계산할 수 있다.
시금치를 좋아하는 수민이는 김밥을 싸는데 시금치를 다른 재료의 양의 두 배로 넣기로 결정하였다.	**규칙성과 문제해결-비와 비율, 비례식** 시금치를 2배로 더 넣었으므로 시금치의 양 : 다른 재료의 양=2 : 1로 나타낼 수 있다.
가까스로 집을 나설 준비를 마친 수민이는 937번 버스를 타고 친구들과 만나기로 한 동대구역으로 향했다. 수민이의 집에서 동대구역까지 가는 데 총 10개의 정거장이 있는데 각 정거장 마다 3분씩 걸리므로 30분으로 예상소요시간을 잡았다. 그런데 아침 시간이라서 차가 막히는 바람에 10분이 더 소요되었다.	**수와 연산-세자리 수, 덧셈, 곱셈, 시간** 버스937로 세 자리수를 공부할 수 있다. 한 정거장마다 3분 걸리고 10정거장이니까 3분×10=30이라는 곱셈. 총 30분이 걸렸는데 차가 막혀서 10분이 더 추가되었으므로 40분이라는 덧셈도 할 수 있다. 이것이 시간과 관련된 내용이므로 3분을 10번 더했다고 생각할 수도 있다.

동대구역에 도착하니, 수민이의 친구인 소영이와 은혜가 미리 와서 기다리고 있었다. 소영이와 은혜는 동대구역에서 집이 가까워 집에서 동대구역까지 오는데 각각 15분, 20분이 걸린다.

6학년, 규칙성과 문제해결 – 연비
수민이는 걸린 시간이 40분, 소영이는 15분 은혜는 20분이 걸리므로 이 세 수를 연비로 쓰면 40 : 15 : 20이고 이것은 연비의 이해를 도울 수 있다.

세 친구는 만나자마자 기차표를 샀다. 일반성인은 기차요금이 5,600원이었고, 도착하는 데 1시간 20분이 걸린다고 했다. 세 친구는 각자 5,600원씩을 모아서 기차표 값을 지불하였다. 이 세 친구는 9시 20분 기차를 타서 10시 40분에 도착하였다.

수와 연산 – 곱셈 : 5600원×3명=16800원
5학년, 도형 – 합동 : 기차표 값을 지불할 때 모은 돈에 천 원짜리 지폐가 6개가 있었는데, 그 지폐들임 모두 합동이다. 겹치면 완전히 포개어지기 때문이다. 아주 간단한 합동의 예.
수와 연산–시간의 덧셈

기차 안에서 수민이와 친구들은 사진을 찍는데, 은혜가 자기는 오른쪽 얼굴보다 왼쪽 얼굴이 더 예쁘다고 왼쪽 얼굴만 찍어달라고 했다. 그러고 보니 은혜의 얼굴이 약간 비대칭이었다. 그에 비해 소영이 목걸이에 있는 하트모양은 그 반을 자르면 정확히 같은 모양이었다.

도형 – 합동과 대칭
선대칭 사람의 얼굴은 보통 좌우대칭이다. 미세한 차이를 빼면 대부분의 사람들이 코를 기준으로 왼쪽과 오른쪽이 같으므로 선대칭이라 할 수 있다. 그러나, 은혜의 얼굴은 대칭이 되지 않으므로 선대칭인 하트와 비교할 수 있다.

경주에 도착한 수민이와 친구들은 먼저 제1코스인 국립경주박물관을 향했다. 경주 박물관은 1,000년 동안 신라의 수도였던 경주에 있어서 통계상 평균방문자수가 높은 사람들이 가장 많이 찾는 박물관 중에 하나이다.

확률과 통계 – 자료의 정리, 표와 그래프
경주박물관의 방문사수를 조사해서 다른 박물관과 방문자수를 비교할 수 있다. 평균을 이용해서 구하면 편리하게 비교할 수 있을 것이다.

고고관에서 국사시간에 배운 이차돈 순교비를 직접 본 수민이는 그 비석이 A.D.818에 세워진 것을 알고 정말 오랜 시간이 지나도 모습을 그대로 유지하고 있는 비석이 매우 신기했다.

수와 연산 – 덧셈&뺄셈
처음엔 한자리수의 덧셈과 뺄셈만 하지만, 시간이 갈수록 더 큰 수의 덧셈과 뺄셈도 할 수 있게 배운다.
2010–818=1192년

박물관 관람을 마친 세 친구는 드디어 제2코스인 경주월드로 향했다. 박물관에서 경주월드를 가는 길은 총 거리가 8.59km이고 소요시간이 약 15분이었다. 빨리 가서 놀이기구를 타고 싶었던 수민이와 친구들은 이 15분도 너무 길게 느껴졌다.

수와 연산 – 분수와 소수가 있는 곱셈&나눗셈

총 거리8.59km, 소요시간 약15분~속도

경주월드 입장료는 대인이 2만7천 원이었다. 조금 비싸지만 단디체크카드가 있어서 개인당 50%를 할인받을 수 있었다. 마치 돈을 번 것 같은 기분으로 세 친구들은 놀이기구를 타기 시작했다.

규칙성과 문제해결 – 비와 비율
27,000원의 50%는 13,500원이다. 주변에서 백분율을 잘 쓰기 때문에 그것을 이용하여 백분율을 공부하면 좋을 것이다.
도형 – 합동
지폐가 모두 합동이다.

그 중에서 파에톤이라는 놀이기구가 있었는데, 스릴이 있어서 사람들에게 아주 인기가 많았다. 안내판을 살펴보니 키가 145cm이상인 사람만 이용이 가능하다고 되어있었다. 그런데 세 친구 앞줄에서 기다리던 학생을 보니까 키가 145cm가 안 되어 보였는데 꿋꿋하게 차례를 기다리고 있었다. 세 사람은 의아했지만, 차례가 다가오기만을 기다릴 수 밖에 없었다. 드디어 순서가 되고 앞에 있던 학생이 키를 재었는데 키가 딱 143cm이었다. 학생은 그 정도면 그냥 넘어갈 줄 알았던지, 매우 실망한 표정으로 돌아갔다.	**측정－이상, 이하, 미만, 초과** 놀이기구를 타려면 키가 145cm이상이어야 한다. 145cm 이상은 145cm이어도 된다. 주변에서 이상, 이하, 미만, 초과를 찾아서 많이 연습시킨다.
놀이기구를 타다가 배가 고파진 세 친구는 놀이동산 안에 있는 식당으로 향했다. 메뉴가 너무 많고 무엇이 가장 맛있는지 모르는 세 사람은 식당종업원에게 이 식당에서 가장 인기 있는 메뉴가 무엇이냐고 물었다. 종업원은 세 사람에게 치즈돈가스가 가장 잘 팔린다는 정보를 듣고 모두 6천 원짜리 치즈돈가스를 먹고는 다시 놀이기구에 집중하기 시작했다.	**확률과 통계**－식당 메뉴의 판매량을 통계를 내서 그래프로 나타내거나 표로 나타내어 어떤 것이 인기가 많은지 확인해봄으로써 통계가 우리 생활에 밀접한 관련이 있다는 것을 알려준다. **수와 연산－덧셈** 6000+6000+6000＝18000원
해가 시작하자 세 사람은 경주를 나와서 다시 경주역으로 향했다. 경주역 앞에서 경주찰보리빵을 샀는데 20개에 만 원이었다. 부모님께 드릴 선물을 사서 기분이 좋아진 수민이와 친구들은 무사히 대구에 도착하였다. 집에 도착하니 9시였다. 오전 9시에 만나서 오후9시까지 12시간 동안 잊지 못할 추억을 만든 세 사람은 아주 행복했다.	**수와 연산－나눗셈** 찰보리빵 한 박스에 20개가 들어있는데 이것이 만 원이므로 하나의 가격이 10000원÷20개＝500원이라는 것을 나눗셈으로 구할 수 있다. **측정－시간** 시간의 뺄셈을 할 수 있다.

대구광역시 시내버스 번호

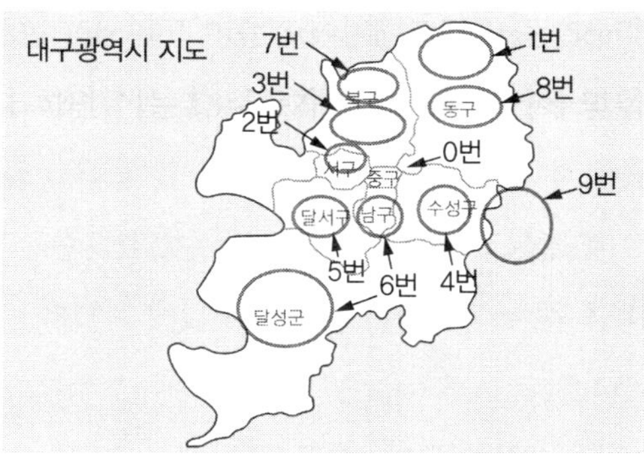

- **0번**(중구 : 서문시장, 한일로, 중앙로, 동신교, 대구역, 반월당)
- **1번**(동구 : 동부정류장, 동대구역, 고속터미널, 망우공원, 팔공산)
- **2번**(서구 : 평리동, 중리동, 서대구공단, 비산동)
- **3번**(북구 : 복현동, 침산동, 산격동)
- **4번**(수성구 : 남부정류장, 시지, 고산, 수성교, 대백프라자)

- **5번**(달서구 : 성서, 다사, 월성동, 서제)
- **6번**(남구 : 달성군, 고령군 : 월배, 서부정류장, 화원, 옥포, 논공, 현풍, 고령)
- **7번**(북구 : 북부정류장, 팔달교, 태전교, 칠곡)
- **8번**(동구 : 반야월, 신암동, 아양교, 안심)
- **9번**(대구 – 경산 : 남부정류장, 시지, 고산, 수성교, 경산)

위의 지도를 보면 각각의 번호가 대구시의 구역을 맡고 있다. 대구 시내버스의 번호는 09까지 사용하여 세 자릿수로 나타낸다. 맨 앞자리는 버스의 기점을, 중간은 중간지점을, 마지막 자리는 종점을 나타낸다. 이를테면, 704번은 맨 앞자리가 7이므로 북구의 북쪽, 즉 칠곡 지역에서 출반한다. 그리고 0번, 중구의 반월당을 거치고 마지막인 4번, 수성구의 파동이 종점이다. 또 649번은 6번, 대곡지구가 있는 남구의 끝에서 시작하여 4번, 수성구를 지나 9번, 경산 영남대까지 운행하는 버스이다. 이와 같이 대구 시내버스의 번호는 각각의 지역이라는 고유한 의미를 담고 정해진다. 번호에 담긴 규칙성에 의거하여 같은 지역에서 출발하는 버스는 모두 같은 번호를 달게 되는 것이다. 무심코 지나가는 이러한 버스번호에도 규칙성이라는 수학의 요소가 가미 되어있다. 이 내용은 2학년 1학기 1단원 세 자리 수에서 '규칙을 찾을 수 있어요' 혹은 4학년 1학기 8단원 '규칙 찾기'와 연관지을 수 있다.

2014 중국 실습록

2014년 2학기 참관 실습을 중국 상하이로 다녀왔다. 실습일지에 맞추어 각 상황에 알맞은 수학적 요소를 찾아보았으며, 수학적 요소를 찾은 상황에 관련된 실습 기록을 실어본다. 여행지와 일상생활에서 흔히 접할 수 있는 수학적 요소를 알아보는 과정에서, 아이들로 하여금 수학을 좀 더 가깝게 생각할 수 있게 하였다.

10월 19일 일요일 (출국일) : 대구 공항–푸동 공항–상해 신동원 호텔

처음 대구 공항에서 비행기가 지연되어 한동안 기다리다가 1시간 30분의 비행시간을 마치고

중국에 도착하니 실습학교의 연구부장 선생님께서 나와서 저희를 맞아주었다. 숙소로 이동한 후 다 같이 회식을 가졌는데, 처음에 중국 화폐와 한국 화폐의 단위가 너무 달라서 계산하는데 많은 어려움이 있었다.

환전을 위해서 한국과 중국의 **환율**을 알아보았다. 환전할 당시의 환율은 1위안이 우리 돈으로 174.50원이었다. 그러므로 30만 원을 환전하니 1720위안 정도를 받을 수 있었다. 이것은 비례식 $\mathbf{1 : 174.50 = x : 30000}$로 계산할 수 있다.

여행을 계획할 때는 예산이 가장 중요하다. 나는 출국하기 전 여행서적에 작성 되어있는 여행기 예산들을 찾아보고 그들의 **각 평균**을 구해서 전체적인 예산을 잡아보았다. 또한 아직 학생임을 감안하여 최대한 줄일 수 있는 부분의 예산을 줄여보았다. 상하이의 물가가 한국의 서울보다 비싼 편이라 생각보다 꽤 많이 잡았던 것 같다. 전체적인 예산이 정해진 후엔, 하루 동안 사용할 수 있는 평균을 구해보았다. 그래서 정해진 예산은, 실제로 사용할 수 있는 돈 총 1720위안−교통비 60위안 = 1660위안 (교통비 : 매일 10위안), 1660위안÷6 = 약 276위안, 따라서 매일 사용할 수 있는 경비는 276위안임을 알 수 있다.

평일엔 저녁에만 외부 활동이 있으므로 200위안 정도로 잡고, 마지막 토요일 관광비는 기념품을 고려하여 76×5+276 = 656위안으로 잡았다.

10월 20일 월요일 (첫 등교일) : 상해 한국학교−숙소−신천지

아침에 학교로 등교하기 위해 새벽 5시에 기상하였다. 6시 30분쯤 조식을 먹고 7시 20분까지 교직원 차량으로 이동하여 학교로 향하였다. 학교는 초중고가 모두 붙어있어서 그런지 규모가 매우 큰 편이었으며, 일반 한국 초등학교들과는 달리 딱딱한 느낌이 들었고, 중고등학교들처럼 이동 수업이 많았다. 5시쯤에 하교를 하고는 다 같이 신천지로 향했는데, 흔히 말하는 한국의 강남권과 같은 느낌이 들었다. 식사는 중국 현지식으로 먹었으며, 생각보다 중국의 향신료들이 제 입에 너무 잘 맞아서 너무 좋았다.

다 같이 식사를 하는 장소에는 메뉴판이 모두 중국어로 되어있어서, 주문할 때 다 배부르게 먹을 수 있는 메뉴를 정하는 것이 고역이었다. 다행히도 메뉴판엔 음식의 g이 적혀있었는데, 이를 보고 나서 이 메뉴를 총 몇 개를 시킬지 정할 수 있었다. 볶음밥의 경우엔 한 그릇당 500g이어서 종류별로 각각 한 그릇씩 총 세 그릇(500g×3 = 1500g)을 주문하였다. 매운 돼지고기 찜도 500g이어서 1개를 시켰는데, 생각보다 양이 적어서 이후 한 접시를 더 주문하니

$500g \times 2 = 1000g$이 되었다.

10월 21일 화요일 : 상해 한국학교–숙소–한인타운 내 카페베네

이날은 지도안을 짜느라 외부로 관광을 가지 않고 저녁에 숙소에서 콕 틀어박혀있었다. 저녁엔 지도 교수님이 까페에서 커피 한잔 하자고 하셔서 다 같이 까페베네에 갔는데, 그 곳에 한국말을 너무 잘하는 직원이 있어서 다들 놀라움을 금할 수 없었다. 한국에 1년 유학을 다녀온 중국인이었다.

중국의 까페베네와 한국의 까페베네의 가격이 같은지 궁금하여 다같이 전자계산기를 두드렸다. 모히또 한잔이 37위안 이었으니, 한국과는 큰 가격 차이가 나지 않았다. 한국에 돌아와서는 그 곳이 그리워서 검색을 해보았더니 이런 흥미로운 기사가 실려있었다. '중국 내에서도 매출이 높은 매장으로 꼽힌 상해 홍천루점은 하루 평균 매출이 약 2만 위안 정도인데, 이는 한화로 약 360만 원 정도에 해당하며 휴일에는 최대 약 500만 원 정도의 매출을 올리고 있다. 중국 내 번화가에 해당하는 상권에 위치하고 있을 뿐만 아니라 한인타운과도 가까운 거리에 위치하고 있어 고객들의 구매율이 높은 것이 특징이다.

10월 22일 수요일 : 상해 한국학교–숙소–티엔즈팡

실습 일정을 모두 마치고 티엔즈팡으로 이동하였다. 이곳은 한국으로 따지면 인사동 쌈지길처럼 아기자기하고 귀여운 물건들이 많았다. 특히 눈에 띄는 것은 다양한 길거리 음식들을 판매하는 곳들이었다. 특히 링거 모양의 팩에 담긴 칵테일이 인상 깊었으며, 다양한 꼬치들을 고르면 즉석에서 익혀주는 것도 신기하였다. 티엔즈팡은 생각보다 넓었고 골목골목마다 작지만 오래된 상점이 많아서 들러보고 싶은 곳들이 많았다. 또한 친구들끼리 구경하고 싶은 부분들이 달라서, 다양하고 많은 상점을 가고 싶었다. 신기한 점은 상점마다 같은 물건을 취급하는데, 가격이 천차만별이었다는 것이다. 그렇다 보니, 최대한 가격이 싼 곳을 찾기 위해 발빠르고 효율적으로 움직여야 했다. 가지고 다니는 지도에 다시 가고 싶은 가장 저렴한 상점을 표시하여 **한붓그리기**를 해보았다.

10월 23일 목요일 : 상해 한국학교–숙소–치바오

이날은 나의 첫 수업시연이 있던 날이었다(!). 사회 과목을 수업하였는데, 지도안을 다섯 장

이나 짰지만 수업이 35분 만에 끝나버려서 마지막엔 약간의 어지러움을 느꼈다. 이날은 저희 담당 담임선생님의 추천으로 치바오에 가게 되었다. 마을 옆으로 강이 흐르고 배를 운항하는 곳이었으며, 다양한 중국 길거리 음식들을 한자리에서 만나볼 수 있었다.

중국은 엄청나게 많은 종류의 음식이 존재함과 동시에, 한번에 주는 양도 어마어마하게 많았다. 그래서 다양한 음식을 종류별로 맛보기 위해 즉석에서 음식 계모임이 만들어졌다. 거의 대부분의 음식이 5～10위안 정도라 3명이서 각자 20위엔씩 내고 계모임을 만들었다. 그렇게 해서 총 60위안을 가지고 마라탕, 새우메추리알과자, 이름모를 화덕 빵, 버블티 등등 수많은 음식들을 먹을 수 있었다.

10월 25일 금요일 : 상해 한국학교–구베이 훠궈 식당–까르푸

학년별 회식이 있었다. 선생님들께서 유명한 훠궈식당에 데려가 주셨는데, 분위기가 매우 고급스러운 게 한눈에 딱 봐도 값이 비싸 보였다. (비싼 만큼 너무 맛있었다는 것이 함정!) 그리고 중국에서 가장 큰 매장인 까르푸에 가보았는데, 매장이 너무 넓어서 하나하나 다 보다가는 그냥 하루가 다 가버릴 것 같았다. 까르푸엔 하나의 과자 브랜드에, 같은 디자인으로만 해서 다양한 과자들이 즐비하였다. 또한 많은 과자들이나 생활용품들을 전시하기 위해서, 최대한 **효율적인 모양**의 것들을 전시하고자 하였다. 그렇다 보니 원기둥 모양이나, 모서리가 둥근 직사각형 모양의 곽들이 많았으며, 과자들은 일렬로 직사각형으로 쌓아서 전시한 것들이 많았다.

제3장

스포츠에서 찾을 수 있는 수학

네 변의 길이가 같은 야구장 | 타율을 구하는 분수와 소수 | 우승의 경우의 수 | LG 트윈스의 신 연봉 고과 제도 | 볼링 핀 배열의 규칙에서 나타나는 삼각수 | 축구공에 숨어있는 수학 | 400m 달리기를 할 때 왜 서로 다른 위치에서 출발할까?–원주율을 통한 트랙의 둘레 길이 비교 | 축구 경기와 주사위 놀이 | 축구경기 수에 숨어있는 수학 원리 | 수영장에서의 수학 | 프리미어리그의 규칙 | 대구 국제 마라톤

네 변의 길이가 같은 야구장

"우와, 야구장이다!"

오늘은 태현이가 삼촌과 함께 한국시리즈를 구경하기 위해 야구장에 왔어요. 처음 와보는 야구장에 신이 난 태현이는 야구장 여기저기를 구경하기에 바빴답니다. 그러다 태현이는 문득 궁금한 점이 생겼답니다.

"삼촌, 야구장 모양이 특이해요. 전에 봤던 축구장이랑 달라요!"

"이야, 우리 태현이가 눈썰미가 좋구나! 이 삼촌이 왜 그런지 설명해줄까?"

"네!"

"그럼 잘 들어 보거라 태현아. 야구장 모양은 축구장과는 다르게 생겼지? 그건 어디에서나 똑같은 거리를 만들어주기 위해서란다."

"삼촌! 똑같은 거리라니요? 더 자세히 설명해주세요"

"자, 그럼 태현아, 삼촌이 어제 설명해준 홈 플레이트와 1, 2, 3루 다 기억하니?"

"물론이죠! 삼촌"

"그럼 그 4곳을 꼭짓점으로 두면 어떤 도형이 떠오르니?"

"음…. 꼭짓점도 네 개고 변이 네 개인… 사각형이요!"

"우리 태현이 수학시간에 아주 잘 배웠구나! 이 야구장은 네 개의 꼭짓점 간의 거리가 똑같도록 하기 위해서 사각형 모양으로 만들어졌단다."

"우와! 삼촌 정말 신기해요"

"그렇지? 모두 같은 거리로 만들어야 선수들이 같은 거리를 뛸 수 있기 때문이지. 어디 보자. 우리 태현이가 5학년이니깐 소수도 배웠겠구나. 그렇지?"

"당연하죠. 소수도 다 배웠으니깐 얼른 거리를 말해주세요."

"그래야겠구나! 이 사각형의 각 변은 27.431m로 동일하단다. 어때 신기하지?"

"네 삼촌! 음…. 그럼 이 사각형은 네 변의 길이가 같으니까 마름모겠네요?"

"그렇지 마름모가 될 수 있지! 또 네 변의 길이도 같지만 각이 모두 직각이니 정사각형도 될 수 있겠지?"

"네! 삼촌. 정말 신기해요. 수학시간에 배운 도형이 야구장에서 쓰이다니 정말 신기해요."

"이건 시작에 불과하단다. 야구가 시작되면 수학시간에 배운 내용이 또 등장할거야."

"정말이요? 얼른 야구가 시작했으면 좋겠어요."

"어! 지금 시작하구나. 태현아."

타율을 구하는 분수와 소수

처음으로 야구경기를 직접 보던 태현이는 전광판을 보고는 깜짝 놀랐어요.

"어! 삼촌 저기 전광판에 숫자들이 가득해요."

"아, 선수의 지난 경기 기록을 보여주는 거란다. 신기하지?"

"네, 저기 소수 0.500가 적혀있네요. 삼촌이 말한 수학이 저거 말하는 거 맞죠?"

"그래. 타율을 나타내는데 야구에서는 소수를 사용한단다."

"우와! 저걸 타율이라고 하구나. 그럼 삼촌 저건 어떻게 구하는 거예요? 많이 어려워요?"

"아니, 어렵지 않단다. 우리 태현이는 수학공부를 열심히 했으니 잘할 수 있을 거란다."

"정말이요? 그럼 얼른 가르쳐 주세요."

"그래, 삼촌이 하는 말을 잘 들어 보거라. 타율은 안타 나누기 타수의 값이란다."

"안타 나누기 타수면… 분수로 나타내면, 분모가 타수고 분자가 안타가 되는 거죠?"

"우리 태현이가 아주 똑똑하구나. 그 분수를 소수로 나타내면 타율이 된단다. 야구에서는 분수보다는 소수로 타율을 표현하거든. 자 그럼, 전광판에 나타난 선수의 타율로 다시 한 번 더 알아볼까?"

"네, 그래요. 삼촌!"

"그럼 먼저 저 선수는 저번 경기에서 안타를 몇 번 쳤지?"

"음…, 안타를 두 번 쳤어요."

"그럼 타수는 어떻게 되지?"

"타수는 네 번이에요."

"그럼 분모가 4가 되고, 분자가 2가 되니깐 이 분수를 약분하면…."

"2분에 1이 되요. 또 이걸 소수로 나타내면 0.5에요."

"정말 똑똑한데, 우리 태현이. 한 가지 더 말해주자면 야구에서는 자세하게 기록하기 위해서 소수 셋째 자리까지 숫자를 나타낸단다. 그래서 0.5를 0.500이라고 표기한단다. 알겠지?"

"네. 그럼 저 선수의 타율은 0.500(영점 오영영)이라고 읽겠네요?"

"음, 우리 태현이는 5학년이라 아직 배우지 않았겠구나. 야구에서는 타율을 '할, 푼, 리'를 이용해서 읽는단다."

"할, 푼, 리요? 그게 뭐예요?"

"할, 푼, 리는 일제시대에 사용된 말인데 야구에선 아직 사용한단다. 소수 자리를 읽는 방법으로 소수 첫째 자리는 '할', 소수 둘째 자리는 '푼', 소수 셋째 자리는 '리'라고 읽는 거지. 예를 들어 타율이 0.312면, 그 선수의 타율은 3할 1푼 2리가 되는 거지. 어때? 어렵지는 않지?"

"네. 그럼 만약에 타율이 0.260이면, 2할 6푼이라고 읽으면 되는 거지요?"

"우와, 우리 태현이는 정말 똑똑하구나. 이제 야구 타율 읽는 법도 알고 훌륭하구나."

우승의 경우의 수

집에 돌아온 태현이는 삼촌과 야구장에 가서 있었던 오늘 하루를 일기로 정리를 하다가 문득 두산이 우승을 하려면 어떻게 해야 하는지 궁금해졌다.

"삼촌 두산이 한국시리즈에서 우승하려면 이제 어떻게 하면 돼요?"

"태현아, 한국시리즈는 7번의 경기 중에서 4번을 먼저 이기는 팀이 우승한단다. 오늘 우리가 보러 간 경기가 4차전이고 지금까지는 두산이 3승 1패(삼성은 1승 3패)를 했지. 아직 태현이가 경우의 수를 배우진 않았지만 적어가면서 한번 생각해볼까?"

"네, 좋아요. 삼촌"

"먼저 두산은 이미 3승을 했기 때문에 무조건 7차전까지 1승만 하면 우승을 하게 된다는 걸 명심하고 생각해보자."

"네, 삼촌."

"먼저 5차전에서 두산이 이기면 우승을 해서 6차전은 열리지 않지. 하지만 삼성이 이기면 삼성은 2승 3패가 되면서 6차전으로 간단다. 그럼 삼성이 이겨서 6차전이 가는 경우라고 가정하고 태현이가 말해볼까?"

"음.. 6차전에서 두산이 이기면 두산은 4승 2패로 우승을 해요. 그러면 7차전은 필요가 없어요. 반대로 삼성이 이기면 3승 3패가 되고 경기는 7차전까지 이어져요."

"그렇지, 잘했어. 그런데 여기서 주목할 점은 6차전에 삼성이 이기면, 두산과 삼성 모두 3승 3패가 되지. 그럼 7차전에서는 이기는 팀이 우승을 하게 되는 거야. 알겠지?"

"우와, 그렇게 되는구나! 이렇게 적어가면서 알아보니깐 알기 쉽네요. 삼촌!"

5차전 ┌ 두산 승 ⇒ 두산 우승(=한국시리즈 종료)
└ 삼성 승 ⇒ **6차전** ┌ 두산 승 ⇒ 두산 우승(=한국시리즈 종료)
└ 삼성 승 ⇒ **7차전** ┌ 두산 승 ⇒ 두산 우승
└ 삼성 승 ⇒ 삼성 우승

※ 7차전이 끝나면 한국시리즈 종료

LG 트윈스의 신 연봉 고과 제도

보통 프로야구의 연봉책정은 여러 가지 상황을 고려해서 하게 된다. 전체적인 확률은 떨어지더라도 결정적인 순간에 중요한 역할을 하는 선수는 많은 연봉을 받게 된다. 기록에서 드러나지는 않더라도 보이지 않는 기여, 흔히 말하는 블루 워커 또한 인정받고 있는 추세이다. 반면에 전체적인 성적은 좋지만 중요한 순간에 자신의 능력을 발휘하지 못하는 선수들은 본인이 지닌 능력 이하의 평가를 받게 된다. 그래서 프로선수의 연봉에는 내부 및 외부의 성적과 그에 따른 평가가 반영되기 마련이다. 하지만 10시즌부터 LG야구단에서 시행된 새로운 연봉 고과 제도는 전혀 새로운 모습을 보인다. 철저하게 개인의 성적에 의해서만 연봉이 결정되는 것이다. 장점은 개인 스스로 자발성을 끌어올려 개인의 노력의 합이 전체 합의 상승을 이끌 수 있다는 기대를 할 수 있다. 반면에 분명 개인의 희생이 필요할 때도 있을 것인데 선수들은 자신의 성적에 누가 되는 수행은 잘 하려 하지 않을 것이다. 그 결과 이런 파격적인 연봉 제도를 도입하였음에도 이 야구단은 하위권을 벗어나지 못하고 있다.

한 해, 한 팀이 치르는 경기는 133경기이다. 주전 타자들의 경우 한 게임당 약 4회의 타석이 있고 매 타석에 새로운 데이터가 생성된다. 볼 카운트, 아웃 당하는 경우, 안타 또는 홈런을 치는 경우, 볼넷 등 엄청나게 많은 데이터가 생성된다. 한, 두 게임에서 생기는 기록은 몇 개

타자 기록

순위	이름	포지션	타수	안타	2타	3타	홈런	타점	볼넷	삼진	병살	타율	출루율	장타율	OPS
1	이병규	좌익수	485	164	24	0	16	75	28	47	10	0.338	0.375	0.487	0.862
2	박용택	좌익수	414	125	21	1	15	64	26	71	8	0.302	0.347	0.466	0.814
3	정성훈	3루수	422	123	18	1	10	57	49	69	16	0.291	0.366	0.410	0.776
4	조인성	포수	390	104	14	2	15	59	44	70	10	0.267	0.345	0.428	0.773
5	이택근	1루수	317	94	17	0	4	29	40	45	9	0.297	0.377	0.388	0.765
6	이진영	우익수	323	89	18	1	2	37	26	29	9	0.276	0.331	0.356	0.687
7	이대형	중견수	354	88	11	5	1	24	30	78	0	0.249	0.310	0.316	0.626
8	서동욱	1루수	303	81	11	1	7	37	33	90	4	0.247	0.352	0.380	0.731
9	박경수	유격수	317	72	11	1	4	26	48	66	7	0.227	0.338	0.306	0.644
10	정의윤	좌익수	242	62	9	0	0	23	17	32	7	0.256	0.312	0.293	0.605
11	김태완	2루수	202	51	12	0	6	29	31	37	7	0.252	0.356	0.401	0.757
12	오지환	유격수	156	33	7	0	2	15	19	57	2	0.212	0.299	0.295	0.594
13	이병규	좌익수	88	22	3	0	4	14	20	32	2	0.250	0.387	0.420	0.808
14	윤상균	1루수	77	17	3	0	5	18	13	22	4	0.221	0.330	0.455	0.784
15	윤진호	유격수	88	14	4	0	0	2	6	26	3	0.159	0.213	0.205	0.417

안 되는지 몰라도 1년 동안의 축적된 기록, 그리고 수 년 동안 선수가 출장하면서 만들어내는 기록은 그 양이 어마어마하다. 한 팀의 경우에만 생각해봐도 엄청나다. 그러한 많은 데이터에서 필요한 정보들을 추출해 의미를 도출할 수 있게 수집 및 정리를 한다. 이 많은 정보는 연봉 고과를 책정하는데 사용될 수 있고 팀에서 얼마나 많은 공헌을 하는가에 대한 판단의 척도도 될 수 있다. 이러한 것들을 여러 그래프나 도표로 정리할 수 있다.

위에서 수집된 자료의 정리를 통해 통계적으로 하나의 의미 있는 준거를 만들 수 있다. 수많은 경기에서 생성된 수많은 자료 및 정보를 숫자로 통계를 내어 판단을 하는데 아주 편리하고 효율성이 높은 통계자료를 도출해 낼 수 있다.

볼링 핀 배열의 규칙에서 나타나는 삼각수

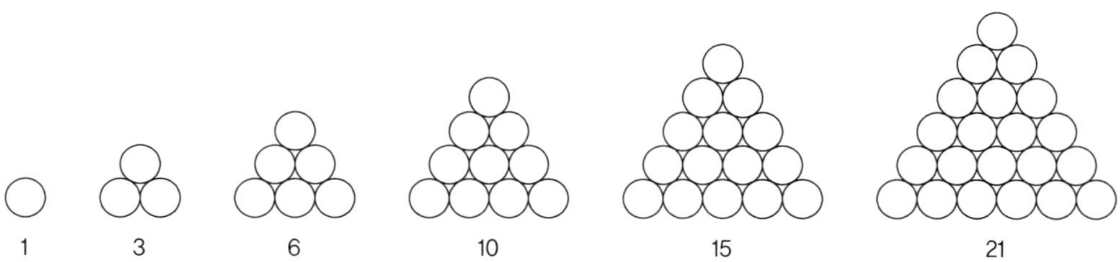

1. 볼링이란?

볼링은 한 손으로 공을 굴려서 마루 끝에 세워진 10개의 술병 모양의 핀을 쓰러뜨려 쓰러진 핀의 수로 승패를 겨루는 실내경기이다. 마루 끝에 술병모양의 핀 10개를 역삼각형 모양으로 세운 뒤 마루의 반대편 끝 쪽에서 3개의 손가락을 넣을 수 있도록 구멍이 뚫려 있는 공을 굴리게 된다.

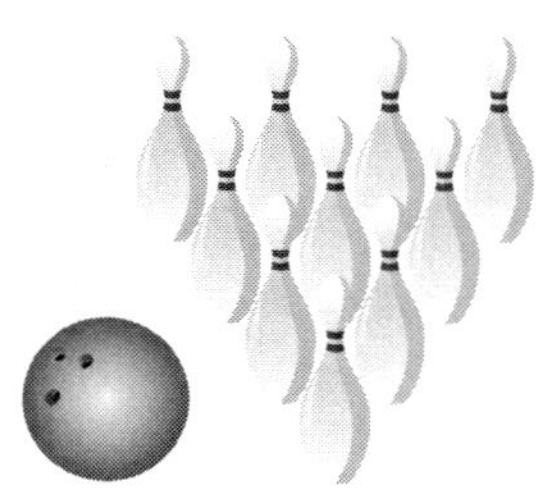

2. 볼링에서 쓰이는 10개의 볼링 핀

볼링에서 쓰이는 10개의 술병모양 핀을 살펴보자. 10개의 핀을 사용하는 볼링은 대게 삼각형 모양으로 배열된다. 첫째 줄(맨 앞)의 핀은 1번으로 헤드 핀이라고 불린다. 둘째 줄의 핀은 왼쪽에서 오른쪽으로 차례로 2번, 3번이며 셋째 줄의 핀은 왼쪽에서 오른쪽으로 차례로 4번, 5번, 6번이다. 넷째 줄의 핀은 왼쪽에서 오른쪽으로 차례로 7번, 8번, 9번, 10번이다.

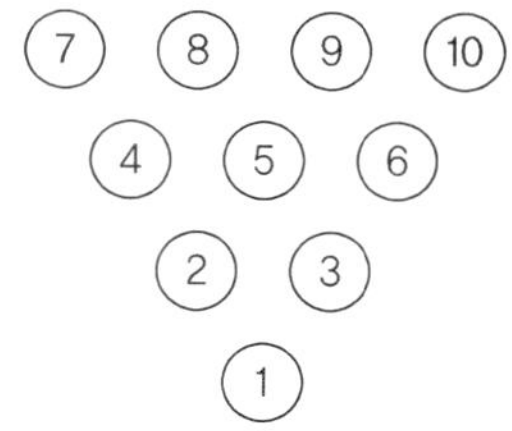

3. 볼링 핀과 삼각수

1번 핀을 포함해 왼쪽에 있는 핀들의 번호를 차례대로 써 보자. 하나의 수열 1, 3, 6, 10이 된다. 이 수열을 달리 표현하면 1, 1+2, 1+2+3, 1+2+3+4이다.

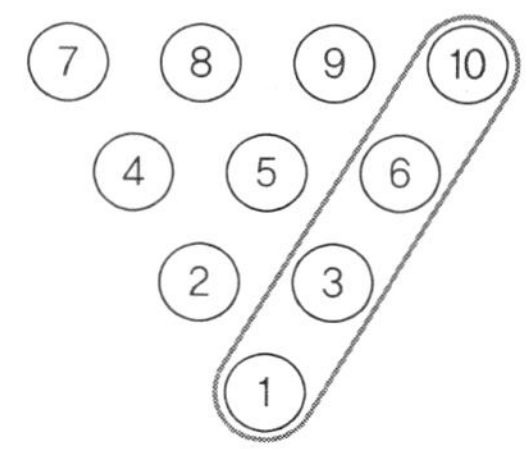

이 수열의 숫자만큼 같은 종류의 물건들을 평면에 규칙적으로 배열하면 삼각형 모양이 된다. 수학에선 삼각형 모양으로 배열된 수를 **삼각수**라 부른다. 삼각수를 작은 수부터 차례로 나열하면 삼각수로 이루어진 수열 '1, 3, 6, 10, 15…'이 된다.

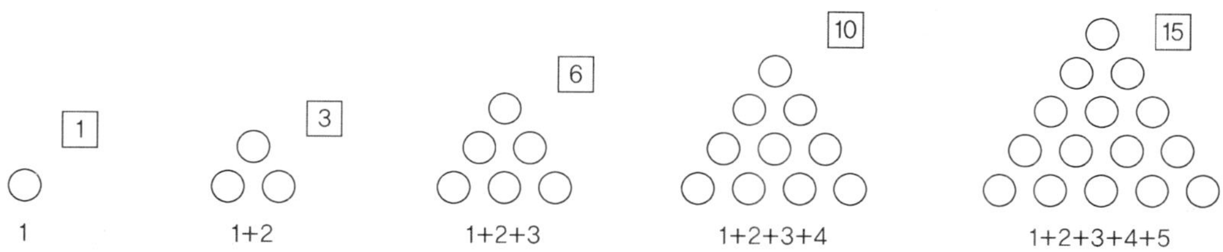

그렇다면 8번째 삼각수는 얼마일까? 36이다. 1부터 8까지의 수를 다 더한 값이 36이기 때문이다.

1번째 삼각수 : 1

2번째 삼각수 : 3(= 1+2)

3번째 삼각수 : 6(= 1+2+3)

4번째 삼각수 : 10(= 1+2+3+4)

5번째 삼각수 : 15(= 1+2+3+4+5)

6번째 삼각수 : 21(= 1+2+3+4+5+6)

7번째 삼각수 : 28(= 1+2+3+4+5+6+7)

8번째 삼각수 : 36(= 1+2+3+4+5+6+7+8)

볼링 핀 배열과 같은 간단한 삼각수들은 직접 더해서 구할 수 있지만, 10이상의 삼각수들은 계산하기가 다소 힘들다. 100번째 삼각수 같은 경우는 1+2+⋯+99+100을 계산해야 하므로 수들을 하나하나 더해서 그 값을 구하기가 쉽지 않기 때문이다. 이와 관련하여 19세기 독일의 수학자 가우스의 일화가 유명하다.

> 가우스가 10살 때 초등학교 담임선생님이 학생들에게 1부터 100까지를 모두 더하라는 문제를 냈다. 계산하려면 시간이 꽤 걸릴 것이라 생각하고 교사는 잠시 휴식을 취하려고 했다. 그러나 가우스는 얼마 지나지 않아 정확하게 값을 구해 선생님을 놀라게 했다. 어린 가우스는 아주 간단하면서도 효율적인 방식으로 답을 구하였다. 1+2+⋯+99+100에서 앞의 수와 뒤의 수를 각각 짝지으면 1+100, 2+99, ⋯와 같이 그 합은 각각 101이 된다. 1부터 100까지의 합에는 이러한 101이 50개 있으므로 답은 101×50 = 5050이다.

축구공에 숨어있는 수학

축구공은 12개의 오각형과 20개의 육각형으로 이루어져 있다. 우리가 사는 3차원 세계에서 가장 면이 많은 정다면체(모든 면이 똑같은 모양이면서 꼭짓점에서 만나는 면의 개수가 같은 다면체)는 정십이면체다. 정다면체로는 정사면체, 정육면체, 정팔면체, 정십이면체, 정이십면체 등 5가지밖에 없는데 이 가운데 정십이면체가 세밀한 형태라는 뜻이다. 이 정십이면체의 12개의 꼭짓점을 깎으면 자연스럽게 오각형이 생기며, 이것이 20개의 육각형과 조화를 이뤄 가장 완벽한 형태의 둥근 구조를 이뤄낸다는 것이 축구공의 원리다. 일반적으로 조각수가 많을수록 그만큼 '완벽한 구(求)'에 가까워진다. 이러한 내용은 이미 수업시간에 다루어지고 있다. 수학에 관심이 특히 더 많은 학생들을(영재학생) 대상으로 빨대로 축구공 만들기 등을 하면서 입체도형에 대한 감각과 직관을 길러줄 수 있다고 생각한다. 이렇게 만들어가면서 자연적으로 이런 도형으로는 입체도형이 된다, 안 된다를 직관적으로 판단할 수도 있을 것이다.

400m 달리기를 할 때 왜 서로 다른 위치에서 출발할까?

원주율을 통한 트랙의 둘레 길이 비교

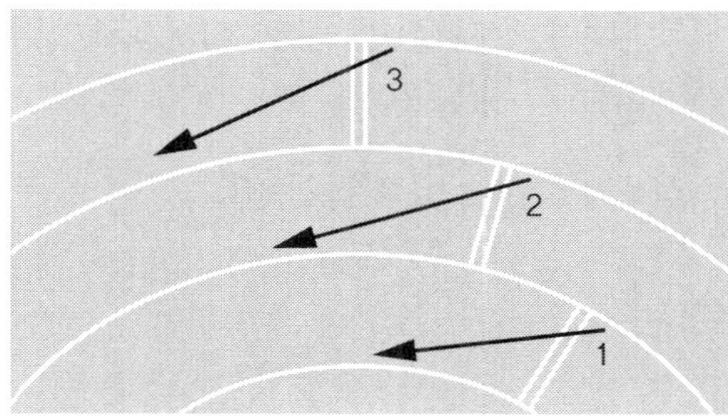

오늘은 컴교짱 초등학교의 신나는 운동회 날이에요.

5학년 3반 계주선수인 창우를 비롯하여 총 3명의 계주선수들이 출발선에서 출발 준비를 하고 있어요.

그런데 갑자기 2번 트랙 출발선에서 준비를 하고 있던 창우가 불만이 생겼어요.

"선생님, 왜 3번 트랙에 있는 친구가 제일 앞에서 출발하고 1번 트랙에 있는 친구가 제일 뒤에서 출발해야 하는 건가요? 이건 불공평해요!"

그 말을 들은 선생님이 미소 지으며 대답하셨어요.

"허허. 창우야, 그건 바로 우리가 수업시간에 배운 원의 반지름 길이에 따른 원의 둘레의 길이 때문이란다."

"반지름이랑 원의 둘레의 길이요?"

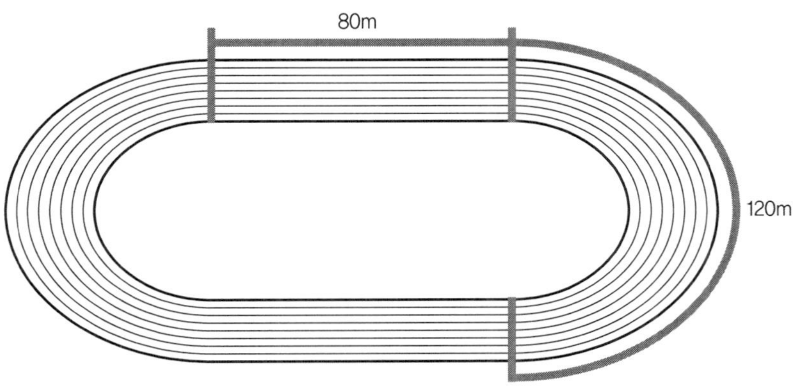

"그래, 위의 그림을 보면서 한 번 살펴보자꾸나."

"우와 육상 트랙 모형이네요!"

"그래. 위의 그림과 같이 400m 육상트랙은 가장 바깥 쪽 1레일을 기준으로 만들어졌단다. 육상트랙은 가운데 80m의 직선구간을 중심으로 양 옆이 각각 반원으로 이루어져 있어. 그리고 각 레인의 폭은 1.22m로 일정하단다. 그러므로 바깥 레인으로 갈수록 반원모양 트랙의 반지름의 길이가 1.22m씩 커진다고 할 수 있지."

"반지름의 길이가 길어지면 원의 둘레 길이도 길어지겠네요!"

"그렇지."

"선생님 그런데 너무 복잡해요"

"그럼 트랙을 실로 생각하고 실타래를 한 번 풀어볼까?"

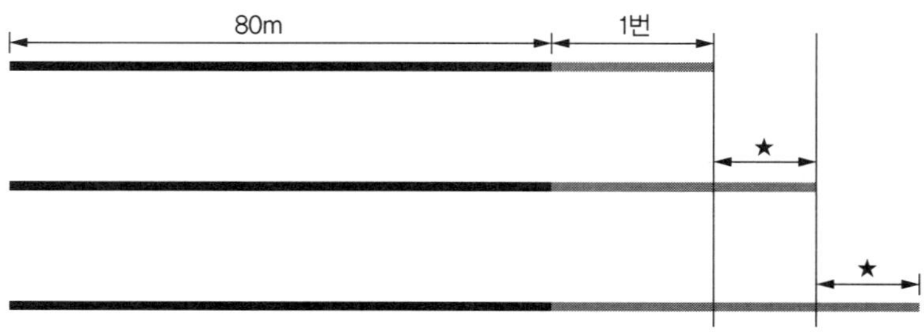

"아하. 레인의 폭이 1.22m씩 일정하게 커지니깐 1번 트랙을 기준으로 해서 ★만큼씩 일정한 길이로 트랙이 길어지게 되는군요!"

"그렇지. 그럼 원주율 공식에 대입하여 길어진 트랙의 길이를 구하여 볼까? 원주율 공식이 어떻게 되었지?"

"지름×3.14요!"

"그래. 그럼 공식을 이용하여 길어진 길이를 구해보자꾸나."

"네 선생님. 그러면 가운데 직선 트랙의 길이는 일정한 상태에서 왼쪽 오른쪽 반원이 각각 한 개씩 있고, 원의 둘레는 지름의 약 3.14니까, 2번 레인 같은 경우는 1레인보다 총 트랙 둘레의 길이가 1.22×3.14×2 = 7.6616m만큼 더 길어졌다고 할 수 있겠네요!"

"그렇지. 우리 창우가 참 똑똑한 걸? 나중에 커서 수학 교수님 해도 되겠구나."

"네! 저는 꼭 훌륭한 수학 교수가 되고 싶어요."

"허허. 그럼 3번 레인은 1번 레인보다 얼마나 더 길까?"

"음…. 1.22m씩 총 2번 커지니깐 1.22×3.14×2×2 = 15.3232m가 돼요!"

"맞아. 그러므로 각 레일의 선수는 1, 2, 3번으로 갈수록 약 7.7m씩 더 앞에서 출발을 해야 모든 선수들이 똑같이 400m를 달릴 수 있는 것이란다."

"그럼 저희는 모두 공정하게 400m를 달릴 준비를 하고 있었네요. 이제 마음 편히 시합을 할 수 있을 것 같아요!"

"허허. 그것 참 잘 됐구나. 그럼 준비. 출발!"

선생님의 포성과 함께 창우와 달리기 선수들은 모두 똑같은 400m 달리기를 완주하였답니다.

축구 경기와 주사위 놀이

"대한민국! 짝짝짝짝짝!"

거실에 승민이의 큰 목소리가 울려 퍼지자 아빠가 빙긋 웃으며 다가오셨어요.

"하하, 승민이 월드컵 경기 응원하는 구나."

"네! 아빠. 근데 솔직히 오늘 경기는 막상막하라서 누가 이길지 모르겠어요."

"그래? 경기 결과를 예측할 수는 없을까?"

"에이 아빠, 아직 경기를 하지도 않았는데 결과를 어떻게 알아요?"

"글쎄, 아빠 생각에는 예측할 수도 있을 것 같은데?"

"우와, 정말이요? 알려주세요!"

승민이의 성화에 아빠는 방에서 주사위를 들고 나오셨어요.

"아빠, 축구 경기 결과 예측하다 말고 왠 주사위에요?"

"승민아, 축구 결과는 몇 가지 종류가 나올 수 있지?"

"이기거나, 지거나, 아니면 무승부겠지요."

"그래. 그러면 축구경기는 이 주사위를 던지는 것과 같은 원리가 아닐까? 예를 들어서, 주사위를 던지는 행위가 경기를 하는 것이고, 5나6이 나올 때 이기고, 3이나 4가 나올 때 지고, 1이나 2가 나올 때 비긴다고 생각하면 경기 결과를 예측할 수 있잖아."

"어? 뭔가 이상한 듯하면서도 맞는 것 같아요."

"하하. 실제로 수많은 경기 결과를 분석해서 종합해 본 결과 적어도 홈경기의 득점수는 이 주사위놀이의 순전한 우연보다 높게 나왔다고 해. 그래서 홈경기에서 기대되는 대략의 득점수를 예상할 수 있지. 경기 결과는 알 수 없지만 말이야."

"잘 모르겠어요. 조금 더 설명해주세요."

"주사위를 던져 6이 나오면 골이라 할게. 슈팅 수가 많을수록 골 넣을 확률도 높아지지? 마찬가지로 주사위를 많이 던질수록 6이 나올 확률도 높아지잖아."

"네! 한마디로 슛을 주사위 던지기에 비유한 거네요."

"그래, 승민이 똑똑하구나! 이런 주사위를 던지는 횟수는 홈팀의 공격력과 원정팀의 수비력에 의해 결정되지."

"아하, 그럼 어느 팀과 경기하느냐에 따라 어떤 경기에서는 주사위를 9번 던지고, 어떤 경기에서는 14번을 던지겠네요?"

"그렇지. 그런데 승민아, 연승과 연패가 영향을 미칠까?"

"아무래도 연승을 하면 강한 팀이고, 연패를 한다면 약한 팀이니 그렇지 않을까요?"

"보통 그렇게 생각하기 쉽지만 그것을 뒷받침하는 통계는 나오지 않았대. 그야말로 심리가 더욱 강하게 작용하는 것이지."

"맞아요. 시험 볼 때도 몇 번 100점을 맞아서 자만했더니 다음 시험에 망친 적이 있어요."

"하하, 그래. 이처럼 통계와 확률만으로 경기결과를 맞출 수는 없지만 대략적인 득점수를 알 수 있다니 신기하지?"

축구경기 수에 숨어있는 수학 원리

축구, 야구, 농구 등 거의 대부분의 스포츠 대회에서는 두 팀 간의 경기라는 것이 항상 존재한다. 특히, 축구의 예를 들자면, 예선을 통과한 32개의 팀이 16강 본선으로의 티켓을 두고 필사적인 경기를 치른다. 조에는 4팀이 있으며, 조의 1, 2위만이 16강으로 갈 수 있으며 4팀은 3경기를 총 6경기를 치르게 된다. 왜냐하면 팀 1, 2, 3, 4가 있다고 할 때, 이를 순서쌍으로 나타내면,

(1,1) (1,2) (1,3) (1,4) *(2,1)* **(2,2)** (2,3) (2,4)
(3,1) *(3,2)* **(3,3)** (3,4) *(4,1)* *(4,2)* *(4,3)* **(4,4)**

로 총16개이지만, **굵은 글씨 부분** 4개는 자기 팀이 자기 팀과 경기하는 경우는 있을 수 없으므로 제외되고, *기울어진 글씨 부분* 6개는 순서만 바뀐 것일 뿐이지 중복되므로 제외할 수 있다. 따라서, 총 경기 수는 16 − 4 − 6 = 6경기인 것이다.

그렇다면, 16강에 진출하기 위해서는 32개의 팀이 32(팀)나누기 4(각 조의 팀 수) 즉, 8개의 조로 나뉘어야 경기해야 한다. 8개조는 각각 6경기를 함으로 총 8(조) 곱하기6(각 조당 총 경기 수) = 48경기만 치르면 된다.

8강에 진출하기 위해서는 몇 경기를 해야 할까? 총 16개의 팀이 8강에 오르기 위해 시합을 하고 앞의 방식과 같이 4팀씩 조를 나누어 1,2위를 가린다고 할 때, 16(팀)나누기 44(각 조의 팀 수)로 나누어 4조를 만들고 각 조에서는 위와 같이 총6경기를 해야 한다. 따라서, 4(조)곱하기 6(각 조당 총 경기 수) = **24경기**를 해야 한다.

8강을 거쳐 8개의 팀이 남게 되면, 남은 팀을 8(팀)나누기 4(각 조의 팀 수) = 2(조)가 된다. 앞과 같이 각 조에서는 총6번의 경기가 진행되며, 2(조)곱하기 6(각 조당 총 경기 수) = **12경기**가 된다. 그렇게 하여 선발된 각 조 1, 2위 4개 팀이 4강에 진출하게 된다.

준결승전인 4강전에서 꼭 이겨야만 결승에 올라갈 수 있다. 남은 4개의 팀은 앞에서 와는 달리, 4팀이 한 조에 들어가서 총 6경기를 하는 것이 아니다. 앞에서 우수한 성적을 받은 팀과 그렇지 않은 단 2팀으로 구성되어 1번의 경기를 한다. 4(팀 수)나누기 2(각 조의 팀 수)를 하면 2조로 나눌 수 있다. 2(팀)곱하기 1(각 조당 총 경기 수) = 2(총경기 수)가 된다.

따라서, 마지막 승리한 두 팀은 결승전 경기로 1, 2를 가리고, 준결승전에서 진 팀끼리 경기를 하여 3, 4위를 가린다. **각각 한 번씩의 경기를 한다.**

위의 경기 수를 모두 더하여 보면, $48+24+12+2+1+1=88$경기가 월드컵본선에서 이루어지는 것을 볼 수 있다.

앞에서는 축구경기를 통해 곱하기 나누기의 원리를 알아볼 수 있고, 이것을 초등학교 수업시간에 활용한다면 학생들이 곱하기 나누기를 하는 이유에 대해 생각해보게 할 수 있을 것이다.

또, 48경기, 24경기, 12경기까지는 일정한 비율로 줄어드는 것을 볼 수 있다. 즉, 팀 수가 훨씬 많고, 조당 팀 수만 같다면 이러한 비율로 줄어드는 현상을 좀 더 오래 볼 수 있을 것이다.

다음으로 내가 다루어 볼 것은 위와 같이 조 내에서 모든 팀과 경기를 하여 1,2위를 가리는 경기가 아닌, 토너먼트 방식의 경기이다. 토너먼트는 두 팀 간의 대결로 이긴 팀과, 진 팀으로 나누어지고 이긴 팀은 계속해서 우승을 향해 갈 수 있는 기회가 주어지지만 진 팀은 한번의 패배로 탈락하게 된다. 대표적인 예로 체육대회가 있을 것이다. 우리 대학교에서도 여름이면 체육대회를 하는데, 체육대회는 종목이 많기 때문에 각 경기를 위 월드컵처럼 진행하면 굉장히 많은 시간을 들여야 할 것이다.

따라서, 나는 체육대회의 시간 효율성을 고려하여 경기의 수를 최대한 줄이는 방법에 대해 생각해보았다.

20팀이 참가하는 경기가 있다고 하자. 경기 수를 가능한 줄이고 싶은데 어떻게 하면 될까? 토너먼트는 위에서 말한 대로 한 번의 경기를 치를 때마다 반드시 한 팀이 탈락하게 된다. 즉, 20팀에서 우승을 가리기 위해서는 19팀이 탈락을 해야 함으로 적어도, 19경기를 치러야 한다는 것을 알 수 있다. 따라서, n개의 팀이 참여한 경기에서 어떠한 경기든 최소한의 경기 수는 $n-1$경기이다.

이번에는 n번을 계속 이겨야 우승하는 토너먼트 방식에서 참가팀의 수를 알아보자.

2번 계속 이겨야 우승할 수 있는 경우와 3번 계속 이겨야 우승할 수 있는 경우를 보자.

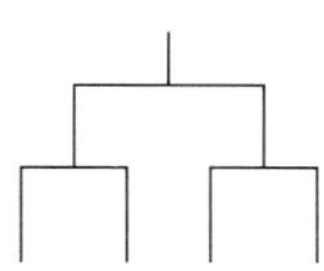

4팀인 경우에는 2회전에서 우승 팀이 정해진다.

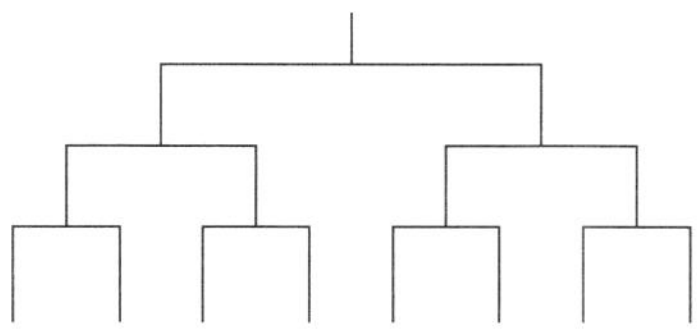

8팀인 경우에는 3회전에서 우승 팀이 정해진다. 어떤 팀이든 4번 계속 이겨야 우승할 수 있는 경우의 참가팀 수도 8팀의 2배인 16팀이라는 것을 쉽게 생각할 수 있다.

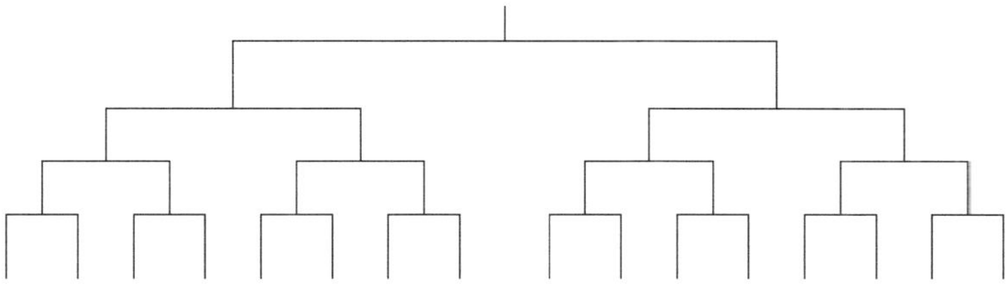

16팀인 경우에는 4회전에서 우승팀이 정해진다.

이상을 보면 n번 계속 겨야 우승하는 경우의 참가 팀을 2개조로 나누면 각각의 조별 예선에서 우승한 팀은 'n−1번 계속 이긴 팀'이다. 그리고 각 조별 예선에서 우승한 두 팀이 결승전을 치른다고 생각할 수 있다. 그래서 합계 n번이 되는 것이다.

그러므로 우승하기 위해 이겨야 하는 경기 수가 한 경기씩 많아지면 참가 팀의 수는 2배로 늘어난다.

그렇다면 반대로 경기 수가 주어지고 몇 팀이 참여하였는지 알아볼 수도 있을 것이다.

1경기일 경우 참가 팀의 수는 $2 = 2^1$
2경기일 경우 참가 팀의 수는 $2 \times 2 = 2^2$
3경기일 경우 참가 팀의 수는 $(2 \times 2) \times 2 = 2^3$
4경기일 경우 참가 팀의 수는 $(2 \times 2 \times 2) \times 2 = 2^4$
⋮

100번을 계속 이겨야 우승하는 토너먼트 방식에서 참가 팀의 수는 2의 100승이 된다. 또한,

경기 수는 2의 100승에서 1을 뺀 수 가 된다는 것을 알 수 있다. 우리가 흔히 몇 번을 계속 이겨야 하는 상황에 처해있을 수 있다. 예를 들면, 내기를 할 때도 나한테 몇 번 연속으로 가위 바위 보를 이겨보라는 것 등이 있을 것이다. 연속해서 이겨야 하는 경기에서는 생각보다 많은 경기가 필요하다는 사실을 다시금 알 수 있고 그만큼 가능성도 희박하다는 것으로 나아가 생각해 볼 수 있다.

수영장에서의 수학

2014 인천 아시안 게임에서 많은 경기를 볼 수 있었는데, 그 중에서 수영이라는 종목에 흥미를 느껴 수영장에서 찾아볼 수 있는 수학에 대하여 조사해 보게 되었다.

수영장의 국제 규격은 길이 50m, 너비 최소 21m 그리고 깊이가 1.8m이다. 원칙상 1레인에서 8레인까지 있으며 각 레인의 폭은 2.5m 이다. 그리고 1레인과 8레인의 바깥쪽에는 50cm의 여유 공간이 있다.

이런 수영장에 물을 가득 채우고자 한다면 총 얼마의 물이 필요할까? 계산을 해본다면 $50\times21\times1.8 = 1890$이 되는데, $1m^3 = 1,000,000cm^3$이고, $1cm^3 = 1mL$, $1,000mL = 1L$이므로 최소 1,890,000L의 물이 필요하다는 것을 알 수 있다. 우유 한 병이 2.3L인 것을 감안한다면 약 821,739개의 우유병이 필요한 어마어마한 양인 것이다.

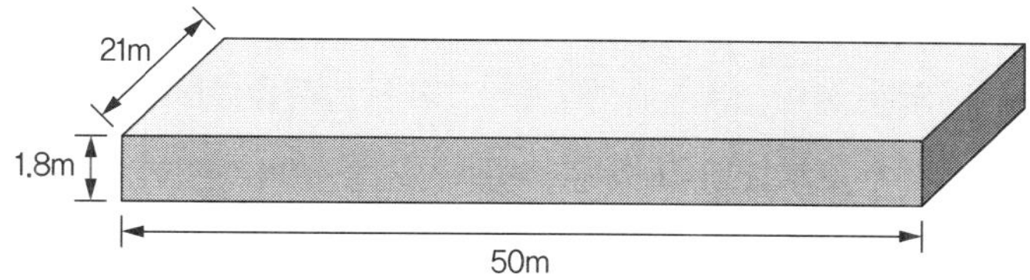

▲ 수영장의 대략적인 크기

▲ 수영 출발대

또한 수학적인 요소를 출발대에서도 찾을 수 있다. 출발대는 수면으로부터 0.5m ~ 0.75m 정도 떨어져 있으며 출발대 표면은 가로 0.5m 세로 0.5m이다. 출발대 경사는 10도 이내여야 하는데, 출발대 경사가 중요한 이유는 출발대 경사가 가파르다면 추진력을 얻기 좋기 때문이다. 10도 기울어진 출발대에서 발을 굴렀을 때보다 45도 기울어진 출발대에서 발을 굴렀을 때 수영선수는 더 큰 힘을 받게 되는 것이다.

수영장 바닥을 자세히 살펴본다면 수많은 타일들이 깔려있다는 것을 알 수 있다. 바닥에 깔려있는 타일들의 배열을 보면 일종의 규칙을 찾을 수 있다. 타일의 색은 총 두 가지 색으로 옅은 하늘색과 짙은 청색이다. 옅은 하늘색으로 대부분의 바닥을 깔고, 짙은 청색으로 수영장의 구간을 표시해 주는데, 이는 선수들에게 현재 구간을 표시해 주는 것이다.

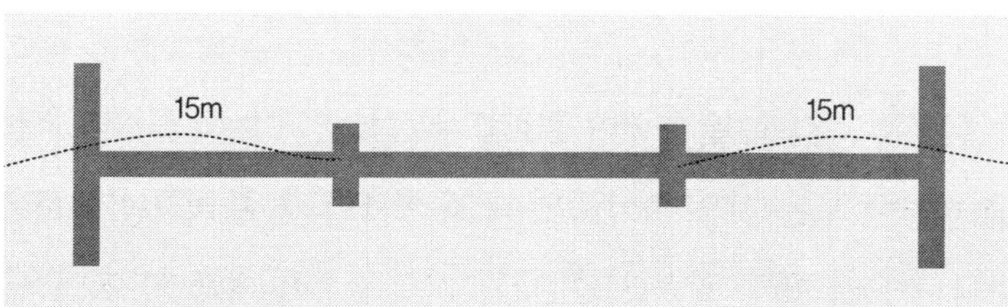

▲ 바닥 타일의 배치

출발점에서 약 3m를 가게 되면 짙은 청색의 타일이 길게 배열되어 있는 것을 볼 수 있고, 그 선분의 중점에서 시작된 선분이 약 44m더 이어져 도착점 근처에서 또 길게 배열된 것을 볼 수 있다. 또한 출발점과 도착점으로부터 15m 떨어진 지점에도 짙은 청색으로 짧게 표시를 해 두었으며 이 타일의 배열은 25m지점을 기점으로 좌우대칭인 것을 알 수 있다. 내가 다니고 있는 대구학생문화센터의 경우 가로길이 약 10cm, 세로길이 약 30cm의 타일을 사용하였는데 이를 이용해 너비 21m, 길이 50m의 수영장을 가득 채우기 위해서는 $(21 \div 0.1) \times (50 \div 0.3) =$ 35,000의 타일이 필요하다.

다이빙장의 경우에도 수영장과 비슷하다. 너비 25m, 길이 25m, 깊이 5m로 총 3,125m^3의 부피를 차지하면서 필요한 물이 양이 수영장보다 많다는 것을 알 수 있다. (수영장 1,890m^3) 또한 다이빙의 경우 수면으로부터 10m, 7.5m, 5m, 3m, 1m 간격으로 다이빙대가 설치되어 있는데, 다이빙대의 위치를 나타내는 숫자가 2, 2, 2.5, 2.5씩 증가하는 것을 알 수 있다.

▲ 다이빙장의 모습

최근 수영을 배우면서 수영장에서 여러 규칙을 찾을 수 있었는데 이렇게 문서로 남길 수 있어 뜻깊었던 것 같다. 평소에도 사물을 보면서 규칙성을 찾고는 했는데 앞으로도 이런 활동을 자주 해야겠다.

프리미어리그의 규칙

평소에 축구를 하거나 보는 것을 좋아하는 나는 영국의 축구 리그인 프리미어리그의 규칙을 조사하고, 리그 우승을 위해 필요한 승점과 득점, 실점이 대략 몇 점인지 알아보기로 하였다.

프리미어리그는 1992년에 시작한 잉글랜드의 축구 리그이다. 프리미어리그는 이탈리아의 세리에 A, 스페인의 프리메라리가, 독일의 분데스리가, 프랑스의 리그앙과 함께 세계 5대 프로 축구 리그로 꼽히며, 풋볼 리그 챔피언십과의 승강제가 이루어지고 있다. 매 시즌은 8월부터 5월까지 진행되며 홈 & 어웨이 방식으로 20개 클럽이 각 38경기씩 총 380경기를 치르며 승리하면 3점, 비기면 1점, 지면 0점을 주어 총점이 가장 높은 클럽이 우승하게 된다. 만약 두 팀 이상이 승점이 같다면 득실차, 다득점 순으로 순위를 매긴다고 한다. 보통 8월에 시작해서 다음 해 5월까지 열린다.

프리미어리그 우승을 위해서 평균적으로 몇 점의 승점과 어느 정도의 득점과 실점을 필요한지를 알아보기 위해서 현대축구가 본격적으로 시작된, 프리미어리그의 전성기였던 2000년대 초반부터 현재까지, 즉 2003－04시즌부터 2013－14시즌까지의 대략 10년간의 프리미어리그 우승팀의 기록을 사용하였다.

시즌	팀	경기	승	무	패	득점	실점	차	승점
03－04	아스날	38	26	12	0	73	26	47	90
04－05	첼시	38	29	8	1	72	15	57	95
05－06	첼시	38	29	4	5	72	22	50	91
06－07	맨유	38	28	5	5	83	27	56	89
07－08	맨유	38	27	6	5	80	22	58	87
08－09	맨유	38	28	6	4	68	24	44	90
09－10	첼시	38	27	5	6	103	32	71	86
10－11	맨유	38	23	11	4	78	37	41	80
11－12	맨시티	38	28	5	5	93	29	64	89
12－13	맨유	38	28	5	5	86	43	43	89
13－14	맨시티	38	27	5	6	102	37	65	86

위의 표를 통해서 나타난 우승팀의 승점 결과를 평균으로 나타내보면 다음과 같다.

$$\text{승점 평균 M1} = (90+95+91+89+87+90+86+80+89+89+86) \div 11$$
$$= 88.3636364$$

이 값을 소수 첫째 자리에서 반올림하면 88이 되므로 리그 우승을 위해서 확보해야 할 승점은 약 88점이라고 볼 수 있다.

마찬가지 방법으로 우승팀의 승리한 횟수의 평균을 내어보면

$$\text{승리횟수 평균 M2} = (26+29+29+28+27+28+27+23+28+28+27) \div 11$$
$$= 27.2727273$$

이 값을 소수 첫째 자리에서 반올림 하면 27이 되므로 프리미어리그에서 우승하려면 평균적으로 27번의 승리를 거둬야 한다는 것을 알 수 있다.

그리고 마지막으로 우승팀의 득, 실점 평균을 내어보면 다음과 같다.

득점 평균 M3 = (73+72+72+83+80+68+103+78+93+86+102)÷11
= 82.7272727을 소수 첫째 자리에서 반올림하면 약 83,
실점 평균 M4 = (26+15+22+27+22+24+32+37+29+43+37)÷11
= 28.5454545를 소수 첫째 자리에서 반올림하면 약 29

이와 같이 리그 우승팀은 평균적으로 약 83골을 넣고 29골을 허용했다고 볼 수 있다.

정리하자면 지난 10년간의 프리미어리그 우승팀은 평균적으로 27번의 승리를 거두고 약 88점의 승점을 확보했으며 83골을 넣는 와중에 29골을 허용했다고 볼 수 있다. 이와 같은 평균값을 각 시즌 우승팀과 승리한 횟수로 비교했을 경우엔 07－08시즌 맨체스터 유나이티드, 09－10시즌의 첼시, 13－14 시즌의 맨체스터 시티가 비슷하고, 득, 실점으로 비교할 경우 06－07시즌과 07－08시즌의 맨체스터 유나이티드가 비슷하다. 승점으로 비교할 경우에도 87점, 89점의 승점을 확보했던 06－07, 07－08, 12－13시즌 맨체스터 유나이티드와 11－12시즌 맨체스터 시티가 비슷하다.

따라서 모든 항목의 평균값과 각 시즌 우승팀의 결과가 가장 비슷했던 시즌은 07－08 시즌 맨체스터 유나이티드라고 할 수 있다.

위와 같이 평균값을 찾고 각각의 결과와 비교해보는 이러한 내용은 초등학교 5학년 교과과정의 평균과 연결시킬 수 있고 평균값을 구하는 과정에서 반올림으로 어림값을 구한 것은 초등학교 4학년 교과과정의 어림하기 중 반올림과 연관이 있다. 또 평균값을 구하는 과정에서 소수의 나눗셈과 자연수의 혼합계산을 했던 것은 초등학교 4학년 교육과정, 5학년 교육과정에 연관되어 있다고 볼 수 있다.

대구 국제 마라톤

지난 4월 5일 대구 국제 마라톤이 열렸다. 작년에 열린 마라톤에서는 14,398명이 참가하는 등 명실상부한 대구의 행사로 자리잡았다. 이번 국제 마라톤은 총 네 가지의 마라톤 코스가 있었다. 건강달리기 코스, 10km 코스, 하프코스, 엘리트 및 마스터즈 코스까지 총 4가지 코스로 나뉘어져 자신의 수준에 맞게 신청하여 달릴 수 있었다. 이 국제 마라톤과 초등수학에 어떤 연관성을 볼 수 있을까? 소수와 관련지을 수 있다.

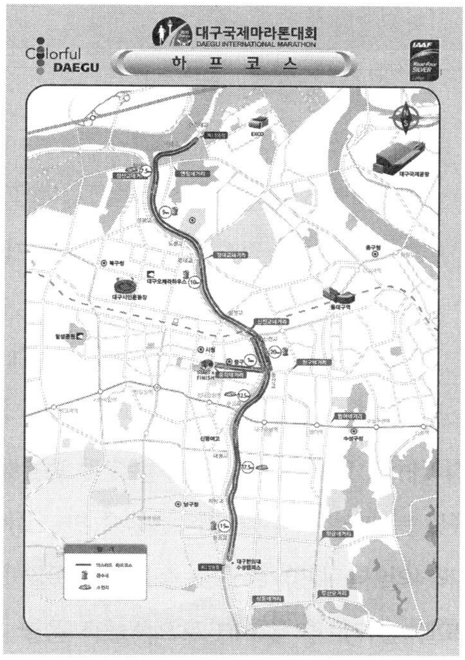

▲ 예시 : 하프코스 구간 안내

소수의 크기비교 : 자릿값을 활용해 엘리트 및 마스터즈 코스와 하프코스의 길이 비교하기

자리수	십의 자리	일의 자리	영점일의 자리	영점영일의 자리	영점영영일의 자리	영점 영영영일의 자리
하프코스	2	1	0	9	7	5
엘리트 및 마스터즈 코스	4	2	1	9	5	0

하프코스와 풀코스는 십의 자리부터 다르다. 여기서 소수의 비교를 통해 학생들이 스스로 알 수 있게끔 해야할 것이 있다. 가장 높은 자리수의 수가 큰 소수가 다른 소수보다 크다. **만약 가장 높은 자리수가 같다면 그 다음으로 높은 자리수의 수를 비교해 큰 소수가 다른 소수보다 크다.** 낮은 자리수는 비교할 필요도 없이 풀코스가 더 크다는 사실을 알 수 있다. 하지만 다른 자리수도 비교해 보자. 일의 자리의 경우 하프코스는 1, 풀코스는 2로 일의 자리 또한 풀코스가 크다.

십의 자리(10) 하프코스 2 < 풀코스 4

일의 자리(1) 하프코스 1 < 풀코스 2

영점 일의 자리(0.1) 하프코스 0 < 풀코스 1

영점 영일의 자리(0.01) 하프코스 9 = 풀코스 9

영점 영영일의 자리(0.001) 하프코스 7 > 풀코스 5

영점 영영영일의 자리(0.0001) 하프코스 5 > 풀코스 0

만약 가장 높은 자리수의 비교를 통해 소수의 대소 비교가 가능하다는 것을 가르쳐 주지 않는다면 학생들은 각각의 자리수를 비교해 그것의 높은 수가 많은 소수가 더 크다고 판단할 수 있다. 이점을 유의해 지도하자. 이 경우 하프코스는 영점 영영일의 자리(0.001)에서 풀코스를 앞서고(7 > 5) 영점 영일의 자리(0.01)에서 풀코스와 같지만(9 = 9), 가장 높은 자리수인 십의 자리(10)에서 풀코스보다 낮으므로(2 < 4) 두 소수의 비교(21.0975, 42.195)에서는 풀코스 소수인 42.195가 더 크다는 것을 알 수 있다.

급수대와 물 스펀지의 위치도 수학적으로 연관지을 수 있다. 하프코스의 경우 급수대와 물 스펀지 모두 일정한 거리를 두고 위치해 있다는 것을 알 수 있다. 표를 통해 알아보자.

위치	5km	7.5km	10km	12.5km	15km	17.5km	20km
급수대	o	x	o	x	o	x	o
물 스펀지	x	o	x	o	x	o	x

급수대는 5km 지점을 시작점으로 해서 5km씩 거리를 두고 각각 10km, 15km, 20km에 위치하고 있다. 물 스펀지는 7.5km 지점을 시작점으로 해서 12.5km, 17.5km에 위치하고 있다. 각각 5km씩 일정한 거리를 두고 위치하고 있다.

제4장

수학으로 풀어보는 세계

12간지와 10천간 | 바퀴는 원 모양이다 | 여러 가지 상황에서 무의식적으로 사용되는 '일차함수' | 달력, 369 게임, 구구단을 활용한 규칙성 찾기 | 같은 가격으로 과일을 많이 먹을 수 있는 방법 | 옷 가격의 진실 | 이집트 사람들의 원의 넓이 구하기 | 세상 밖으로 나온 알 | 공무원 연금 | 상대방의 휴대폰 번호 알아내기 | 상대방의 나이 알아내기 | 쿠키 만들기 | 누진세의 원리 | 공책에 담긴 수학 | 18에 숨은 비밀 | 주차장 속 수학 | 신발 끈 묶는 방법 | 택시요금 계산법 | 모든 신호등의 시간은 같을까? | 차량 부제와 수학 | 나의 흔적을 그래프로 나타내기 | 어느 것이 더 좋을까?-교통수단 비교 | 다시 찾아올 황금연휴 | 마방진(魔方陣) | 시외버스 요금 속의 수학 | 생활 속 속담과 명언에서 숫자 찾기 | 시계 속의 수학 | 프린터기에 담긴 규칙성 찾기 | TV 편성표(MBC)에서 찾을 수 있는 규칙 | 화장품 가게에서의 수학

12간지와 10천간

우리의 조상들은 12지와 10천간을 사용하여 연도와 시간을 나타내었다. 10천간은 갑(甲), 을(乙), 병(丙), 정(丁), 무(戊), 기(己), 경(庚), 신(辛), 임(壬), 계(癸)이며, 12지는 자(子), 축(丑), 인(寅), 묘(卯), 진(辰), 사(巳), 오(午), 미(未), 신(申), 유(酉), 술(戌), 해(亥)이다. 10간, 12지의 개수가 각각 짝수이므로 짝수는 짝수끼리 홀수는 홀수끼리 조합하면 10개의 천간(天干)과 12개의 지지(地支)는 아래와 같이 60가지가 된다. 즉, 갑자(甲子)부터 시작하여 을축(乙丑), 병인(丙寅), 정묘(丁卯), 무진(戊辰), 기사(己巳), … , 신유(辛酉), 임술(壬戌), 계해(癸亥)로 끝이 나는데 계해까지 끝이 나게 되면 처음부터 다시 갑자, 을축, 병인, 정묘, 무진, 기사 순으로 반복하여 돌아가게 된다. 이렇게 천간과 지간을 차례로 짝을 지어가며 만들어진 60가지 조합의 이 60년을 한 갑자라고 한다.

갑자(甲子)	을축(乙丑)	병인(丙寅)	정묘(丁卯)	무진(戊辰)	기사(己巳)
경오(庚午)	신미(辛未)	임신(壬申)	계유(癸酉)	갑술(甲戌)	을해(乙亥)
병자(丙子)	정축(丁丑)	무인(戊寅)	기묘(己卯)	경진(庚辰)	신사(辛巳)
임오(壬午)	계미(癸未)	갑신(甲申)	을유(乙酉)	병술(丙戌)	정해(丁亥)
무자(戊子)	기축(己丑)	경인(庚寅)	신묘(辛卯)	임진(壬辰)	계사(癸巳)
갑오(甲午)	을미(乙未)	병신(丙申)	정유(丁酉)	무술(戊戌)	기해(己亥)
경자(更子)	신축(辛丑)	임인(壬寅)	계묘(癸卯)	갑진(甲辰)	을사(乙巳)
병오(丙午)	정미(丁未)	무신(戊申)	기유(己酉)	경술(庚戌)	신해(辛亥)
임자(壬子)	계축(癸丑)	갑인(甲寅)	을묘(乙卯)	병진(丙辰)	정사(丁巳)
무오(戊午)	기미(己未)	경신(庚申)	신유(辛酉)	임술(壬戌)	계해(癸亥)

이러한 갑자를 통하여 수업 현장에서 수학적 원리를 탐색해 볼 수 있다. '한 개의 특정 갑자는 몇 년에 다시 돌아올까?'라는 문제를 낼 수 있다. 우선 60개의 갑자를 위와 같이 모두 나열

해 볼 수 있다. 그렇다면 60년을 주기로 다시 그 갑자로 돌아감을 알 수 있다. 이것의 원리는 10개의 천간은 10을 주기로 그리고 12개의 지간은 12를 주기로 함으로 천간과 지간의 짝은 60에서 공통적으로 만남을 알 수 있으며 이는 곧 10과 12의 최소공배수임을 알 수 있다. 이를테면, 올해 2017년은 정유년인데 이 정유년은 60년 후인 2077년에 다시 돌아오게 되는 것이다.

바퀴는 원 모양이다

인간의 가장 중요한 발명품은 무엇일까? '그것 없이는 못 살아'라는 물음에 미국인들은 가장 중요한 발명품으로 칫솔을 꼽았다고 한다. 불은 어떨까? 불로 음식물을 요리하고 점토를 불로 구워 토기를 만들었다. 지우개가 인류 진보의 동력원이라고 주장하는 사람도 있다. 지우개의 등장으로 인간은 '실수를 시정할 수 있게 됐고, 진리란 영원한 것이 아닌 한시적 존재'라고 말한다. 종이, 문자, 컴퓨터, 자동차, 항생제, 전기, 피임약 등 인간의 발명품은 이루 말할 수 없을 정도로 무궁무진하다. 바퀴는 어떤가? 사람들은 스르르 굴러가는 것에 열광한다. 어른들은 자동차나 오토바이에, 어린이들은 자전거 같은 탈 것에, 특히 요즘 청소년들은 인라인 스케이트, 바퀴 달린 신발에 열광하고 있다. 유연하게 미끄러지며 힘을 덜 들이면서도 빠른 속도감을 즐길 수 있기 때문이다. 그런데 이런 것들을 가능하게 한 것이 바로 '바퀴'이다. 주위를 한 번 둘러보자. 바퀴는 자동차와 자전거와 같은 탈 것뿐 아니라 시계, 풍차 같은 기계류에 사용되고 있다. 바퀴가 없다면 물레로 만드는 컵과 접시, 도자기 등은 없을 것이다. 바퀴는 아주 쓸모가 많다.

바퀴가 나타나기 전 고대인들은 아주 무거운 물건을 옮길 때, 큰 통나무로 만든 굴림대를 사용하였다. 피라미드나 스톤헨지를 만든 사람들은 둥근 굴림대를 사용하여 거대한 바위를 옮겼다고 한다. 바퀴의 원시적인 형태였다. 그럼 누가 바퀴를 만들었을까? 동굴에 살던 원시인들은 태양을 나타내기 위해 동굴 벽에 바퀴 그림을 그렸다. 마야문명은 바퀴를 알고 있었지만 자기들이 섬기는 태양신과 모양이 같아서 쓰지 않았다고 한다. 기원전 3500년경 메소포타미아에서는 통나무를 둥글게 자른 원판 바퀴를 사용하였다. 기원전 2000년에서 1500년 사이에 살이 달린 바퀴가 발명되었다. 중심과 테두리를 살로 연결하여 만들었기 때문에 이 바퀴들은 속이 찬 통나무 바퀴보다 더 가볍고 빠르고 부드럽게 굴러갔다. 초기의 바퀴는 축에 붙어 있어서 바퀴가 돌 때 축도 같이 돌았다. 기원전 100년쯤에 덴마크에서는 마차 제조공들이 나무로 베어링을 만들어 축은 돌지 않고 바퀴만 돌아가게 만들었다. 이것은 마찰을 더욱 줄여 주었다. 세 발 자전거처럼 속이 꽉 찬 타이어는 1865년 톰슨이 고무를 이용해서 처음으로 만들었다. 이보다 더 발전된 공기 타이어는 1888년 스코틀랜드의 수의사였던 존 보이드 던롭이 열 살 난 아들을 위해 장난감 삼륜 자동차를 개량하다가 딱딱한 고무 대신, 공기가 든 고무 타이어를 개발했다고 한다. 이 자상한 아버지 때문에 지금처럼 빠른 속도로 씽씽 달려도 우리의 엉덩이가 안전한 것이다.

그런데 바퀴는 어째서 원 모양일까? 원을 세워 평평한 땅 위에서 굴려보자. 모양과 높이가 늘 똑같다. 그래서 바퀴를 원 모양으로 만드는 것이다. 원은 둘레의 모든 점이 중심으로부터 정확히 같은 거리에 있기 때문에 아주 특별하다. 사각형이나 삼각형 모양의 바퀴가 달린 자전거를 탄다고 상상해 보자. 어떻게 굴러갈까?

여러 가지 상황에서 무의식적으로 사용되는 '일차함수'

일상생활에서 우리가 늘 사용하는 계산 방식이 주로 '일차함수'를 사용한 방식이다. 우리는 항상 일차함수를 사용하면서 살아가지만 무의식적으로 사용하는 경우가 더 많으므로 딱히 자신이 일차함수를 사용하고 있다는 생각을 하지 않는다. 이는 우리의 생활에 일차함수가 녹아들어서 어떤 상황에서든 자동적으로, 자연스럽게 계산을 하기 때문이다.

평소에 가까운 슈퍼마켓에 장을 보러 갈 때, 여행하면서 교통비·식비 등을 지불할 때, 주유소에 갈 때 늘 우리는 돈을 지불해야할 상황이 생긴다. 이 때 돈을 지불하기 위해 일정 지불액을 계산하는 과정에서 일차함수가 늘 쓰이고 있다.

예를 들어, 슈퍼마켓에 물건을 사러 간 경우이다.

① 슈퍼마켓에서 500원짜리 과자를 5개 사고, 10원짜리 봉투에 넣었다. 지불해야 하는 금액은 총 **2,510원**이다.

500원짜리 과자를 5개 샀으므로	→	과자 값은 500×5=2,500원
봉투 10원이 더해진다.	→	+10원
총 지불해야 하는 금액은	→	**2,510원**

〈사용할 수 있는 일차함수 식〉
a원씩 하는 물건 x개를 사고, b원인 봉투에 넣었을 때 지불하는 총 금액은 y원이다.
$y=ax+b$

② 같은 반 친구들 10명이 20,000원을 가지고 한 명이 아이스크림을 1개씩 먹을 수 있도록 **2,000원**짜리 아이스크림을 사기로 하였다.

20,000원을 가지고 10명이 하나씩 먹으려면	→	20,000÷10=2,000원
한 사람당 쓸 수 있는 금액은	→	**2,000원**

〈사용할 수 있는 일차함수 식〉
a원을 x명이 나누어 가져 사고 싶은 물건을 사려면, 사야할 물건이 단가는 y원이어야 한다.
$y=a/x$

예를 들어, 놀이공원에 놀러 간 경우이다.

③ 우리 가족은 아버지와 어머니, 그리고 고등학생인 나와 초등학생인 동생 2명 총 5명이다. 놀이공원의 입장료는 어른이 8,300원, 학생이 5,000원일 경우, 우리 가족의 놀이공원 총 입장료는 **31,600원**이다.

어른은 아버지와 어머니 2명이므로	→	8,300×2=16,600원
학생은 나와 동생 2명이므로	→	5,000×3=15,000원
총 지불해야 하는 금액은	→	**2,510원**

〈사용할 수 있는 일차함수 식〉
놀이공원 입장료가 어른은 a원이고, 학생은 b원인 경우,
어른 x명과 학생 y명이 입장할 때 소요되는 입장료는 z원이다.
$z=ax+by$

예를 들어, 주유소에 기름을 넣으러 간 경우이다.

④ 우리 아버지는 이번 추석에 김해로 성묘를 가야 한다. 대구에서 김해에 있는 할아버지

묘소까지는 800km이다. 아버지가 출발할 때 기름 100리터가 있는 상태에서 출발하였는데, 돌아오셔서 보니 기름이 하나도 없었다고 한다. 따라서 우리 아버지의 승용차의 연비는 **16km**이다.

아버지가 운행한 거리는 800km를 왕복했으므로	→	800×2=1600km
100리터의 기름을 모두 소비하였으므로	→	÷100
아버지 승용차의 연비는	→	**16km**

〈사용할 수 있는 일차함수 식〉

일반적으로 연비가 akm인 승용차는 기름 x리터를 가지고 갈 수 있는 거리가 통상 ykm이다.

$y=ax$

달력, 369 게임, 구구단을 활용한 규칙성 찾기

우리생활에서 찾을 수 있는 규칙성은 많지만 제일 쉬운 것이 구구단이다. 2단은 2씩 계속 더하고, 3단은 3씩 계속 더하고, …, n단은 n씩 계속 더하면 된다는 규칙을 찾을 수 있다.

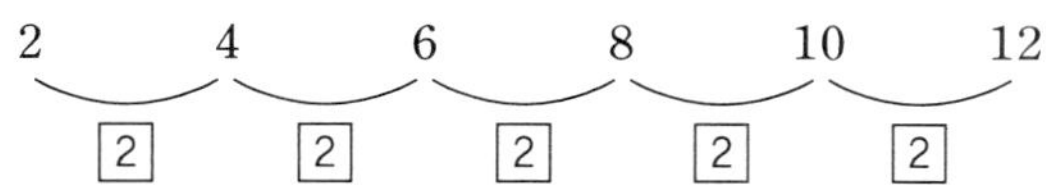

달력도 좋은 예이다. 일주일이 총 7일이기 때문에, 같은 요일은 7일마다 돌아온다.

2011.11

일	월	화	수	목	금	토	
30	31	1	2	3	4	5	
6	7	8	9	10 (10.15)	11	12	7
13	14	15	16	17	18	19	7
20	21	22	23	24	25 (11.1)	26	7
27	28	29	30	1	2	3	

369 게임은 이것보다 조금 더 어렵다. 아래 그림을 보면 알 수 있듯이 3씩 늘어나다가 10단

위를 넘어설 때는 4씩 더한다.

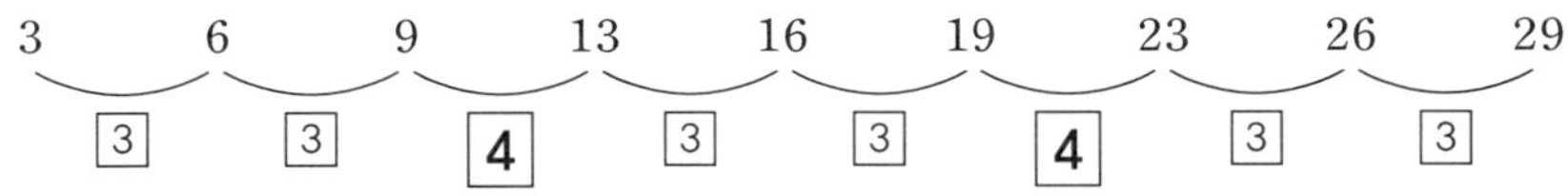

같은 가격으로 과일을 많이 먹을 수 있는 방법

"혜림아, 슈퍼 가서 수박 사오너라. 엄마가 화채 만들어 줄게."

맛있는 화채를 먹을 생각에 혜림이는 기분 좋게 과일가게에 갔습니다.

"아주머니, 수박 주세요!"

"그래. 돈을 얼마를 가지고 왔니? 수박의 크기에 따라 가격이 달라서 말이야."

"15,000원이요. 흠, 어떤 수박을 사야 같은 가격으로 더 많이 사갈 수 있을까?"

혜림이는 고민에 빠졌습니다.

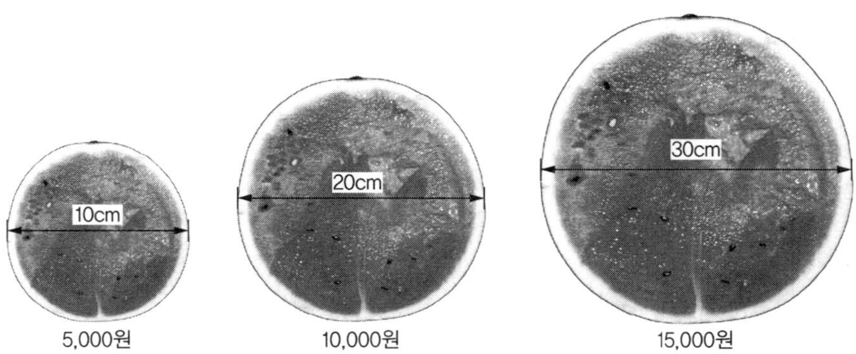

만약 혜림이가 단순히 지름이 10cm인 수박이 5,000원이라고 해서 2개를 사면 지름 20cm인 수박을 사는 것과 같다고 생각 할 수 있지만 구의 부피를 구하는 법을 알고 부피의 닮음비를 안다면 그 생각이 틀렸다는 것을 쉽게 알 수 있을 것이다.

일단, 구의 부피는 $\frac{4}{3}\pi r^3$이므로 반지름을 세 번 곱해야 하기 때문에, 부피의 비는 단순히 반지름의 비와 같은 1 : 2가 아니라 1 : 8이 되어야 한다.

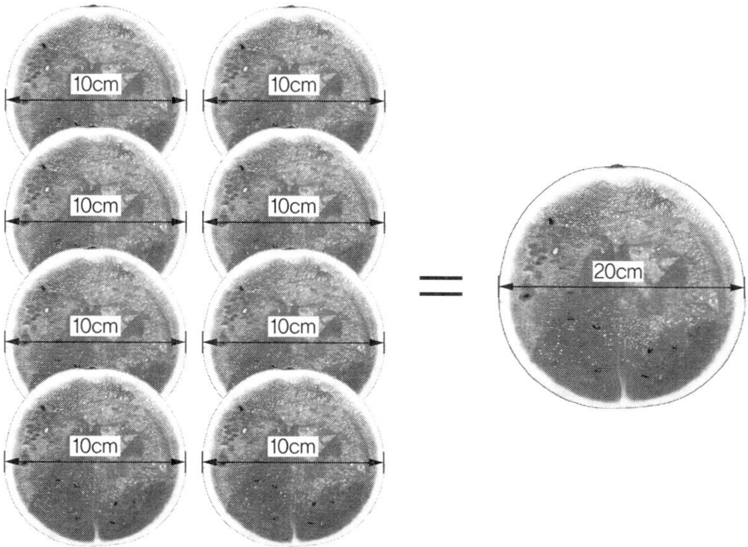

즉, 지름이 10cm인 수박 8통을 사면 지름이 20cm인 수박 1개와 같은 부피를 가지는 것이므로 20cm 수박을 사는 것이 수박 2통을 사는 것보다 같은 가격으로 수박을 더욱 많이 먹을 수 있다는 것을 말한다.

같은 맥락으로 위의 수박들을 비교해보면, 반지름의 길이의 비가 1 : 2 : 3이므로 부피의 비는 1 : 8 : 27이 되고 이는 즉 지름의 길이가 10cm인 수박 27개를 사야한다는 것이다. 비례식을 이용해 가격으로 따지면 1 : 27 = 5,000 : □, □ = 135,000.

순간의 잘못된 선택으로 5,000원짜리 3통을 산다면 15,000원짜리 한 통보다 무려 120,000원의 손해를 보며 사는 것이 되는 것이다.

옷 가격의 진실

보다 싼 가격에 자신이 마음에 드는 옷을 사는 것은 남녀노소 누구에게나 큰 관심사다. 옷 판매자들은 고객들의 이러한 심리를 너무나 잘 알고 있다. 판매자들은 고객들의 발을 조금이라도 자신의 가게 앞에 멈칫하게 만들기 위해서 수학을 이용해서 갖가지 전략을 사용한다. 그 중 가장 대표적인 것이 **9,900원, 19,900원, 99,900원** 전략이다. 알다시피 요즘 대부분의 옷 가게들은 이 전략을 사용하고 있다. 9,900원과 10,000원은 실제로는 단돈 100원밖에 차이나지 않는다. 이는 고객의 지갑에 아주 미미한 영향을 줄까 말까 하는 정도다. 아마 대부분의 사람들은 100원 차이를 아무렇지 않게 생각할 것이다. 하지만 고객들은 만 원보다 9,900원이라는 숫자에 확실히 끌린다. 100원밖에 차이가 나지 않는데도 불구하고, 9,900원이란 가격표를 보고 '이야 만 원도 안하네.'라고 훨씬 싸다고 느껴 버리는 것이다. 이는 19,900원, 29,900원, 심지어 99,900원에서도 마찬가지다. 99,900원에서 단돈 100원만 더하면 10만 원인데도 불구하고 99,900원이라는 가격에서 10만 원보다 적다는 사실에 안도감을 느끼는 것이다.

사실 많은 사람들이 이런 판매자들의 의도를 잘 알고 있고, 9,900원을 만 원으로 99,900원을 10만 원으로 인식하려 하고 있다. 나도 마찬가지다. 하지만 나를 포함한 대부분의 사람들이 이 매력적인 100원 차이에 속아 넘어가 원래 살 마음조차 없었던 옷을 덜렁 사버리고 만다. 왜 그런 것일까?

옷을 사고자 하는 사람들은 가격표를 볼 때 자릿수를 가장 먼저 본다. 9,900원과 만 원은 가격 차이는 단 100원이지만, 자릿수는 하나가 차이난다. 9,900원은 천 원 단위이고, 만 원은 만 원 단위인 것이다. 특히 99,000원은 만 원 단위지만, 10만 원은 10만 원 단위이다. 그 자릿수 차이에 혹해 소비자들은 단돈 100원 차이를 자릿수만큼 훨씬 크게 느껴 버리는 것이다.

게다가 사람들은 가격을 볼 때 앞자리부터 보게 되어 있다. 왜냐하면 앞자리에 있는 숫자일수록 가격에 더욱 큰 영향을 주기 때문이다. 19,900원과 20,000원은 고작 100원 차이지만, 19,900원은 만 원대이고, 20,000원은 2만 원대인 것이다. 별거 아닌 거 같지만 이는 고객의 구매에 상당한 영향을 끼친다.

그리고 9,900원짜리 옷과 만 원이 조금 넘는 옷이 있다고 가정해보자. 현금으로 결제할 때 9,900원짜리 옷은 만 원을 주고도 비록 100원이더라도 거슬러 받을게 있지만, 만 원이 조금 넘는 옷은 적게는 만천 원, 천 원짜리가 없다면 만오천 원, 오천 원짜리가 없다면 2만 원을 내고서 돈을 거슬러 받아야 할 처지다. 쓴 비용에는 큰 차이가 없지만, 아마 대부분의 소비자들의 구매 후 만족도는 분명히 상당히 차이날 것이다.

자, 그렇다면 무조건 만 원 초반대의 옷을 9,900원으로 팔고, 10만 원초반대의 옷을 99,900원으로 파는 것이 판매자들에게 좋을까? 그럴수도 있고 그렇지 않을수도 있다. 분명 만 원 초반대, 10만 원 초반대의 가격표보다 9,900원, 99,900원의 가격표가 훨씬 고객들의 눈길을 끌 것이다. 하지만 무작정 이 전략을 사용한다면 판매자들에게 안한 것보다 못한 결과를 야기할 수도 있다. 원가가 12,000원으로 설정된 옷이 있다고 가정해보자. 이 옷을 소비자들의 눈길을 조금이라도 더 끌어볼려고 무작정 9,900원으로 할인을 했다가는 12,000원으로 이득을 남길 수 있었던 것보다 더 못 볼 수도 있다. 물론 분명 12,000원보다 9,900원이 앞에서 이야기했던 원인에 의해서 더 많은 소비자들의 구매 욕구를 불러 일으킬 것이다. 하지만 할인하여 증가된 구매량이 판매 가격을 줄여서 생긴 수익 손해(2,100원×판매량)를 메꿀 수 없다면, 이 전략은 판매자에게 안하느니만 못한 결과를 선물할 것이다. 그래서 이 전략은 무작정 사용해서는 안 되며, 원가를 어느 정도 고려하여야 하고, 할인으로 1명당 판매수익이 줄어든 만큼 그것을 뛰어넘을 수 있도록 할인으로 인해 구매량이 확연히 증가할지도 고려하여야 한다.

그리고 판매자들이 구매자들을 유혹하기 위해 많이 사용하는 전략에는 '~6, 70% 할인' 전략이 있다. 아마 길거리를 돌아다니다 보면 정말 많이 보았을 것이다. 사람들은 잘 생각해보지도 않고 6, 70%씩이나 할인한다는 사실에 혹해버리고 매장에 들어가 버리고 만다. 그리고 찝찝한 표정으로 빈손으로 나오거나 한손에 그리 반갑지 않은 옷 봉투가 들려 있을 것이다. 명심해라. ~6, 70% 할인은 60~70%할인과는 하늘과 땅 차이다. 60~70% 할인은 모든 옷이 그렇게 할인을 한다는 말이지만, ~6, 70% 할인은 최대로 할인하는 옷만 6, 70% 할인이고, 나머지는 그보다 적게 혹은 아예 할인이 안될 수도 있다. 아마 경험에서 알 수 있듯이, 최대치로 할인하는 옷은 정말 소수인데다 대개 잘 팔리지 않는 인기 없는 옷일 것이다. 정작 자신이 마음에 드는 옷은 할인이 턱없이 적게 되거나 아예 되지 않을 것이다. 점원에게 뭐라 항의하고 싶지만, 앞에서 광고한 것처럼 할인의 최대치는 6, 70%가 맞으므로 딱히 뭐라 할 처지는 못 된다. 10000보다 작은 수에는 9999도 포함되지만, 0이나 1, 심지어 −10000도 포함되는 것처럼 최대치를 범위로 정하는 것에 주의를 기울일 필요가 있다.

그리고 60~70% 할인이라고 해서 무작정 좋다고 해선 안 된다. 그 밑에는 잔인하게도 '일부 품목 제외'라는 말이 아주 작게 숨어 있다. 고객들은 6~70%라는 말에 혹해서 매장에 들어가지만, 사실 6~70% 할인을 하는 것은 아주 소수의 옷뿐일 것이다. 앞에서 말했던 맘에 들지도 않고 잘 팔리지도 않는 인기 없는 옷 말이다.

또한 최저 가격만 표시해 두어 이 옷들이 모두 값쌀 것이라는 생각을 하게 하는 전략도 있다. 이것도 마찬가지로 소비자들은 최소치에 속아서는 안 된다. 만 원부터라는 광고를 보고 옷가게에 들어갔지만, 만 원인 옷은 얼마 없고 대부분이 더 비싼 옷이었던 경험이 대부분 사람들에게 있을 것이다. 범위의 함정에 끌려 매장에 들어갔다가는, 굳이 옷을 사지 않는다 하더라도 매장에 들어가는 것 자체가 판매자들이 원하는 바이다.

또한 판매자들은 할인 기간을 따로 정하고 다시는 그런 기간이 오지 않을 것처럼 홍보하여 소비자들을 유혹하기도 한다. 물론 원래 살려던 옷이었고 꼭 필요했었는데, 마침 세일 기간이라서 저렴한 가격으로 사면 너무너무 좋다. 하지만 알다시피 실제로는 그런 경우는 잘 없을 것이다. 원래 살려던 마음도 없었는데 세일 기간이라고 부랴부랴 혹해서 사는 경우가 대부분이다. 그러고는 대부분이 나중에 이걸 왜 샀을까 후회한다. 소비자들은 할인 기간이라는 말에 혹하지 말고, 정말 자신이 필요한 옷인가를 가장 우선으로 생각해야 한다.

판매자들은 할인 기간을 잘 정하고 홍보만 조금 잘하면, 아무리 파격적인 세일을 하더라도 많은 이득을 볼 수 있다. 소비자들에게 할인 기간이 앞으로 잘 오지 않을 것이라는 사실을 인식시켜주면, 소비자들은 끊임없이 찾아와 자신이 필요 없는 옷마저도 할인이라는 말에 혹해서 구매할 것이다. 단, 할인 기간이 너무 짧아서도 길어서도 안 되며, 할인율에 대해서는 자세히 고민해봐야 한다.

요즘 아무리 소비자 중심의 사회가 되어가고 있다지만, 아직까지 판매자들의 기막힌 솜씨에 이리저리 휘둘리고 있다. 점원들이 직접 길거리에서 가게에 한번 들어와 보라고 홍보 하는 게 아니라, 각종 수학적 함정을 이용한 광고로 고객들의 방문을 유도한다. 물론 소비자들의 방문이 무조건 나쁘다는 건 아니지만, 소비자들은 판매자들의 함정에 낚이지 말고 합리적이고 건전한 소비를 할 필요가 있다. 무작정 9,900원, 60～70% 할인, 최저 만 원, 일주일간 다시는 없는 파격세일 등의 숫자에 속지 말고, 매장에 들어가기 전에, 옷을 구매하기 전에 조금만 더 생각해보는 습관을 기르자.

이집트 사람들의 원의 넓이 구하기

세연이는 오랜만에 가족들과 함께 가을들녘 나들이를 하러 나갔어요. 도시를 지나 한참 달리다보니, 어느새 창밖으로 노랗게 익은 벼들이 고개를 숙이고 있는 넓은 가을 들판이 나타났어요. 그 때 세연이는 '저렇게 넓은 들판은 넓이가 어떻게 될까?' 하는 궁금증이 생겼어요.

"아빠, 저 노란 들판은 넓이를 어떻게 알 수 있어요?"

그러자 아빠가 친절하게 대답해주십니다.

"지난번에 학교에서 사각형의 넓이 구하는 방법을 배웠다고 했지? 저 논, 밭은 모두 직사각형 모양이잖아. 그럼 논의 가로의 길이와 세로의 길이를 각각 재어서 곱하면 논의 넓이를 구할 수 있을거야!"

"아하, 그렇구나."

그런데 세연이는 또 다른 궁금증이 생겼어요.

"그런데 아빠, 지금은 저렇게 논의 모양이 직사각형으로 반듯반듯하게 되어있어서 넓이를 구하기 쉽지만, 예전에는 논의 모양이 사각형만 있는 게 아니라 원모양도 있고, 여러 가지 다양한 모양이 있었을 텐데 넓이를 어떻게 쟀어요?"

그러자 아빠가 웃으며 대답해주셨어요.

"우리 세연이가 오늘따라 궁금한 것이 많구나! 그럼 아빠가 대답해주어야지! 아빠가 아주 옛날에 살았던 이집트 사람들에 대한 이야기를 해줄게. 이집트 사람들도 세연이처럼 여러 가지 모양의 땅의 넓이를 재고 싶어했단다. 왜냐하면 땅의 넓이에 따라서 나라에 내야하는 세금을 매겨야 했기 때문이지. 물론 사각형이나 삼각형 모양의 땅 모양은 세연이도 알고 있는 것처럼 가로의 길이나 세로의 길이, 밑변의 길이와 높이를 재어서 넓이를 구할 수 있었지. 하지만 이집트 사람들이 가장 고민했던 것이 원모양으로 된 커다란 땅의 넓이를 어떻게 재어야 할지 하는 것이었단다."

그리고는 그림을 하나 그려 주셨어요.

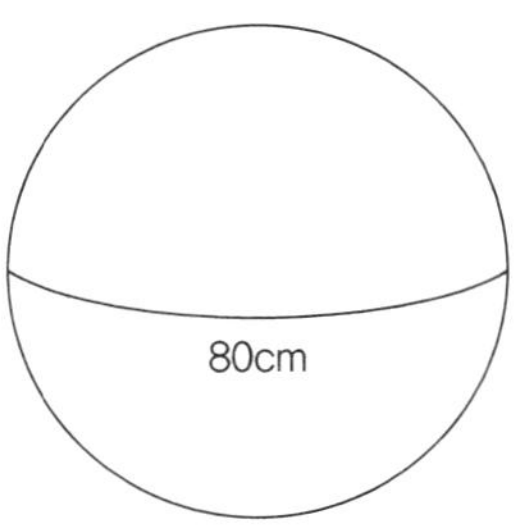

"자 여기에 지름이 80cm인 원이 하나 있어. 이걸 원모양으로 된 논이라고 생각해보자.

여기에 지름 10cm짜리 작은 원들을 이 원위에 올려보자. 이집트 사람들은 이 작은 원 대신 작은 조약돌들을 사용했어. 어때 원 위에 대략 48개의 작은 원들이 들어갔어. 여기서 지름

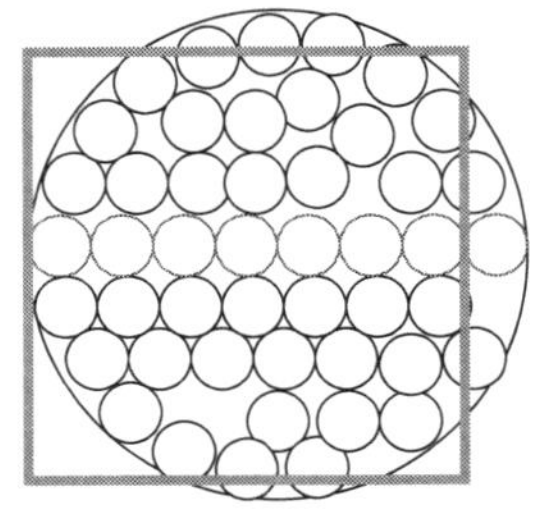

에 배열된 8개의 돌 보이니? 이집트 사람들은 지름의 위치에 8개의 돌이 배열되면 여기서 하나를 뺀 돌 7개 크기의 정사각형을 만들어서 그 정사각형의 넓이가 원의 넓이라고 생각했어. 그럼 저 정사각형의 한 변은 70cm가 되는 것이니까 작은 원이 몇 개 들어갈까?"

"49개요!"

"그렇지. 48개에서 49개, 문명이 발달하지 않았던 옛날 사람들 치고는 꽤 정확한 계산방법이지."

"와 이집트 사람들은 정말 대단한 수학 문명을 가지고 있었네요!"

"그렇지! 자, 이제 세연이가 알고 있는 방법으로 이 원의 넓이를 구해보고 얼마나 차이가 나는지 계산해볼까?"

"좋아요! 이 원의 지름은 80cm이니까 반지름은 40cm이고 원의 넓이 구하는 방법은 (반지름)×(반지름)×3.14 이니까 40cm×40cm×3.14를 하면 음…. 5024cm^{2}가 나와요!"

"그래, 그럼 저 정사각형의 넓이는 뭐지?"

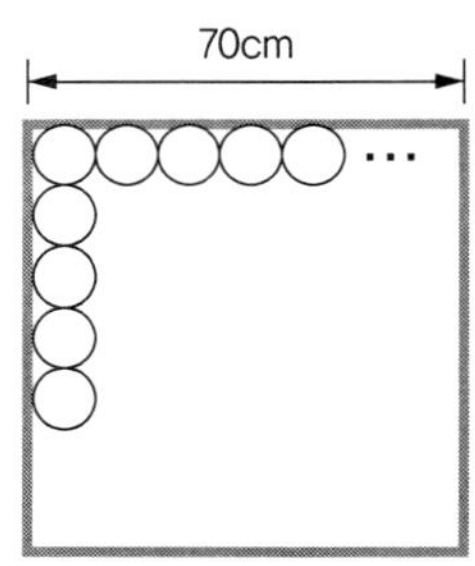

"가로, 세로 70cm인 정사각형이니까, 70cm×70cm을 해서 4900cm^{2}가 나와요!"

그러자 아빠가 기쁜 표정으로 말씀하셨다.

"그래, 5024cm^{2}와 4900cm^{2}는 5024－4900으로 124cm^{2}의 차이가 나지만, 큰 원의 넓이가 5024인 것에 비하면 적은 차이라고 할 수 있지. 어 때 이제 우리 세연이의 궁금증이 좀 해결됐니?"

"네, 옛날 사람들도 저와 같은 궁금증이 있었군요. 그것을 이렇게 지혜롭게 해결했다는 것이 정말 신기해요! 그리고 이렇게 제가 몰랐던 곳에 학교에서 배웠던 수학을 활용할 수 있다는 것이 놀라웠어요. 앞으로도 이렇게 생활 속에 있는 수학들을 생각해보고 더 탐구해보아야겠어요!"

세상 밖으로 나온 알

여러 동물들은 보호색이나 재빠른 달리기 등과 같은 능력으로 세상의 위험한 요소로부터 자신의 안전을 지키며 살아가고 있다. 하지만 움직여 달아날 수도 없는 알들은 외부 환경으로부터 자신을 지킬 수 있는 힘이 없다. 이제 막 세상 밖으로 나온 알은 험난한 세상과 외부환경으로부터 어미의 보호가 필요하다. 이런 알들은 대체로 둥근 모양이며 그 중 개구리 알이나 올빼미의 알처럼 원의 형태를 가진 것도 있고, 달걀이나 타조 알처럼 타원형의 형태를 가진 것도 있다. 그렇다면 같은 알인데 왜 알의 모양은 각자 다른 것일까?

누구나 한 번쯤은 달걀 요리를 해본 적이 있을 것이다. 한 손에 잡고 톡톡 두드리면 쉽게 깨지는 계란이 실제로는 손에 쥐고 아무리 힘을 줘도 깨지지 않는다고 한다. 그 이유는 바로 껍질조직이 안으로 밀리지 않는 아치형 구조이기 때문이다. 아치 모양의 다리가 오랜 시간이 지나도 무너지지 않고 있는 것도 이와 같은 원리라고 볼 수 있다.

또한 계란은 공처럼 둥근 구 모양이 아닌 살짝 비뚤어진 타원형이다. 만약 달걀이 공과 같은 구 모양이었다면 외부로부터 충격을 받았을 때 직선방향으로 굴러가 어미로부터 멀어졌을 것이다. 그렇다고 달걀이 네모모양이었다면 닭이 쉽게 알을 낳을 수도 없었을 것이고, 그것을 품었을 때 온기가 알에게 고루고루 전달이 되지 않았을 것이다.

즉 달걀은 이제 막 세상 밖으로 나온 알이 어미 닭에게서 멀리 떨어져나가는 것을 방지하기 위해 그리고 어미 품의 온기를 잘 느낄 있도록 비뚤어진 타원형의 모양을 가지고 있으며 외부의 충격으로부터 안전하기 위해 아치형 구조를 가지고 있다.

닭 이외에 보통의 새들에게 알을 낳아 품을만한 장소로 평탄지는 없다. 많은 포식자들로부터 알을 보호하기 위해서는 공 모양이 최적이겠지만 공 모양을 한 알들은 경사면을 타고 굴러가 버릴 것이다. 정타원형 또한 굴러가기는 마찬가지이고 충격에는 구의 형태보다 약하기

때문에 비뚤어진 타원형이 제일 적합하다고 볼 수 있다.

반면 논이나 연못에서 자주 볼 수 있는 개구리의 알은 둥근 구 모양으로 생겼다. 원과 구의 모양은 세상에서 가장 합리적이고 경제적인 모양이라고 할 수 있다. 원은 가장 작은 재료로

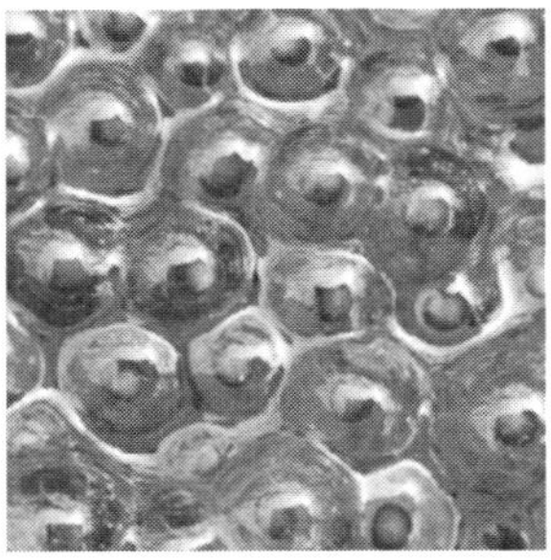

가장 넓은 면적을 확보할 수 있고, 외부의 충격에도 힘이 분산되기 때문에 가장 견고히 견딜 수 있다. 개구리 알은 원과 구의 형태를 가짐으로써 공격자에게 피해 받을 수 있는 표면적을 최소화하고 큰 응집력으로 버틸 수 있다. 또한 개구리는 물에서 알을 낳기 때문에 달걀처럼 저 멀리 굴러갈 걱정이 없기 때문에 구의 형태가 개구리 알에게 가장 안전하고 적합하다고 볼 수 있다. 또한 개구리의 알은 하나씩 하나씩 따로 떨어져 있는 것도 있지만 하나의 덩어리로 뭉쳐져 있는 것도 있는데 이 때 구 형태의 알은 타원형보다 더 응집력 있게 뭉쳐 있을 수 있다. 이와 같은 맥락에서 대부분의 물고기와 수중 생물의 알의 모양이 구의 형태가 가장 적합하다는 것을 알 수 있다.

조류의 알 중에서도 둥근 원모양을 한 것이 있는데 바로 올빼미 알이다. 올빼미는 다른 새들이 버린 둥지나 흙 동굴, 나무동굴에 집을 짓는데, 주로 잣나무, 소나무, 참나무, 밤나무 등 늙은 거목에 생긴 구멍에 2～3개의 알을 낳는다. 때문에 알이 밖으로 굴러가버릴 염려가 상대적으로 적어서 굳이 비뚤어진 타원형의 모양일 필요가 없다.

또한 올빼미는 흔히 노출된 나무구멍에 번식하기 때문에 사람의 눈에 잘 띄며, 아이들의 장난에 쉽게 당하기도 한다. 따라서 타원형보다는 외부로부터 충격을 받았을 때 그 충격을 골고루 분산시킬 수 있어 가장 견고히 견딜 수 있는 원과 구의 형태가 가장 적합하다. 앞서 언급했듯이 원과 구는 도형 중에서 가장 경제적이고 합리적인 모양이다.

올빼미 알은 계란과 같이 힘을 주어도 껍질조직이 안으로 밀리지 않는 아치형 구조를 가지고 있기도 하다. 아치형 구조는 둥그런 모양의 가장 가운데 부분에 전달되는 하중을 아래 그림과 같이 양 끝으로 분산시킨다.

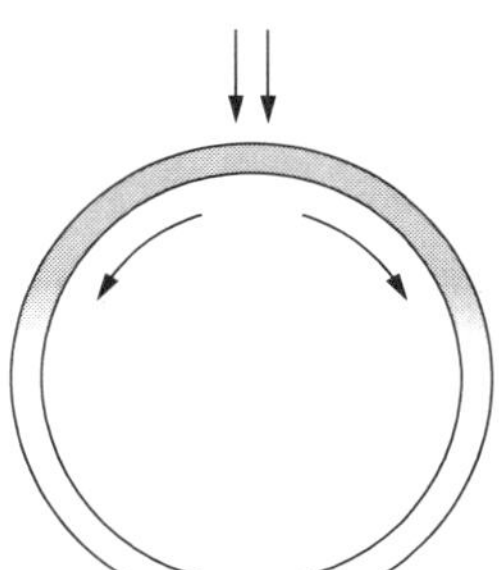

바다오리나 바다쇠오리의 알은 모과처럼 길쭉하게 생겼다. 바다오리는 해안 앞바다의 암초 및 연안 암벽 위에 알을 낳고 번식하기 때문에 알이 한번 굴러가버리면 곧장 떨어져서 깨지기 쉽다. 따라서 바다오리의 알은 원과 구의 모양보다는 비뚤어진 타원형을 하고 있다. 이것은 계란보다 더 길쭉한 모양으로 굴러졌을 때 계란보다는 비교적으로 더 쉽게 돌아올 수 있다.

알은 외부 위험 요소로부터 어미에게 보호 받아야 하는 것으로. 앞서 보았듯 알이 낳아지는 환경이나 상황에 따라 모양이 다르다. 올챙이와 올빼미는 원과 구모양의 알을 낳고, 닭과 바다오리는 비대칭 타원형의 알을 낳는다. 이것으로 우리는 환경에 따른 알의 모양과 수학의 도형이 관련되어 있음을 알 수 있고, 더 나아가 주변 생활 속에도 수학적 원리가 숨겨져 있다는 것을 알 수 있다.

공무원 연금

공무원 연금 개혁이 진행되고 있고, 개혁안이 5월 6일 국회에 통과될 예정이다. 겸직이 되지 않는 공무원들에게 노후를 대비할 수 있는 방법은 공무원 연금뿐이다.

더 많이 내고! 7→9% (기여율)
더 오래 내고! 33년→36년
더 늦게 받고! 60세→65세
더 적게 받고! 1.9→1.7% (지급률)

그런데도 이렇게 공무원 연금이 삭감되자 많은 이들이 명예퇴직을 고려하고 있다. 이 개혁안을 자세히 살펴보자. 먼저 기여율이 9%로 상승했다. 기여율이란 공무원이 매달 연금기금에 소득 중에서 얼마를 내야 하는가를 의미한다. 초등교사의 월급을 300만 원으로 가정하였을 때, 매달 6만 원을 더 내야 하는 셈이다. 이를 33년 동안 지속하니 약 1인당 2,400만 원을 더 지불해야 한다. 그런데 33년에서 36년으로 지불해야 되는 시기가 늘어나니, 돈을 낼 필요가 없었던 그 전보다 3년 동안 27만 원을 더 내야 하는 것이다. 따라서 약 1인당 980만 원을 더 지불해야한다. 그러므로 1인당 3,400만 원을 더 지불해야 하는 것이다. 그런데 오히려 지급률은 하락했다. 1인에게 줄 연금을 계산하는 방법은 〈나의 소득×지급률×총 근무 연수〉이다. 교사의 소득이 300만 원이고, 총 30년을 근무했다고 가정할 때, 하락한 지급률로 계산하면 교사는 매달 153만 원의 연금을 받게 된다. 그 전보다 18만 원이나 적은 금액이다. 게다가 지급받기 시작하는 나이도 5년이나 늦추었기 때문에, 교직 공무원들의 평균 수명인 68세에 개인이 사망한다고 가정하면, 국가는 약 9천9백만 원을 개인에게 지급하지 않아도 된다. 이는 줄어든 18만 원을 36개월로 계산하고, 5년 동안 주지 않아도 되는 153만 원을 60개월로 계산한 값이다.

초등학교 때 배운 사칙 연산을 바탕으로 우리 삶과 밀접한 관련이 있는 연금 수령액을 계산해 보았다. 이렇게 개정된 법안에 의하면 국가는 한 개인 당 1억 2,500만 원의 이익을 보는 셈이다. 교직, 경찰직을 포함한 수많은 공무원들의 인원을 생각한다면 이러한 연금개혁이 정부에 막대한 이익을 가져다 줄 것임은 자명하다.

하지만 단순히 그런 관점에서 이 개혁을 바라보아서는 안 된다. 공무원들은 모두 나라의 중책을 맡아서 하는 사람들이며, 특히 교직의 경우 어린이들을 교육함으로써 우리나라의 미래를 가꾸어나가는 직업이다. 이제 교재와 교수 방식을 연구해야 하는 그들이 노후에 대한 불안으로 인해 돈을 불릴 궁리를 하고 있어야 한다. 오직 교육과 아이들에게 집중할 수 있는 환경을 만들어주기 위해, 이러한 법안은 원래대로 개정 되어야 한다.

상대방의 휴대폰 번호 알아내기

① 통신사 번호를 뺀 앞번호에 250을 곱한다.

② 그 값에 다시 80을 곱한다.

③ 그 수에 전화번호 뒷자리를 더하게 한다.

④ 전화번호 뒷자리를 한 번 더 더하게 한다.

⑤ 계산 결과를 2로 나눈다.

예를 들어, 010－4567－9578이라는 번호가 있다고 가정하자. 통신사 번호를 뺀 전화번호

앞자리 4567에 250을 곱한다. 그 값은 1,141,750이다. 계산 결과에 다시 80을 곱한다. 값은 91,340,000이다. 여기에 전화번호 뒷자리를 더하면 91,349,578이고 한 번 더 뒷자리 번호를 더하면, 91,359,156이라는 결과가 나온다. 상대방의 휴대폰 번호를 알고 싶다면, 계산 결과를 2로 나누어준다. 그러면 45,679,578이라는 최종 계산 결과가 도출이 되는데, 이 결과 값의 앞에서부터 네 번째 자리 4567까지는 휴대폰 번호의 앞자리이고, 뒤의 나머지 숫자 9578은 휴대폰 번호의 뒷자리이다. 단순한 계산을 사용해서 어떻게 상대방의 번호를 도출해 낼 수 있을까. 마냥 신기하게만 보이는 이 마술에도 수학의 원리가 숨어있다.

처음에 우리는 통신사 번호를 제외한 앞번호에 250을 곱해주고 연달아 80을 곱해주었다. 그런데, 곱셈은 순서에 상관없이 같은 값을 도출한다. 즉 80을 곱해주고 나서 250을 곱해주어도 계산 결과는 같다. 같은 맥락에서 앞번호에 250과 80을 곱한 값을 곱해주어도 계산 결과는 같은 것이다.

$$\text{앞번호} \times 250 \times 80 = \text{앞번호} \times 80 \times 250$$
$$= \text{앞번호} \times (250 \times 80) = \text{앞번호} \times 20,000 = 91,340,000$$

위와 같은 결과를 얻었다면 다음에는 뒷자리 번호를 연속해서 두 번 더해준다. 이는 수학적 표현으로 (뒷번호)×2로 나타낼 수 있다. 그래서 위의 설명을 식으로 나타내면, (앞번호×20,000)+(뒷번호×2) = 가 된다. 이 식을 정리해 보면 다음과 같다.

① (앞번호×20,000)+(뒷번호×2)

② = (앞번호×2×10,000)+(뒷번호×2)

③ = {(앞번호×10,000)+(뒷번호)}×2

두 번째 식에서 세 번째 식으로 넘어가는 과정에서는 분배법칙을 이용하여 곱하기 2를 괄호에서 빼주었다. 이제 우리는 식 ③을 주의 깊게 살펴보아야 한다. 식 ③까지 가면 계산 값이 전화번호의 정확히 두 배가 됨을 한눈에 알 수 있다. 우리나라의 휴대폰 번호 뒷자리는 네 자리이다. 식 ③에서 괄호 안을 보면, 앞번호에 10,000이 곱해져 있으므로 비어져 있는 천의 자리부터 일의 자리까지에 뒷자리 번호가 덧셈이 되면 통신사 번호를 제외한 번호를 알 수 있는 것이다. 마지막으로 곱하기 2를 나누기 2로 상쇄시켜 상대의 전화번호만을 얻어낸다.

상대방의 나이 알아내기

① 나이에 곱하기 2를 한다.

② 그 수에 18을 더한다.

③ 다시 곱하기 2를 한다.

④ 그 수에 36을 뺀다.

⑤ 계산 결과에 마지막으로 나누기 4를 한다.

상대방의 나이를 알아내기 위해 상대에게 요구해야 하는 사항은 위와 같다.

만약 나이가 21살이라면 맨 먼저 21에 2를 곱한다. 그 다음 42에 18을 더하여 60이라는 값을 낸다. 60에 다시 2를 곱하면 120이 되고 여기에서 36을 뺀다. 36을 뺀 값은 84로 이를 4로 나누면 원래 나이인 21이 나온다.

나이를 모르는 채로 주어진 방법에 따라 계산만 했을 뿐인데 어떻게 나이가 계산 결과로 나올 수 있을까? 이는 휴대폰 번호를 알아내는 원리와 다르지 않다.

① 위의 식을 정리하면, $[\{(\text{나이}\times 2)+18\}\times 2-36]\div 4$

② $=\{(\text{나이}\times 2)+18\}\times 2-(18\times 2)$

③ $=\{(\text{나이}\times 2)+18\ -18\}\times 2\div 4$

④ $=(\text{나이}\times 2\times 2)\div 4$

⑤ $=\text{나이}$

식 ②에서 ③으로 넘어갈 때, 휴대폰 번호를 알아낼 때와 동일하게 분배법칙을 사용하였다.

위의 과정들은 마치 마술처럼 보이지만 그 원리를 곰곰이 살펴보면 결국은 수학의 원리를 사용한 단순한 계산에 지나지 않는다. 계산을 정리해서 놓고 보면 너무나도 당연하게 휴대폰 번호와 나이가 계산 결과로 남을 수밖에 않지만, 계산하기를 요구받는 상대는 산발적으로 주어지는 계산을 하기 급급해 이러한 사실을 알아차리기 힘들다.

사람을 만나 개인정보를 물어볼 때, 단순하게 이름과 전화번호를 묻는 것보다 이처럼 간단한 '마술'을 보여준다면 상대방에게 재치있는 사람이라는 인상을 심어줄 수 있다. 원만하고 좋은 인간관계를 만들고 유지하기 위해 이러한 간단한 마술을 알아두는 것도 좋을 것이다.

쿠키 만들기

아래의 내용은 집에서 직접 쿠키를 구워봄으로써 그 과정동안 순서대로 마주하게 되는 수학적 요소들을 정리한 것이다. 각각의 요소들이 2009 개정 교육과정 초등수학의 내용과 어느 부분에서 연계되는지도 직접 정리해보았다.

<table>
<tr>
<td>
쿠키 만들기
· 재료 : 밀가루 한 컵 반,
버터 55g, 계란 반개,
설탕 8티스푼(12개 분량)
· 만드는 방법
① 버터를 전자레인지에 녹인다.
② 녹인 버터와 계란을 거품기로 잘 섞는다.
③ 버터와 계란을 섞은 것에 설탕을 넣고 잘 섞는다.
④ 버터와 계란과 설탕을 섞은 것에 밀가루를 체에 걸러 넣고 잘 섞어 반죽을 만든다.
⑤ 반죽을 잘 펴서 원하는 모양으로 찍어낸다.
⑥ 180도로 예열한 오븐에 10분 굽는다.
⑦ 다 구워진 쿠키를 예쁘게 포장한다.
</td>
<td>
[초등학교 5～6학년군 규칙성 ②－비례식과 비례배분]
먼저 쿠키 만들기 레시피를 살펴보면 재료와 만드는 방법이 나와 있는데, 이 때 재료는 쿠키 12개 기준으로 되어있다. 하지만 나는 쿠키 24개를 만들고 싶었다. 이에 따라 필요한 재료의 양을 구하려면 '비례식'을 사용할 수 있다.
쿠키 12개를 만들 때 필요한 재료의 양을 x, 쿠키 24개를 만들 때 필요한 재료의 양을 y라 하면
$x : 12 = y : 24$
라는 비례식이 나오고, 외항과 내항을 각각 곱하면, $12y=24x$ 즉, $y=2x$가 된다.
따라서 내가 24개의 쿠키를 만들기 위해서는 밀가루 세 컵, 버터 110g, 계란 1개, 설탕 16티스푼이 필요하다.
</td>
</tr>
<tr>
<td>
① 

② 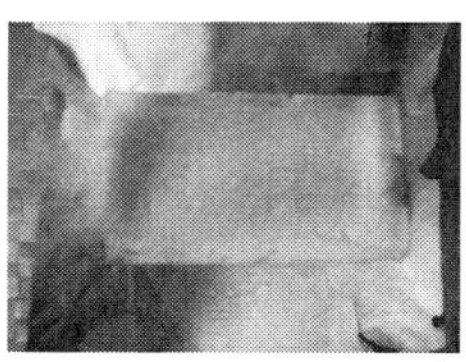
③ 450g의 버터를 9등분 함. 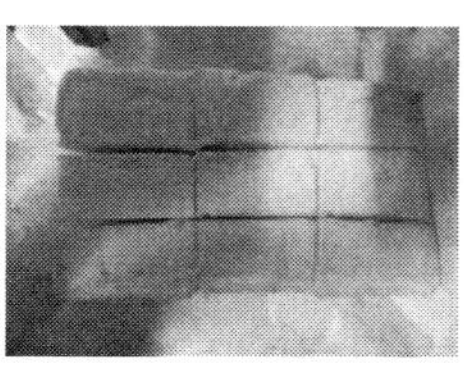
④ 50g의 버터 두 조각과 10g의 버터 한 조각. 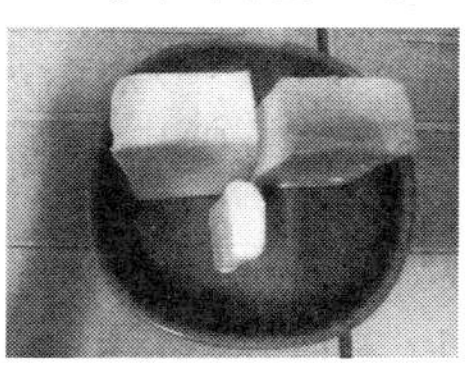
</td>
<td>
[초등학교 3～4학년군 수와 연산 ④－나눗셈]
먼저 버터를 110g을 전자레인지에 녹여야하는데, 그러기위해서는 버터를 110g으로 만들어놓아야 한다. 원래 버터는 직육면체 모양으로 총 450g이다. 나눗셈을 적용하여 이 버터를 9등분 하면 각각 50g의 버터 조각이 생기게 되고,
$450 \div 9 = 50$
이 50g의 버터를 5등분하면 10g의 버터가 생기게 된다.
$50 \div 5 = 10$
따라서 버터 110g을 만들기 위해서는 위와 같은 과정을 통해 얻은 50g의 버터 두 조각과 10g의 버터 한 조각이 필요하다.
</td>
</tr>
</table>

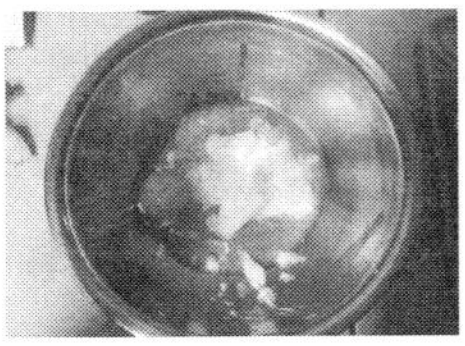

녹인 버터를 계란, 설탕과 잘 섞는다. 여기에 밀가루를 체 쳐 넣고 섞어 반죽을 만든다. 이러한 방식으로 만든 반죽에 코코아 가루를 섞으면 초코쿠키 반죽도 만들 수 있다.

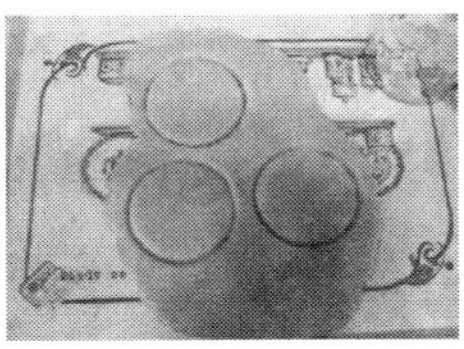
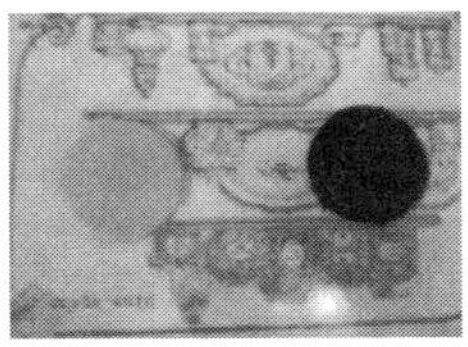

[초등학교 5～6학년군 도형 ①－합동과 대칭]
반죽을 잘 펴서 원하는 모양으로 찍어내는 과정이다. 나는 쿠키를 찍는 틀이 없어서 집에 있는 컵을 사용해서 원모양의 쿠키를 만들어냈다. 똑같은 컵을 이용하여 쿠키 모양을 찍어 내니 모든 쿠키 반죽이 모양과 크기가 같아서 완전히 포개어졌다. 즉, 같은 틀로 찍어낸 쿠키들은 서로 **합동**관계에 있다.

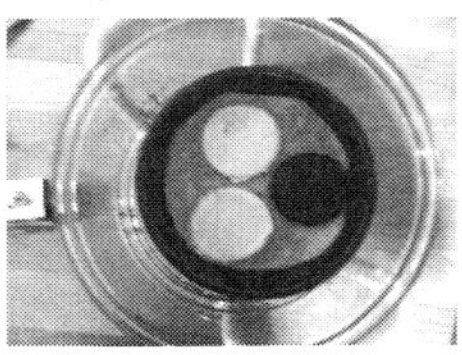

쿠키 팬에 한 번에 구울 수 있는 쿠키의 수는 3개이다.

쿠키를 한 번 구울 때 온도는 180℃로 맞춰놓으며 한 번 구울 때마다 10분이 걸린다.

쿠키를 굽기 시작 할 때의 시각(왼쪽)
: 9시 50분
쿠키를 다 구웠을 때의 시각(오른쪽)
: 11시 10분

[초등학교 1～2학년군 측정 ③－시각과 시간]
[초등학교 3～4학년군 측정 ①－시간]
이제 원하는 모양으로 찍어낸 쿠키를 굽는 과정이다. 쿠키 팬에 한 번에 구울 수 있는 쿠키의 수는 3개이다. 오븐을 180도로 예열해놓고 쿠키를 굽는데, 한 번 구울 때마다 10분이 걸린다. 9시 50분에 쿠키 굽는 것을 시작했다면 총 24개의 쿠키를 모두 굽는데 걸리는 시간은 (쿠키를 굽는 횟수)×(쿠키를 한 번 굽는데 걸리는 시간)이며, 쿠키를 굽는 횟수는 (총 쿠키의 수÷한 번에 구울 수 있는 쿠키의 수)이다. 따라서 쿠키를 모두 굽는데 걸리는 시간은

$$(24\div3)\times10$$
$$=8\times10$$
$$=80(\text{분})$$

이다.
80분은 60분+20분, 60분=1시간이므로 80분은 1시간 20분이다.
쿠키를 다 굽고 난 시각은 9시 50분보다 1시간 20분 뒤이므로 11시 10분이 된다.

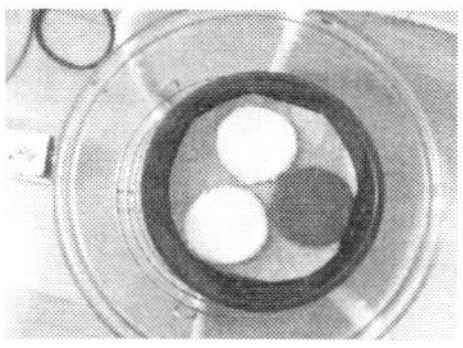	**[초등학교 5～6학년군 확률과 통계 ①－가능성과 평균]** 쿠키를 모두 구운 결과 타거나 부서진 쿠키가 하나도 없었다. 이 때 내가 임의로 아무 쿠키를 먹는다고 하면 부서지거나 탄 쿠키를 먹게 될 **가능성**은 0이라고 볼 수 있다.
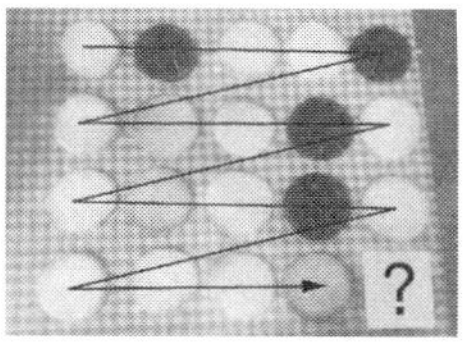 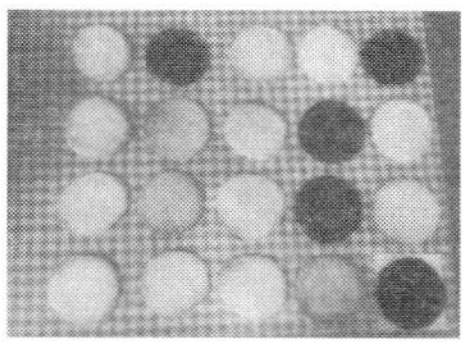	[초등학교 1～2학년군 규칙성 ①－규칙 찾기] 다 구워진 쿠키를 포장하기 전에 유산지 위에서 식히는 과정을 거친다. 이 때 쿠키를 규칙적으로 배열해 보았는데, 화살표를 따라가보면, **버터쿠키 1개－초코쿠키 1개－버터쿠키 2개－초코쿠키 1개－버터쿠키 3개－초코쿠키 1개－버터쿠키 4개－초코쿠키 1개의 규칙으로 배열해놓았음을 알 수 있다.** 따라서 그 다음에는 버터쿠키 5개가 온 뒤 초코쿠키 하나가 올 차례이므로 물음표에 알맞은 쿠키는 초코쿠키가 된다.
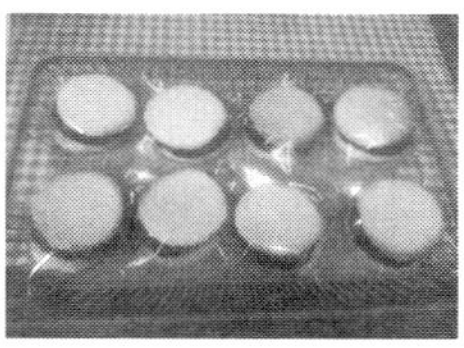	**[초등학교 3～4학년군 수와 연산 ④－나눗셈]** 다 식힌 쿠키를 비닐봉지에 포장해서 사람들과 나누어 먹으려고 한다. 할머니와 부모님, 동생, 친구 3명, 나까지 합쳐서 총 8명이서 나눠 먹기 위해서는 $24 \div 8 = 3$ 즉, 한 봉지에 쿠키를 3개씩 넣어서 포장해야 한다.

누진세의 원리

우리는 매월 말 당월 소비한 전기에 대한 전기세 고지서를 받게 된다. 하지만, 어느 달은 평소에 받는 고지금액보다 확연하게 많은 금액이 나오기도 하는데 평소보다 많이 썼다고 생각은 되지만 고지 금액처럼 4～5배 사용한 건 아닌 듯하다. 과연, 어떤 이유로 이렇게 많은 금액이 나오게 된 걸까? 그 이유는 바로 '누진세(累進稅)'에 있다.

누진세란 전기를 많이 쓸수록 높은 기준요금을 적용하여 세금을 내도록 하는 것인데, 이는 곧 부유한 사람은 전기세를 더 많이 내고 상대적으로 빈곤한 사람은 덜 내도록하는 일종의 복지 정책의 일환이다.

전기요금 안내

(전력산업기반기금 및 부가가치세 불포함)

① **주택용 저압전력** (2013. 11 21 시행)

기본요금 (호당)		전력량요금 (원/kWh)	
100kWh 이하 사용	410	처음 100kWh 까지	60.7
101~200kWh 사용	910	다음 100kWh 까지	125.9
201~300kWh 사용	1,600	다음 100kWh 까지	187.9
301~400kWh 사용	3,850	다음 100kWh 까지	280.6
401~500kWh 사용	7,300	다음 100kWh 까지	417.7
500kWh 초과 사용	12,940	500kWh 초과	709.5

※ 전기요금이 1,000원 미만인 월은 월간 최저요금 1,000원 적용

위의 사진은 실제로 우리 집에 고지되었던 전기고지서의 일부이다. 이를 살펴보면 기본요금과 전력량 요금이 소비량에 따라 차이가 나는 것을 알 수 있다. 다음 두 가지 사례를 통해 누진세에 대해서 알아보자.

우선 첫 번째 사례는 실제 지난달에 내가 사용한 전기사용요금이다(전기소비량 : 85kWh).

청구내역	
기본 요금	410
전력량요금	5,159
전기요금계	5,569
부가가치세	557
전력 기금	200
원단위절사	−6
당월요금계	6,320
청구요금	6,320

고객사항	
계약 종별	주택용전력
정기검침일	02
계량기번호	SC142796718
계량기배수	1
계약 전력	3
가 구 수	1

년 월 일 미납내역

미납월	금 액
	미납금액없음
계	

위의 사진을 보면 기본요금 410원+전기사용량 85(kWh)×60.7(원)+부가가치세(10%)를 계산해 약 6,320원이 청구된 것을 알 수 있다. 이렇게 소량의 전기를 쓴다면 계산이 매우 간단하다. 하지만, 만약 내가 525kWh의 전기세를 사용했다면 고지금액은 과연 얼마일까?

기본요금 : 12,940원

+ 60.7(원)×100kWh

+ 125.9(원)×100kWh
+ 187.9(원)×100kWh
+ 280.6(원)×100kWh
+ 417.7(원)×100kWh
+ 707.5(원)×25kWh
+ 부가가치세 10%

약 151, 700원

위와 같은 값이 나온다. 실제로 쓴 양은 약 6배 정도지만 고지 금액은 약 24배로 요금폭탄을 맞게 되는 것이다. 이를 보아도 전기를 아끼는 것은 국가 발전에도 많은 도움이 되지만 가정생활의 안정을 위해서도 절전은 매우 중요해 보인다.

공책에 담긴 수학

창고를 정리하다 초등학교 1, 2학년 때 쓰던 공책을 발견했다. 삐뚤빼뚤한 글씨에 웃음이 나지만 글자 하나하나가 큼직큼직한 게 더 신기하다. 공책의 줄 간격도 어쩜 그렇게 넓은지. 한글을 처음 배우는 과정에서는 글씨를 작게 쓰기 힘들다. 가로 한 줄로 쓰는 알파벳과 달리, 한글은 자음과 모음을 조합해야 하고 받침까지 있기 때문이다. 정확하게 한 자 한 자 눌러 쓰려다 보니 글씨는 커지기 마련이다. 또한 받침이 있는 글자와 없는 글자에 따라 글자의 높낮이가 달라지기 쉬워 기준이 되는 가로줄이 필요하다. 공책에 그려진 가로줄이 담당해야 할 임무이다.

우리나라 공책 중에서 초등학교 1, 2학년을 위해 만든 공책은 줄 간격이 13mm 정도다. 늦은 나이에 한글을 깨우치는 사람이나 외국인을 위한 한국어 학당에서도 이 공책을 사용한다. 초등학교 3~6학년생을 위한 공책은 줄 간격이 9mm 정도다. 중학생부터는 줄 간격이 8mm인 공책을 많이 쓴다. 최근에는 줄 간격이 8mm인 공책도 넓다는 지적이 있다. 심의 굵기가 0.3~0.4mm로 가는 펜을 즐겨 쓰는 사람이 늘었기 때문이다. 자연스레 줄 간격을 6~7mm로 좁힌 공책이 나왔다. 줄 간격이 좁아 촘촘해 보이지만 가는 펜과는 잘 어울린다.

공책의 줄 간격은 특별한 연구를 거쳐 결정한 것이 아니라 오랜 시간 학생들의 글자 크기를 관찰한 결과다. 이를 바탕으로 줄 간격이 조금씩 다른 공책을 주고 학생들이 가장 쓰기 편하게 생각하는 공책을 골라냈다. 결국 공책의 줄 간격은 학생들이 쓴 글자 크기와 자연스런 줄 간격의 평균값으로 정해졌다. 공책은 쓰임에 따라 줄의 특징이 다르다. 영어 공책은 알파벳을 높이에 맞춰 쓸 수 있게 네 줄이, 음악 공책은 음표를 그릴 수 있게 다섯줄이 그려져 있다. 한자의 뜻과 음을 적는 공간을 따로 둔 한자 공책이나 자유롭게 쓸 수 있도록 줄이 없는 연습장도 있다.

책상에는 크기가 다양한 책들이 꽂혀 있다. 교과서, 단행본, 참고서 등 크기가 제각각이다. 하지만 그 옆에 꽂아둔 공책은 크기가 대부분 비슷하다. 공책의 크기는 대체 어떻게 정하는 걸까? 학교나 회사에서 가장 많이 쓰는 종이는 A4 용지다. 그런데도 공책은 A4 용지보다 조금 작은, 16절지라고 불리는 용지를 쓴다. 16절지는 16등분으로 자른 종이라는 뜻이다. 16절 공책을 가로세로 4권씩 총 16권을 나란히 놓으면 전지 크기가 된다. 대형 벽보로 쓰는 '46전지'다. 너비가 788mm, 길이가 1,090mm로 일본에서 쓰는 규격을 그대로 가져온 것이다.

19세기 후반 일본은 서양에서 인쇄기를 들여왔다. 인쇄기에 맞춘 종이 크기가 바로 전지다. 완전히 펼친 신문지는 전지를 2등분한 2절지에 해당한다. 미술시간에 쓰는 4절지나 8절지는 전지를 4등분 또는 8등분한 것이다. 마찬가지로 공책은 전지를 16등분한 크기로, 신문지를 3번 접은 크기와 같다. 최근에는 크기가 작고 무게도 가벼운, 20절 크기의 공책도 많이 쓰인다. 32절 공책도 있는데, 단어장처럼 간편하게 들고 다닐 수 있게 만들었다. 대학교에서는 A4 용지 크기의 공책을 많이 쓴다. A4 크기로 된 자료를 많이 다루기 때문에 공책에 자료 문서를 붙이기 쉽고, 필요할 때면 공책을 찢어 바로 제출할 수도 있기 때문이다. 최근에는 46전지보다 약간 작은 'B전지'(743×1,050mm)를 16등분한 공책도 많이 쓰인다.

공책의 크기를 살피다 보니 자연스레 공책의 무게도 궁금하다. 종이는 무게가 가볍기 때문에 종이 한 장의 무게를 재기보다는 $1m^2$ 넓이의 종이를 기준으로 무게를 따진다. 16절 공책은 1장의 넓이가 $535.84cm^2$(= 19.7×27.2)이다. 18장 정도를 합쳐야 $1m^2$ 넓이가 나온다. 초등학생부터 고등학생까지 가장 많이 쓰는 공책에는 $1m^2$당 무게가 75g인 종이가 주로 쓰인다. 대학생들이 많이 쓰는 공책에는 $1m^2$당 무게가 85g이 넘는 종이가 들어간다. 공책을 무거운 종이로 만들면 종이조직이 촘촘해 글씨가 빠르게 잘 써진다.

$1m^2$당 무게가 70g인 종이를 쓰는 공책도 있다. 스프링으로 묶인 연습장이 대표적이다. 만화

책에도 같은 무게의 종이를 쓴다. 만화책에 쓰는 종이는 종이조직이 엉성해 무게는 가벼워도 두께가 두껍다. 인쇄 잉크가 빠르게 마른다는 장점이 있다.

공책은 공부하는 학생에게 오래도록 함께할 친구와 같다. 필기를 할 때나 집에 와서 복습할 때 그리고 과제를 할 때도 공책과 마주하기 때문이다. 오래 보는 만큼 종이의 색은 눈에 영향을 끼칠 수 있다. 종이의 색이 밝으면 화사하고 글자가 눈에 잘 띄는 장점이 있지만 눈이 쉽게 피곤해진다.

공책 회사에서 학생들을 대상으로 종이 색을 조사한 결과, 학년이 낮을수록 밝은 색의 종이를 좋아하고 학년이 올라갈수록 은은한 색의 종이를 좋아하는 것으로 나타났다. 현재 대부분의 공책은 A4 용지처럼 밝은 종이는 쓰지 않는다. 눈이 편하게 느끼는 색이 옅게 들어간 종이가 많이 쓰인다.

공책은 움직이는 가방 안에서 모서리가 쉽게 구겨진다. 공책을 오래 쓰면 끝이 조금씩 닳기도 한다. 아예 처음부터 공책 모서리를 둥글게 처리한 공책이 나오는 이유다.

공책에 문제를 풀다가 전체적으로 잘못 풀고 있다는 사실을 발견했다. 적고 있던 쪽을 찢어 버리고 싶다. 조심하면서 종이를 찢었다. 그런데 엉뚱한 곳에서 다른 한쪽이 같이 떨어지는 사태가 발생했다. 가운데를 실로 묶어 만든 공책이라면 으레 일어날 수 있는 일이다. 공책을 만들 때 8절지의 가운데를 실로 묶어 만드는 것은 가장 쉬운 제본 방식이다. 실 대신 스테이플러로 철심을 찍는 방식(중철 제본)도 간편하다. 요즘 우리나라에서 만드는 공책에는 이렇게 실이나 철심으로만 묶어 만든 공책이 드물다. 8절지의 가운데를 접긴 하지만 실 대신 접착제를 바르는 무선 제본 방식이 많이 쓰인다. 한 장을 찢어도 반대쪽 장이 접착제로 붙어 있어 떨어지지 않는다.

공책이 아니라 책이라면 이야기는 달라진다. 책은 한쪽을 찢을 일이 없기 때문에 실로 묶고 접착제까지 바르는 양장 제본을 많이 쓴다. 양장 제본은 종이를 묶는 가장 튼튼한 방식이다. 공책을 쓰다가 필요 없는 부분을 찢을 일이 많다면 스프링으로 제본한 공책이 좋다. 이 공책은 종이가 한 장씩 따로 묶여 있다. 공책을 반으로 접어 쓰기에도 편해 책상 위의 공간을 적게 차지한다.

스프링 공책은 종이의 왼쪽이나 위쪽에 작은 구멍을 뚫고 스프링을 끼워 만든다. 스프링 지름의 크기는 1cm에서 수 cm로 종이의 매수에 따라 다르다. 묶을 종이가 많으면 당연히 지름이 큰 링을 쓴다. 하지만 스프링 지름의 크기가 크다고 해서 종이를 지름의 크기만큼 많이 묶어 공책을 만들지는 않는다. 종이를 편하게 넘기기 위한 공간의 여유도 생각해야 하기 때문이다. 그래서 스프링 공책을 만들 때는 종이의 매수를 먼저 정해 놓고 종이를 쉽게 넘길 수 있도록 스프링 지름의 크기를 결정한다.

최근 스프링 공책에는 스프링 2개가 한 쌍을 이루는 트윈 스프링이 많이 쓰인다. 스프링이 1개인 공책은 나선형 스프링을 한쪽 끝에서 돌려 만들기 때문에 스프링이 조금 기울어 있다. 공책을 펼쳐 두면 좌우 구멍의 위치가 삐뚤어 공책을 펼치거나 넘길 때 부드럽지 않다. 트윈 스프링을 쓴 공책은 한쪽 입을 벌린 스프링을 각 구멍의 위아래에서 단번에 맞물리게 끼워 만든다. 공책을 펼치면 좌우 구멍이 언제나 평행해 종이를 쉽게 펼치고 넘길 수 있다.

지금까지 설명한 공책은 종이를 한 번 찢으면 복구할 수 없다. 바인더 공책은 다르다. 필요에 따라 원하는 종이를 뺐다가 다시 끼워 넣을 수 있고, 중간에 새로운 종이를 끼워 넣을 수도 있다. 바인더는 종이에 구멍을 뚫는 개수가 2개나 3개에서 26개까지 다양하다. 바인더의 지름도 마음대로 조절할 수 있어 한 번에 수백 장의 종이를 묶을 수 있다. 다만 바인더에 맞게 구멍이 뚫린 종이를 쓰지 않으면 매번 구멍의 위치에 맞춰 종이에 구멍을 뚫어야 한다는 단점을 안고 있다.

그럼 공책 한 권에는 몇 장의 종이가 들어 있을까? 종이의 매수는 공책의 크기를 정하는 원리와 비슷하다. 전지를 3번 접으면 8절 크기의 용지 8(= 2^3)장이 나온다. 이것을 한 꼭지라고 하는데, 한 꼭지의 가운데를 살짝 접어서 묶으면 16절로 된 16장짜리 공책을 만들 수 있다. 두 꼭지를 묶으면 32장, 세 꼭지를 묶으면 48장이 된다. 초등학생이나 중학생의 공책은 24장인 경우가 많다. 대학생은 필기할 것이 많기 때문에 40장짜리 공책을 많이 쓴다.

물론 종이를 한 장 한 장 모아 만든 공책은 종이 매수를 자유롭게 정할 수 있다. 스프링 공책이나 접착제로만 붙여 만든 공책은 가격에 따라 매수를 정한다. 적게는 45장에서, 많게는 130장을 넘기도 한다. 다만 스프링 공책에 종이의 매수가 너무 많으면 공책을 좌우로 넓게 펼치기 힘들다.

18에 숨은 비밀

일상생활 속 수학적 요소에 대해 고민하던 나는 우리 일상생활 속에 18이라는 숫자가 많이 쓰인다는 것을 알 수 있었다. $2\times9=18$, $3\times6=18$, …. 숫자 18은 우리가 어렸을 때 외우던 구구단에 자주 등장해 친숙한 수다. 또한 애창곡 18번이나, 골프의 18홀 등이 그 대표적인 예이다. 아래에서는 이에 대한 숨은 비밀을 알아본다.

1. 애창곡 18번

즐겨 부르는 노래를 흔히 '18번'이라고 한다. 왜 18번이 애창곡을 뜻하게 된 것일까? 그 유래는 일본의 가부키에서 찾아볼 수 있다. 가부키는 일본의 전통 공연 예술 중 하나로, 유네스코가 지정한 세계무형유산에 등재돼 있다. 1603년부터 시작돼 약 400년이라는 오랜 역사를 갖고 있으며, 대중을 대상으로 한 연극으로 예로부터 많은 사람들의 사랑을 받아왔다. 따라서 가부키 연기자에 대한 인기와 존경은 상상 이상이었고, 가문 대대로 직업이 이어지기도 했다.

그러던 중 가부키 명가의 7대손인 이치가와 단쥬로가 집안에 내려오는 가부키 연극 중 18개의 명작을 선정했다. 이 중 18번째 작품이 가장 대중들에게 사랑을 받았다. 이후 '18번'은 일본의 가부키를 배경으로 우리나라에 전해져 '즐겨 부르는 노래'를 뜻하게 됐다. '18번'의 유래를 알았으니, 이제 '애창곡'이라는 표현을 쓰는 것이 어떨까?

2. 18홀을 기준으로 승부를 정하는 골프

골프는 골프채로 공을 쳐서 골프 코스에 있는 구멍에 공을 넣는 운동이다. 이때 구멍 안에 가장 적은 횟수로 공을 집어넣는 사람이 골프를 잘 치는 사람이다. 예를 들어 골프 용어 중 '홀인원'은 골프공을 1번 쳐서 구멍에 들어가는 것을 말한다. 하지만 먼 거리에 있는 구멍에 공을 한 번만 쳐서 넣기란 매우 힘들다. 따라서 홀인원은 골프를 치는 사람이라면 누구라도 한 번쯤 해 보고 싶은 일이다.

그렇다면 골프장에 숨겨져 있는 18의 비밀은 뭘까? 일반적으로 정규 골프 코스는 18홀로 구성된다. 골프 초창기에는 넓이나 지형에 따라 홀의 수가 제각기 달랐다. 그러다가 스코틀랜드 세인트 앤드류스에 있는 명성 높은 로열 앤드 에이션트 클럽의 18홀 코스가 기준이 되면서 18

홀이 일반화 되었다는 설이 있다.

18홀의 각 홀에는 몇 번 만에 공을 넣는지 기준이 되는 '파'가 정해져 있다. 골프의 파는 파3, 파4, 파5 세 종류다. 파3은 3번 만에 공을 구멍에 넣어야 한다는 것이고, 파4는 4번, 파5는 5번 쳐서 공을 넣으면 기준 점수가 된다. 골프 코스는 파3홀이 4개, 파4홀이 10개, 파5홀이 4개로 총 18개의 홀로 돼 있는 것이 보통이다.

이때 홀의 개수 당 규정 타수대로 $3\times4+4\times10+5\times4 = 72$타를 치면 이븐파라고 한다. 72타보다 적게 칠수록 좋은 성적을 거둔 것이다. 그리고 72타보다 적게 친 경우를 언더파, 72타보다 많이 친 경우를 오버파라라고 한다. 프로 골프의 경우 하루에 18홀 코스를 4일 동안 경기하는 것이 일반적이므로, 총 기준 타수는 $72\times4 = 288$타가 된다. 따라서 어떤 선수가 4일 동안 268타만에 경기를 끝내 이긴 경우 20언더파로 우승했다고 말한다. 프로 골프에서는 이렇게 288타를 기준으로 얼마나 가감되었는지를 통해 점수를 산정한다.

일본 가부키에서 유래된 '18번'에서부터 골프의 기준 홀인 18홀 과, 금의 순도 중 하나인 18K까지 숫자 18은 수학 말고도 생활 곳곳에 많이 도사리고 있었다. 이렇게 일상생활 속에서 숫자의 의미를 찾다보니 굉장히 재미를 느꼈다. 앞으로도 일상에서 수학적 요소를 발견한다면 지나치지 않고 찾아봐야겠다는 생각을 갖게 되었다.

주차장 속 수학

온갖 운송 수단으로 가득한 주차장에서 우리는 어떤 수학적 모습을 발견할 수 있을까?

민호는 집에 곧 도착한다는 아빠의 전화를 받고 주차장에서 아빠의 차를 기다리고 있다. 아빠를 기다리며 주차장을 살펴보니 빈자리는 거의 없고 차들로 꽉꽉 채워져 있다. 빈자리가 다 차기 전에 아빠 차가 빨리 도착해야 할 텐데 라고 민호는 걱정한다. 그리고 주차장에는 자동차뿐만 아니라 자전거, 오토바이도 함께 세워져있다. 아빠의 도착이 늦어지자 심심해진 민호는 계단에 쭈그려 앉아 자동차와 자전거, 오토바이의 바퀴를 유심히 보게 되는데….

먼저 첫 번째로 민호는 주차장에 총 몇 대가 주차를 할 수 있는지 보고 현재 총 몇 대가 주차되어 있는지 남은 자리는 몇 개인지 알 수 있다. 여기에서는 초등학생의 덧셈, 뺄셈의 요소가 발견된다. (총 주차 할 수 있는 자리)－(이미 주차 되어 있는 자리) = (주차 할 수 있는 남은 자리) 뺄셈을 사용할 수도 있고 남은 자리를 각각 세어 더함으로써 민호는 민호의 아빠가 주차할 수 있는 자리가 몇 개인지 계산해낼 수 있다.

두 번째. 민호는 주차장에 차뿐만 아니라 자전거, 오토바이가 주차되어 있음을 보면서 주차장에 자동차는 몇 대가 있고 자전거는 몇 대, 오토바이는 몇 대가 있는지 직접 세어볼 수 있다. 세어 본 후에는 자동차, 자전거, 오토바이 중에 어떤 게 가장 많고 적은지 대소 관계를 비교해 볼 수도 있다.

셋째. 이번에는 민호가 자동차, 자전거, 오토바이의 바퀴에 관심이 간다. 자동차에는 1대에 총 4개의 바퀴가 있네? 자전거 1대에는 총 2개의 바퀴가 있네? 오토바이 1대에는 총 2개의 바퀴가 있네? 라고 바퀴 수를 세어보고 그렇다면 지금 주차장에는 자동차 바퀴, 자전거 바퀴, 오토바이 바퀴가 각각 총 몇 개씩 있는지 세어본다. 여기에서는 예를 들어 자동차 바퀴 수를 센다고 할 때 자동차가 총 5대 있다면 4+4+4+4+4 이렇게 4를 5번 더해 계산할 수도 있고 곱셈인 4×5로 계산해낼 수도 있다. 구구단 4단을 같이 지도할 수 있다. 자전거나 오토바이는 바퀴가 2개이기 때문에 구구단 2단을 사용하여 계산해 내게 한다. 마지막에는 총 바퀴수를 더해본다.

주차장이라는 일상생활에서 친숙한 장소에서도 수학적 요소를 찾을 수 있다. 하나의 스토리를 가지고 수학을 배워보는 내용으로 만들어봤는데 수업을 받는 아이들에게는 친근하게 느껴지고 실제 상황에서 적용할 수 있기 때문에 적극성을 띄기가 쉬울 것이다. 일상생활에서 부딪히는 수학은 강제적이지 않고 자연스럽게 받아들여지기 때문에 아이들이 수학을 어려워한다면 너희 주변에도 수학이 존재한다는 것을 직접 경험하게 해주면 좋을 것이다.

이번 과제를 하면서 친구들과 함께 생활 속 수학에 대해 이야기했는데 지금까지 그냥 무심결에 지나쳤던 소재를 다시 한 번 생각해 보고 있는 우리를 발견했다. 우리가 앉아있는 이 의자에도 뭔가 있지 않을까, 음식을 먹으면서도 이 조각은 몇 등분 된 것일까 등 호기심을 가지고 접근하려 했다. 일상생활 속에서 수학을 발견하기란 생각보다 쉬웠고 그것을 발견해 나가는 재미도 상당했다. 후에 현장에 나가 수학을 어려워하고 하기 싫어하는 아이들에게 생활 속 수학의 모습을 보여 주면서 너희들이 배웠던 것이 이렇게 적용된다는 것을 보여주어 수학이라는 것을 쉽고 자연스럽게 받아들일 수 있도록 노력할 것이다.

신발 끈 묶는 방법

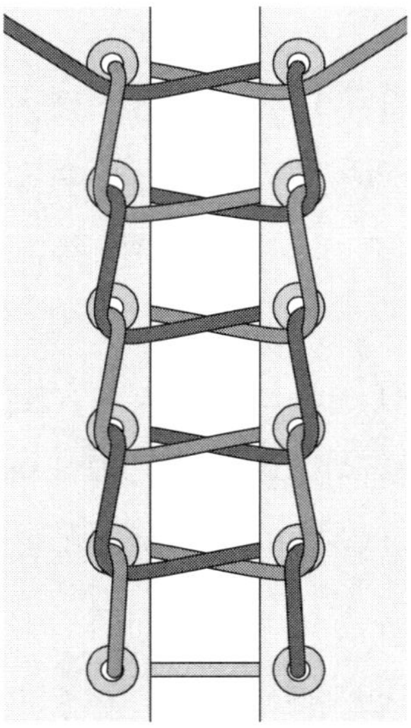

요즘 시대에는 개성을 추구하면서 사람들마다 나름대로의 헤어, 옷, 악세사리 등 매우 작은 것들도 매우 다양하게 나타난다. 그 중에서, 신발 끈을 묶는 것에도 여러 가지 많은 방법이 있다. 얼마 전까지만 해도, 신발 끈을 묶는 방법은 수평 방향이나 대각선 방향으로 밖에 생각을 하지 못했다. 하지만 지금은 '사다리 매듭', '꽈배기 매듭', '십자 클로스 매듭', '바둑판 매듭' 등, 주위 사람들의 운동화만 봐도 그 변화를 알 수 있고, 인터넷에 검색만 하면 수많은 방법들이 쏟아져 나온다. 그렇다면 과연 신발 끈을 묶는 방법은 도대체 몇 가지가 있을까? 물론, 사람들이 신발 끈 묶는 모든 방법을 사용하지는 않지만, 나는 신발 끈을 묶을 수 있는 가능한 모든 경우의 수를 구해보기로 했다.

신발마다 신발 끈이 들어갈 수 있는 구멍의 수가 다르므로, 평균적으로, 구멍의 수를 한 줄에 6개씩 총 12개로 가정한다.

먼저 끈을 매기 시작하는 방법에는 12개의 구멍에서 각각 위쪽과 아래쪽에서 넣을 수 있으므로 2가지 방법이 있어 '12개×2가지 = 24'가지가 있다.

그리고 두 번째로, 시작하는 방법 중에서 하나를 선택했다고 했을 때, 나머지 남은 11개의 구멍에서 또 각각 위쪽과 아래쪽에서 넣을 수 있으므로 2가지 방법이 있어 '11개×2가지 = 22'가지가 있다. 마찬가지로 세 번째도, 남은 10개의 구멍에서 위쪽과 아래쪽 2가지 방법이 있어 '10개×2가지 = 20'가지가 있다. 그리고 9개, 8개, … 이렇게 계속해서 아래의 식과 같이 마지막 하나의 구멍까지 위쪽과 아래쪽 2가지 방법으로 가짓수를 차례대로 구한다.

12개의 구멍에서 위, 아래 2가지 $12 \times 2 = 24$가지
11개의 구멍에서 위, 아래 2가지 $11 \times 2 = 22$가지
10개의 구멍에서 위, 아래 2가지 $10 \times 2 = 20$가지
9개의 구멍에서 위, 아래 2가지 $9 \times 2 = 18$가지
8개의 구멍에서 위, 아래 2가지 $8 \times 2 = 16$가지

7개의 구멍에서 위, 아래 2가지 $7 \times 2 = 14$가지
6개의 구멍에서 위, 아래 2가지 $6 \times 2 = 12$가지
5개의 구멍에서 위, 아래 2가지 $5 \times 2 = 10$가지
4개의 구멍에서 위, 아래 2가지 $4 \times 2 = 8$가지
3개의 구멍에서 위, 아래 2가지 $3 \times 2 = 6$가지
2개의 구멍에서 위, 아래 2가지 $2 \times 2 = 4$가지
1개의 구멍에서 위, 아래 2가지 $1 \times 2 = 2$가지

이런 식으로 신발 끈을 어떤 구멍에, 어떤 방향으로 넣는지의 모든 경우가 나오고, 신발 끈을 맬 때 이 모든 경우를 연속으로 선택할 수 있으므로, 모든 가짓수를 곱한다.

'$24 \times 22 \times 20 \times 18 \times 16 \times 14 \times 12 \times 10 \times 8 \times 6 \times 4 \times 2$'의 경우의 수가 나오게 되고, 이를 계산하면 '1,961,990,553,600'이 나온다.

결국 신발 끈을 묶을 수 있는 모든 경우의 수는 일조 구천육백십구억 구천오십오만 삼천육백 가지인데, 이는 거의 2조에 가까운 어마어마하게 큰 수이다. 고작 12개의 구멍에서 2조 가지의 방법이 숨어 있었던 것이다.

우리가 오늘날에 개성을 중시하고, 다양화를 추구하고 있다고 주장해도, 앞에서 많다고 말했던 신발 끈 묶는 방법들은 2조 가지나 되는 것 중에 극히 소수일 뿐이었다. 이것을 통해서 우리의 생각이 매우 한정되어 있고, 고정관념에 갇혀서 다른 방식에 대한 접근이 매우 부족함을 알 수 있다. 조금만 다른 방향으로 생각을 해본다면 우리의 삶은 지금보다도 훨씬 풍요롭고 다채로워질 것이다. 신발 끈 묶는 방법뿐만 아니라, 주변의 다른 것들도 좀 더 세심하게 보고 생각해본다면 훨씬 다양한 접근을 할 수 있을 것이다. 또한 겨우 12개밖에 안 되는 구멍을 가진 신발에서 신발 끈을 묶을 수 있는 방법은 2조 가지나 된다는 것은 매우 충격적이다. 이는 아무리 작고 단순한 것이라도 관점만 달리 해본다면 그에 대한 지식은 몇 배로 늘어날 것이고, 방법, 과정, 결과 등도 몇 배로 얻을 수 있다는 것을 알려준다. 우리는 우리 눈에 보이고, 아는 것이 전부라는 고정관념을 깨야하고, 이렇게도, 저렇게도 여러 가지 방향으로 생각을 해보고, 또한 경험을 해보아야 한다. 생각지도 못했던 수많은 방법들이 보일 것이다.

택시요금 계산법

"현주야, 우리 교수님께서 추천해주셨던 연주회 보러가지 않을래?"

"아, 나도 그거 봐야하는데…. 대구문화예술회관이라고 하셨던가?"

"응. 원경이랑 호성이도 같이 가자고 하던데 우리 네 명이서 택시를 타고가면 어떨까?"

"음…. 요즘 용돈이 줄어서 택시는 부담스러운걸…."

"현주야 지금부터 내 말 잘 들어봐."

〈택시 요금 계산법〉
너도 알고 있다시피 기본요금은 2km에 2,800원이야.
이후 144m마다 100원씩 올라가게 돼.

대구	종전	2,200원	150m당	36초당	13.01.01 (19.77% 인상)
	조정	**2,800원**	**144m당**	**34초당**	

▲ 출처 : http://taxi.or.kr/ 전국 택시운송 사업조합

"그렇구나. 근데 저녁시간이라 차가 밀리면 어떡하지? 멈춰있을 때는 요금이 오르지 않니?"

"아쉽지만, 그렇게 되면 기사 분들이 손해가 너무 크게 돼. 그래서 시속 15km 이하로 34초가 되면 100원이 추가되지. 즉, 택시가 신호대기에서 34초 동안 멈추어 있거나 길이 밀려서 시속 15km 이하로 35초 동안 진행을 하면 100원이 추가되는 거야."

"이제 알겠다. 잠깐만! 그러면 내가 한 번 계산해 볼게. 대구교육대학교에서 대구문화예술회관까지 거리는 약 4.21km이니까 4.21−2(기본요금으로 낼 수 있는 거리) = 2.21km이 되고 144m당 100원이 추가되니까 기본요금에서 얼마가 추가되는지 알아볼까?

먼저 1km = 1000m(단위 환산−초등3학년)이니까 144m = 0.144km가 되겠군. 0.144km당 100원이 추가된다고 하였으니, 2.21에는 0.144가 약 15번 들어가니까(나눗셈이 이루어지는 상황−포함제) 15×100원인 1500원이 추가되겠군. 따라서 2800+1500 = 4300원 정도 나오겠네?"

"거의 맞췄어. 하지만 시간 병산을 고려하는 것을 빼먹었네. 분명 가는 도중에 신호도 기다리고 차도 밀릴 거야. 그래서 34초당 100원이 추가로 더해진다는 것을 고려할 때 1000원정도

더 추가해주어 5300원 정도가 나올 거야."

"아, 그 정도면 한 명 당 약 1,300원 정도 내면 되니까 부담이 없네, 얼른 택시를 타고 가자."

모든 신호등의 시간은 같을까?

교수님께서는 첫 시간에 수학은 우리 일상생활에 필수적인 요소라고 하셨다. 지극히 당연한 얘기일 수도 있겠지만 평상시에 생활하면서 어디에 어떻게 수학이 활용되었는지 생각해 보지 않았던 나에게는 신선한 충격이 아닐 수 없었다.

그러다가 문득 내가 건너야 하는 신호등의 초록불이 켜졌고 나는 꽤 멀리 있었기 때문에 제때에 건너기 위해 멀리서부터 뛰어야했다. 하지만 내 예상과 다르게 신호가 무척이나 길었고, 굳이 내가 뛰지 않아도 충분히 건널 수 있었다. 이때, 나는 다른 횡단보도 신호보다 이 신호가 현저하게 길다는 것과 신호 대기시간과 건너는 시간이 다 다르다는 것을 느꼈다. 조사를 해보기전에 내 생각에는 유동인구와 통행거리 등이 영향을 미치는 것 같았다.

어제 그 사건을 계기로 나는 문득 신호등의 소요시간은 어떻게 계산되는지 궁금해졌고 그것을 조사해 보기로 하였다. 놀랍게도 횡단 소요기간 계산법이라는 것이 존재했다. 그것은 아래와 같다.

$$T = t + L/V$$

여기에서 T는 보행자 신호시간을 가리킨다고 한다.

t = 여유시간으로 보행자 점멸시간이 시작되기 전인 녹색시간으로 우리나라에서는 약 7초에서 가감이 가능하다.

L = 횡단보도 길이로 보통 도록 폭을 지칭한다고 한다.

V = 보행자 밀도와 지역구분에 따라 횡단 보행속도로 통상 1.0m/sec. 즉, 1초에 1m를 보행한다는 것으로 이것도 어디까지나 예시일 뿐이며. 즉, 노인이나 장애인이 많이 통행하는 장소인 경우 0.9m/sec를 적용한다.

L/V = 횡단보도 길이(L)를 보행자 보행속도(V)로 나눈 것으로 보행자 점멸시간을 의미(깜빡이는 시간).

t에서 7초는 사람의 인지반응시간(신호등이 들어오는 것을 확인하는 시간+횡단해야겠다고 판단하는 시간+이를 행하기 위해 첫발을 딛는 시간)을 고려하고, 횡단하기 위해 횡단보도 근처에 서있는 사람들 중 맨 뒤에 있는 사람이 횡단보도에 진입하는데 소요되는 시간 등이 고려되어 정해진 것이라고 한다.

즉 우리가 알고 있는 수학공식 '시간 = 거리/속력'을 이용한 것인데 다른 점은 여유시간 t를 더하여 준다는 것이다.

우리도 그러하지만, 종종 횡단보도를 건너기 위해 멀리서 열심히 뛰는 사람을 볼 수 있다. 나도 이 사실을 알기 전에는 무턱대고 뛰었는데 그러다가 종종 횡단보도에 다다랐을 때 빨간불로 바뀌어 건너지도 못하고 땀만 흘렸던 적이 있다. 또는 안 될 것 같아 뛰지 않았는데 오히려 뛰어서 충분히 갈 수 있을 정도로 시간이 남은 적도 있었다. 이것은 생활에 적용된 수학의 원리, 공식을 고려하지 않아서 생긴 일이었다.

우리 대학에서 학교 앞의 영선시장으로 갈 때 건너는 횡단보도는 상당히 긴 편이다. 나는 종종 건너편 주요소에 있을 때 초록불이 바뀌는 상황에 많이 직면하였는데 그때마다 뛸지 말지가 고민됐다. 어떤 경우는 위험천만하게 도로로 하여 대각선으로 질러간 적도 있었다. 이러한 수고로움을 덜기 위해 우리 일상생활에 적용된 수학을 이용하여 보자. 먼저 우리 교대 앞 횡단보도를 계산하여 보면 기본적으로 주어지는 반응시간 7초와 거리 12미터 그리고 주변에 노인분들보다는 중, 고등학교와 대학교가 많으니 통상 $v = 1\text{m/s}$로 하여 총 시간이 $T = t$(7초)$+L/V(12/1)$ 즉, 약 19초 정도 될 것이다. 따라서 앞으로 이 공식을 고려하여 멀리서 간단한 계산을 통하여 뛸지 포기할지를 미리 결정하여 헛되게 수고하는 것을 덜 수 있다.

차량 부제와 수학

우리는 거리를 걸어 다니다가 주차장을 지나면서 차량 N부제의 팻말을 흔히 볼 수 있다. 차량 부제는 하루씩 번갈아가며 어느 특정 그룹으로 묶을 수 있는 차량의 운행을 제한하는 제도이다. 보통은 차량 번호의 끝자리를 기준으로 그룹을 만들며, 크게 세 가지로 나눌 수 있는데 만들어지는 그룹의 수에 따라 이름이 지어진다. 차량 2부제, 차량 5부제, 차량 10부제가 그것이다.

먼저, 차량 2부제는 끝자리 번호를 다섯 개 씩 두 개의 그룹으로 만드는 것이다. 그리하면 (1, 3, 5, 7, 9)의 그룹과 (2, 4, 6, 8, 0)의 두 그룹이 생기게 된다. 이는 홀수 그룹과 짝수 그룹이라고 볼 수 있다.

차량 5부제는 끝자리 번호를 두 개씩 정하여 다섯 개의 그룹으로 만드는 것이다. 그러면 (1, 6), (2, 7), (3, 8), (4, 9), (5, 0)의 다섯 개 그룹이 생긴다.

차량 10부제는 끝자리 번호를 한 개 씩 정해 열 개의 그룹으로 만드는 것이다. 그러면 (1), (2), (3), (4), (5), (6), (7), (8), (9), (10) 이렇게 열 개의 그룹이 생긴다.

원래 차량 10부제의 의미를 찾기 위한 활동이었지만 차량 부제의 개념을 익히다보니 이 개념들이 수학적으로도 표현 될 수 있다는 것을 알게 되었다.

다음은 차량 부제의 운영을 표로 나타낸 것이다.

날짜	1	2	3	4	5	6	7	8	9	10	11	12	13	14	15	16
차량2부제	홀	짝	홀	짝	홀	짝	홀	짝	홀	짝	홀	짝	홀	짝	홀	짝
차량 5부제	1,6	2,7	3,8	4,9	5,0	1,6	2,7	1,6	2,7	3,8	4,9	5,0	1,6	2,7	1,6	2,7
차량 10부제	1	2	3	4	5	6	7	8	9	0	1	2	3	4	5	6
날짜	17	18	19	20	21	22	23	24	25	26	27	28	29	30	31	
차량 2부제	홀	짝	홀	짝	홀	짝	홀	짝	홀	짝	홀	짝	홀	짝	해제	
차량 5부제	3,8	4,9	5,0	1,6	2,7	3,8	4,9	3,8	4,9	5,0	1,6	2,7	3,8	4,9		
차량 10부제	7	8	9	0	1	2	7	8	9	0	1	2	7	8		

이 표를 다시 수학적으로 나타내보자.

차량 2부제는 날짜가 $2n+1$(단, $n = 0, 1, 2, \cdots$)일 때 '홀' 그룹이며, 날짜가 $2n$일 때 '짝' 그

룹이다. 이를 집합의 개념으로 나타내면 다음과 같다.

$$\text{집합 홀} = \{x \mid x = 2n+1 \ (\text{단}, n = 0, 1, 2, \cdots, 14)\}$$
$$\text{집합 짝} = \{x \mid x = 2n \ (\text{단}, n = 0, 1, 2, \cdots, 15)\}$$

차량 5부제는 함수로 대응시켜 볼 수 있다. 날짜를 정의역이라고 하면 치역은 그룹이 된다. 이를 그래프로 나타내면 다음과 같다. (단, $n = 0, 1, 2, \cdots$)

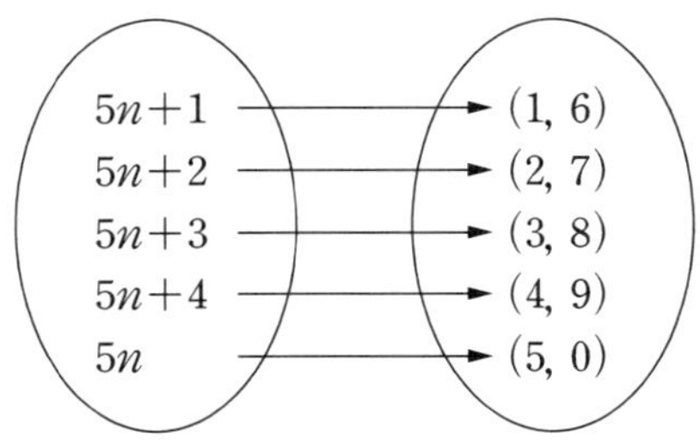

좌표 평면상에 대응시키면 다음과 같은 패턴이 형성된다.

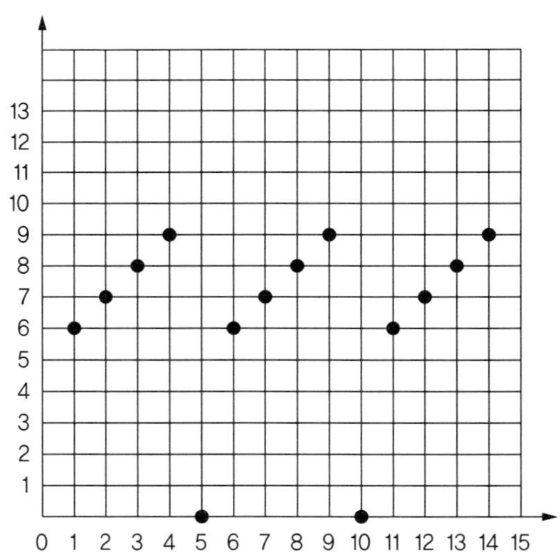

마지막으로, 차량 10부제는 일반화시켜서 순서쌍의 개념으로 나타낼 수 있다.

날짜가 $10+n$일 때 (단, $n = 0, 1, 2, \cdots$) 그룹은 n이 된다.

즉 차량 10부제는 (1, 1), (2, 2), ⋯, (11, 1), (22, 2), ⋯, $(10+n, n)$이 된다.

나의 흔적을 그래프로 나타내기

사람은 살아가면서 다양한 공간을 이동하며 살아간다. 자주 가는 장소가 있을 수 있고 어쩌다 한 번 들르게 되는 장소도 있다. 작년 한해 또는 올해부터 지금까지 있었던 장소들의 일수를 헤아려 보고 각각의 장소에 들렀던 빈도를 통계적으로 나타내어 보는 활동이다.

장소	머물렀던 일수	내용
대구 남구	225	기숙사, 학교수업 및 행사
충남 아산	56	집, 방학
대구 북구	5	1학년 교생실습
경북 경산	30	청천초등학교 멘토링
경북 영천	8	여름농활
경북 포항	1	바다
강원 평창	3	새터
경남 마산	2	장례식
경남 통영	5	여행 및 캠프
경북 영덕	4	교회 수련회
서울	2	미술관 관람, 할머니 생신
충북 괴산	3	여름 가족 여행

※스쳐 지나갔던 장소는 예외

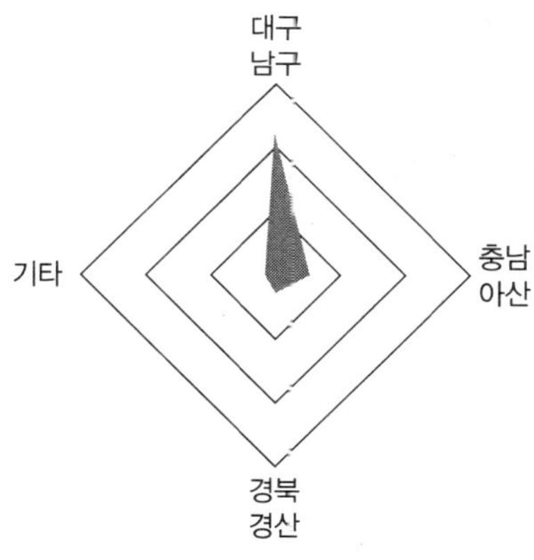

흔히 집이라 하면 내가 거주하는 공간, 내가 항상 머무르는 공간인 마냥 인식하는 경향이 있다. 그러나 이렇게 통계적으로 거주하는 일수를 기록해보니 집에 머무는 시간이 그리 많지 않다는, 다소 차가운 의미로 다가온다. 실제로도 집이나 기숙사에 거주하는 시간이 내게 100%인 것이 아니다. 위의 표를 근거로 따져 봤을 때 집(아산)에 거주하는 시간은 16.2%에 불과하다. 그러나 이것은 통계적인 수치를 따졌을 때이다. 집이 타지가 아닌 대구에 있는 다른 사람의 경우, 그래도 집에 머무르는 시간이 절대적으로 가장 많기 때문에 집을 가장 편안하게 여기는 경향은 어떤 인간이라도 지니고 있을 것이다. 태어나면서 지금까지 집이라는 공간에서 가장 많은 시간을 보내면서 추억을 만들고 가족들과 시간을 보내기 때문에 집은 인간의 생활의 근저에 반드시 필요한 존재라는 생각이 새삼 느껴진다. 또한 개개인 마다 통계치가 다르기 때문에 초등학생 스스로 자신의 이야기를 나타내고 친구들과 공유할 수 있다. 이는 초등학교 6학년 '확률과 통계' 부분에 적용시켜 수업할 수 있을 것이다.

어느 것이 더 좋을까?-교통수단 비교

다음 주 토요일에 큰 외삼촌의 아들이 서울에서 결혼식을 올린다. 대한민국 땅이 아무리 좁아도 대구에서 서울까지 가려니 갈 길이 멀어 보이기만 하다. 집에서는 기차를 타고 갈지, 버스를 타고 갈지, 자동차를 타고 갈지 고민이다. 이 때, 나는 어떤 교통수단을 쓰면 제일 효율적인지를 수학적으로 계산을 해서 알아낼 수 있겠다는 생각이 들었다. 처음에 나는 당연히, KTX가 워낙 비싸서 자동차를 타고 가는 게 더 효율적이라고 생각했지만, 그게 아니었다.

우리 집의 차는 SM5로, 휘발유차이다. 리터 당 약 12km정도 주행을 할 수 있다. 휘발유의 리터 당 가격은 자주 바뀌지만, 오늘을 기준으로 하면, 약 1,800원이다. 이렇게 보았을 때, 내가 동대구역에서 KTX를 타고 외사촌 오빠의 결혼식을 혼자 가게 되었을 경우를 가정해 계산해보면, 기차 요금(42,500원)+버스비(1,050) = 43,550원이 든다.

또한, 내가 동대구역에서 자동차를 운전해서 외사촌 오빠의 결혼식을 혼자 가게 되었을 경우를 가정해서 계산해보면 다음과 같다. 동대구역에서 외사촌 오빠의 결혼식장까지는 약 342.97km이다. 우리 집의 차는 위에서 언급한 바와 같이, 휘발유차이며 그 휘발유는 리터 당 약 1,800원이며 약 12km를 주행할 수 있다. 이것을 토대로 계산식을 세우면, 다음과 같은 비례식이 성립된다.

$$12 : 1800 = 342.97 : x$$

계산을 해보면, $1800 \times 342.97 = 12 \times x$이고, $x = 51700$이다. 즉, 동대구역에서 외사촌 오빠의 결혼식까지 가는 데 휘발유 값이 약 51,700원이 든다는 것이다. 따라서 내가 직접 운전해서 가는 것보다 KTX를 타고 가는 것이 비용이 적게 든다는 것이다.

이와 같은 식으로, 나는 대구 서부정류장에서 대구교육대학교까지 올 때는, 자동차와 지하철 중 어떤 교통수단이 비용이 덜 드는지와 어느 정도 거리가 되어야 대중교통을 이용하는 것이 비용이 덜 드는지가 궁금해져서 계산을 해보았다.

먼저, 서부정류장에서 우리 학교까지 지하철을 타고 오면 1,100원이 든다. 반면, 자동차를 타고 갈 경우를 생각해보면, 서부정류장에서 우리 학교까지는 약 4km이고, 자동차의 조건은 위와 같을 때, 약 1,800원으로 약 12km를 주행할 수 있으니, 약 100원으로 약 0.7km를 주행할 수 있다(1800 : 12 = 100 : x로 계산). 따라서 약 4km를 주행하려면 약 550원이 든다(100 : 0.7 = x : 4로 계산). 따라서 서부정류장에서 우리 학교까지는 혼자 왔을 때, 자동차를 타고 오는 게 지하철을 타고 오는 것에 비해 비용이 절반이나 줄어든다.

그렇다면, 서부정류장을 기준으로 어느 정도 거리가 되면 대중교통을 이용하는 것이 비용이 덜 들까? 자동차를 탔을 때, 약 100원으로 약 0.7km를 주행할 수 있으니, 대중 교통비인 1,100원으로는 약 7.7km를 주행할 수 있다(100 : 0.7 = 1,100 : x로 계산). 따라서, 서부정류장으로부터 7.2km정도 떨어진 대구시청까지는 자동차를 이용하는 것이, 서부정류장으로부터 8km정도 떨어진 대구역까지는 대중교통을 이용하는 것이 비용 측면에 있어서는 더 효율적이라고 할 수 있다.

이렇게 일상생활에서 어떤 교통수단이 비용 측면에 있어서 효율적인지를 알아보는 활동을 통해, 학생들은 비례식을 이해하고 세울 수 있으며, 비례식의 성질을 이용하여 간단한 비례식을 풀어볼 수 있고, 그 값을 비교해서 좀 더 합리적인 방법을 선택하는 능력을 기를 수 있다(초등 5～6학년군, 규칙성).

다시 찾아올 황금연휴

오른쪽의 달력은 2014년 5월달의 달력이다. 달력에서 알 수 있듯이 5월 3일 토요일, 5월 4일 일요일, 5월 5일 어린이날, 5월 6일 석가탄신일으로 4일 연속 쉴 수 있는 일명 황금연휴이다. 과연 이와 같은 5월 달의 황금연휴를 언제 또 만날 수

2014.05

일	월	화	수	목	금	토
26	27	28	29	1	2	3
4	5 어린이날	6 석가탄신일	7	8	9	10
11	12	13 4.15	14	15	16	17
18	19	20	21	22	23	24
25	26	27	28	29 5.1	30	31

있을지 알아보자.

1. 어린이날이 월요일인 경우

먼저, 2014년 5월5일은 월요일이고 2015년 5월5일은 화요일, 2016년은 목요일 2017년은 금요일, 2018년은 토요일, 2019년은 일요일, 2020년은 화요일, 2021년은 수요일, 2022년은 목요일, 2023년은 금요일, 2024년은 일요일, 2025년은 월요일, 2026년은 화요일, 2027년은 수요일, 2028년은 금요일 등 이런 식으로 5월5일은 4년 동안 연속으로 하루씩 지나고 5년째에는 이틀째로 건너뛴 다음 또 4년 연속 하루씩 지난다. 즉, 2016년부터 목금토일/화수목금/일월화수/금토일월/수목금토/월화수목/토일월화/목금토일/화수목금/일월화수/금토일월/수목금토/월화수목/토일월화…. 이렇게 "목금토일/화수목금/일**월**화수/금토일**월**/수목금토/**월**화수목/토일**월**화"의 규칙이 반복된다.

그러므로 5월 5일이 월요일인 경우는 처음 기준일로부터 (이때 기준일은 2014년 5월5일 기준으로) 11년 뒤, 15년 뒤, 20년 뒤, 26년 뒤, 37년 뒤, 43년 뒤, 48년 뒤, 54년 뒤, 65년 뒤, 71년 뒤, 76년 뒤, 82년 뒤 등. 그사이 간격은 (11,6,5,6,),(11,6,5,6,),(11,6,5,6,) 이렇게 또 규칙을 이룬다. 표에 정리해보면 아래와 같다.

2014년	2025년	2031년	2036년	2042년
2042년	2053년	2059년	2064년	2070년
2070년	2081년	2087년	2092년	2098년
2098년	2109년	2115년	2120년	2126년
2126년	2137년	2143년	2148년	2154년
2154년	2165년	2171년	2176년	2182년 등

11년　　6년　　5년　　6년

(위의 표는 간격을 같게 하기 위해 제일 오른쪽 년도와 밑에 줄 제일왼쪽 년도가 같음을 유의하기 바란다.) 위와 같이 표를 정리하면 아래 칸으로 한 칸 내려갈 때마다 28년의 차이가 있음을 알 수 있다.

2. 석가탄신일이 5월 6일인 경우

어린이날의 경우, 양력이라 쉽게 규칙을 찾을 수 있었지만 석가탄신일의 경우 음력 4월 8일이기 때문에 규칙성이 좀 더 어렵다. 이때 음력은 요일뿐만 아니라 날짜도 바뀌기 때문에 5월6일이 석가탄신일이 되는 경우를 찾으면 된다.

2014년 5월 6일, 2015년은 5월 25일, 2016년 5월 14일, 2017년 5월 3일, 2018년 5월 22일, 2019년 5월 12일, 2020년 4월 30일(평달), 2021년 5월 19일, 2022년 5월 8일, 2023년 5월 27일, 2024년 5월 15일, 2025년 5월 5일, 2026년 5월 24일, 2027년 5월 13일, 2028년 5월 2일, 2029년 5월 20일, 2030년 5월 9일, 2031년 5월 28일, 2032년 5월 16일, 2033년 5월 6일, 2034년 5월 25일(더 이상 네이버 달력에 자료 데이터가 없음).

여기 보면 지금 2014년과 2033년, 2015년과 2034년의 날짜가 같은 것을 알 수 있다. 19년의 차이를 두고 날짜가 같은가 해서 나는 아래로 19년 간격으로 날짜를 알아보니 아래와 같았다.

2033년-6일	2032-16	2031-28	2030-9	2029-20
2014-6	2013-17	2012-28	2011-10	2010-21
1995-7	1994-18	1993-28	1992-10	1991-21
1976-6	1975-18	1974-29	1973-10	1972-20

똑같은 19년 간격이어도 어떤 19년 차이는 날짜가 같고 어떤 19년 차이는 날짜가 다른 것을 알 수 있었다(이렇게 음력이란 것은 양력은 1년 365일인데 음력은 354년으로 해가 거듭할수록 계절이 앞당겨지는 모순이 일어났다. 그래서 그냥 들어가는 윤달을 만들어서 19년 마다 7번을 집어넣음으로써 격차를 줄였다). 이렇듯 윤달이라는 존재 때문에 딱딱 규칙성 있게 날짜가 나오지 않았다. 만약 자료가 더 있었다면 날짜를 연구하여 규칙을 찾을 수 있었을지 모르겠지만 현재 나와 있는 달력의 자료로는 규칙을 찾을 수 없었다.

나는 일상생활에서 자주 볼 수 있는 달력에서 “다음 어린이날은 언제일까”의 생각에서 시작하여 “이번처럼의 황금연휴를 또 언제 볼 수 있을까”하는 질문을 통해 우리 달력의 규칙성을 찾기 시작했다. 어린이날의 경우 양력이라 조금 복잡하지만 달력을 통해 규칙성을 찾아내었고, 몇 년 몇 년의 어린이날이 월요일일까 하는 규칙성을 찾아내었다. 하지만 음력으로 계산하는 석가탄신일은 끝내 규칙성을 찾아내지 못했다. 많은 자료를 찾아내고 이런저런 규칙성을 대입해봤지만 규칙성은 끝끝내 찾지 못하였다.

우리 일상생활에서는 규칙성에 따라 변하는 숫자·날짜 등도 있고 규칙성을 도저히 찾을 수 없는 것도 있다. 이렇게 우리 일상은 정형화 된 규칙에 의해 돌아가는 듯 하면서도 규칙성이 없는 특이한 경우, 예외도 있기 때문에 우리는 일상생활을 지내면서 이것은 규칙이 있는 것인지 없는 것인지 생각해보는 것도 재미있을 것이다.

마방진(魔方陣)

3행 3열의 모눈에 1부터 9까지의 수를 넣어, 가로, 세로, 대각선, 어느 줄이든 수의 합이 15가 되게 하려고 한다. 어떻게 하면 좋겠는가?

마방진은 수의 합이 15가 되는 형태이다. 가로줄과 세로줄 각각 세 개씩 아홉 개의 네모 칸으로 이루어진 사각형 안에, 1에서 9까지의 수를 넣되, 가로줄이든 세로줄이든 대각선이든 수의 합이 똑같아야 한다. 어떻게 하면 해답을 찾을 수 있을까?

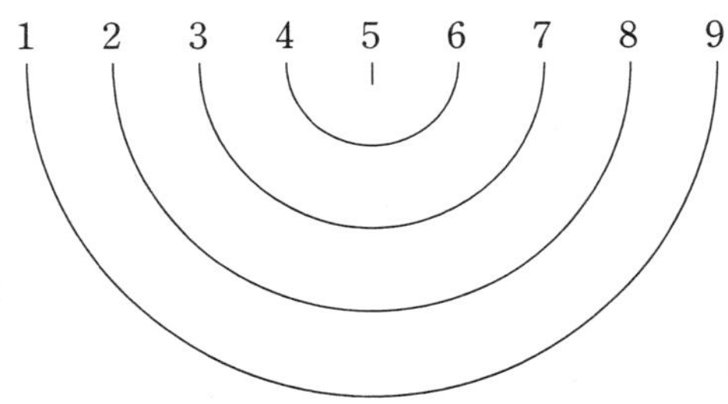

1에서 9까지의 수를 죽 늘어놓고 보면, 중축 5의 둘레를 모든 수들이 선회하고 있음을 알 수 있다. 한편, 5를 중축으로 간주하면 좌우의 수들 사이에 대칭 관계가 이루어진다. 1은 9에 대응하며 두 수의 합은 10이다. 2는 8과 연결되며 두 수의 합도 역시 10이다. 마찬가지로 3은 7과, 4는 6과 연결된다.

5를 중축으로 삼고 다른 수들을 선회시키면 수의 쌍이 만들어지고 그 쌍의 합은 모두 10이다. 거기에 중축의 5를 더하면 언제나 15를 얻을 수 있다. 그렇다면 해답은 나온 셈이다. 마방진의 한가운데에 5를 넣고 대칭 관계에 있는 나머지 수들을 그 주위에 배열하면 된다. 다만 한 가지 조심할 것은, 1과 9를 모퉁이에 넣는 것을 피해야 한다는 점이다. 1과 9를 모퉁이에 들어

가면, 1은 너무 약하게, 9는 너무 강하게 대각선에 영향을 미치기 때문이다. 따라서 해답은 아래의 그림과 같다.

4	9	2
3	5	7
8	1	6

이것을 우리는 3방진이라고 부르는데 조금 더 복잡한 9방진을 적어보겠다. 9방진의 경우에는 가로줄이나 세로줄이나 맞모금에 있는 수의 합이 언제나 369가 된다.

이 9방진의 수가 배열된 형태를 자세히 살펴보면, 지구 표면에 가상적으로 그려 놓은 경선 같은 이상한 줄들이 눈에 들어온다. 좌상 귀와 우하 귀를 잇는 맞모금 아래에 한 자릿수로만 이루어진 빗금이 있다. 그런가 하면, 1로 끝나는 수들이 하나의 세로줄을 이루어 지구의 적도처럼 중앙을 관통하고 있다. 그리고 그 옆줄로 갈수록 끝자리가 똑같은 수들이 하나씩 줄어드는 것을 볼 수 있다.

37	78	29	70	21	62	13	54	5
6	38	79	30	71	22	63	14	46
47	7	39	80	31	72	23	55	15
16	48	8	40	81	32	64	24	56
57	17	49	9	41	73	33	65	25
26	58	18	50	1	42	74	34	66
67	27	59	10	51	2	43	75	35
36	68	19	60	11	52	3	44	76
77	28	69	20	61	12	53	4	45

시외버스 요금 속의 수학

본가인 창원에서 대구로 올 때, 시외버스를 자주 이용하곤 한다. 처음 대구행 시외버스의 요금을 지불했을 때 대구와 다른 곳의 요금 차이를 비교해 본 적이 있다. 종착지에 따라 거리, 소요 시간, 요금이 달라지는 것을 보면 이들 사이에 어떤 수학적 관계가 있음을 생각해 볼 수 있다. 아래 표는 창원시외버스터미널에서에서 종착지까지 가는 노선 중 마산시외버스터미널과 창원의 다른 터미널을 제외하고 직통으로 가는 것 중 몇 가지를 뽑아 아래의 표로 정리해 보았다.

시외버스의 거리와 요금

종착지	거리(km)	소요시간	요금(원)
부산사상	42	0:45	3,800
진주	73	1:00	5,200
대구서부	108	1:20	7,000
전주	230	2:30	14,400
충주	255	3:00	18,600
천안	310	3:40	19,300
인천	403	4:40	25,200

위 표에서 거리, 소요시간, 요금을 비교해 보자. 종착지별 거리, 소요시간, 요금의 수가 위에서 아래로 갈수록 점점 커짐을 알 수 있다. 이를 통해 거리가 멀고, 소요시간이 길면 요금은 더 비싸진다는 원리를 찾을 수 있다.

이 표에서 나타난 소요시간(분)과 요금과의 관계를 계산해 보았다. (반올림 첫째 자리까지)

〈부산사상 – 진주〉
시간 : 60(진주)÷45(부산사상)≒1.3 요금 : 5,200(진주)÷3,800(대구서부)≒1.3

〈진주 – 대구서부〉
시간 : 80(대구서부)÷60(진주)≒1.3 요금 : 7000(대구서부)÷5200≒1.3

〈대구서부 – 전주〉
시간 : 150÷80≒1.9 요금 : 14,400÷7,000≒2.1

〈전주－충주〉
시간 : 180÷150≒1.2 요금 : 18,600÷14,400≒1.3

〈충주－천안〉
시간 : 220÷180≒0.8 요금 : 19,300÷18,600≒1.0

〈천안－인천〉
시간 : 280÷220≒1.3 요금 : 25,200÷19,300≒1.3

위의 계산에서 위, 아래 종착지 간의 소요시간과 요금 각각의 비를 비교해 보았더니, 시간과 요금이 거의 똑같은 비로 커지고(작아지고) 있음을 발견하였다.

찾아낸 수학적 요소
① 종착지로 가는 거리가 멀고, 소요시간이 길수록 요금은 올라간다.
② 종착지 간 소요시간과 요금은 각각 거의 똑같은 배로 증가(감소)한다.
예) 부산사상－진주 : 약 1.3배
대구서부－전주 : 약 2.0배

일반인, 중고생, 초등생, 유공자의 요금을 아래 표에서 비교해 보았다.

시외버스 요금

종착지	일반	중고생	초등생	유공자
부산사상	3,800	3,000	1,900	2,700
노포동	5,900	4,700	3,000	4,100
덕계	7,300	5,800	3,700	5,100
웅촌	8,700	7,000	4,400	6,100
포항	12,300	9,800	6,100	8,500
원주	19,600	15,700	9,800	13,700
수원	23,100	18,500	11,600	16,200

일반인의 요금과 중고생, 초등생, 유공자의 요금 사이에 어떤 관계가 있는지 반올림하여 소수 첫째자리까지 계산하면 아래와 같다.

시외버스 요금

종착지	일반-중고생	일반-초등생	일반-유공자
부산사상	3800(일반)÷3000(중고생)≒1.3	3800(일반)÷1900(초등생)=2	3800(일반)÷2700(유공자)≒1.4
노포동	5900÷4700≒1.3	5900÷3000≒2.0	5900÷4100≒1.4
덕계	7300÷5800≒1.3	7300÷3700≒2.1	7300÷5100≒1.4
웅촌	8700÷7000≒1.2	8700÷4400≒2.0	8700÷6100≒1.4
포항	12300÷9800≒1.3	12300÷6100≒2.0	12300÷8500≒1.4
원주	19600÷15700≒1.2	19600÷9800 = 2	19600÷13700≒1.4
수원	23100÷18500≒1.2	23100÷11600≒2.0	23100÷16200≒1.4

위의 계산을 보면 일반-중고생, 초등생, 유공자 간 각각의 비가 거의 똑같다는 것을 알 수 있다.

찾아낸 수학적 요소
① 일반요금과 중고생요금은 약 1.3배의 차이가 난다.
② 일반요금과 초등생요금은 약 2.0배의 차이가 난다.
③ 일반요금과 유공자 요금은 약 1.4배의 차이가 난다.

보통 시간대의 일반요금과 심야요금에는 차이가 있다. 이를 표로 정리하면 아래와 같다.

종착지	일반요금	심야요금
해운대	5,900	6,500
대전	14,500	16,000
천안	19,300	21,200
인천	25,200	27,700
고양	28,000	30,800

위의 표의 일반요금과 심야요금 사이에 어떤 관계가 있는지 반올림하여 소수 첫째자리까지 계산하면 아래와 같다.

〈해운대〉
6500(심야)÷5900(일반)≒1.1

〈천안〉
21200÷19300≒1.1

〈고양〉
30800÷28000 = 1.1

〈대전〉
16000÷14500≒1.1

〈인천〉
27700÷25200≒1.1

위의 계산식을 보면 일반요금과 심야요금은 거의 똑같은 비로 커짐(작아짐)을 알 수 있다.

> **찾아낸 수학적 요소**
> ① 일반요금과 중고생요금은 약 1.3배의 차이가 난다.

위에서 보듯이, 창원버스터미널의 시외버스에서 찾아 본 수학적 요소들을 크게 3분류로 나눌 수 있고 그 결과를 정리하면 아래와 같다.

> **시외버스에서 찾아낸 수학적 요소**
> 1. 종착지 간 거리, 소요시간, 요금의 비
>   ① 종착지로 가는 거리가 멀고, 소요시간이 길수록 요금은 올라간다.
>   ② 종착지 간 소요시간과 요금은 각각 거의 똑같은 배로 증가(감소)한다.
> 2. 일반요금과 중고생, 초등생, 유공자 요금의 비
>   ① 일반요금과 중고생요금은 약 1.3배의 차이가 난다.
>   ② 일반요금과 초등생요금은 약 2.0배의 차이가 난다.
>   ③ 일반요금과 유공자 요금은 약 1.4배의 차이가 난다.
> 3. 일반요금과 심야요금의 비
>   ① 일반요금과 심야요금은 약 1.1배의 차이가 난다.

이렇게 우리의 일상을 조금만 둘러보면 다양한 수학적 요소들이 존재하고 있음을 알 수 있다. 평소에 수학에 큰 관심을 가지지 않았던 나이지만 평소 자주 이용했던 버스터미널에서 수학적 요소들을 찾아보니 우리의 삶에서 수학이 얼마나 큰 영향을 미치고 있는 지 실감할 수 있었다. 초등학생들이 수학에 흥미를 가지지 못하는 경우, 이와 같이 우리 주변에서 수학이 사용되는 것들을 찾아보면서 학생들의 호기심을 자극하는 방법을 사용해 보는 것도 학생들의 흥미를 불러일으키는 좋은 방법이 될 수 있을 것이다.

생활 속 속담과 명언에서 숫자 찾기

열 길 물속은 알아도 한 길 사람 속은 모른다.

열 일 제치다.

열 사람이 지켜도 한 도둑놈은 못 막는다.

열 사람이 함께 가면 반드시 한 스승이 있다.

열을 듣고 하나도 모른다.

세 살 버릇 여든까지 간다.

발 없는 말이 천 리 간다.

천리 길도 한걸음부터

말 한마디에 천 냥 빚을 갚는다.

천재는 1%의 영감과 99%의 노력으로 이루어진다.

구슬이 서 말이라도 꿰어야 보배다.

서당개 삼 년에 풍월을 읊는다.

오뉴월 감기는 개도 안 걸린다.

되로 주고 말로 받는다.

내 코가 석자

십 년이면 강산도 변한다.

가장 위대한 숫자는 어느 것인가요? 그것은 "1"입니다. −데이비드 흄

신은 만물을 수로써, 즉 무게와 크기로써 만들었다. −데카르트

열 번 찍어 안 넘어가는 나무 없다.

둘이 먹다가 하나가 죽어도 모른다.

백 번 듣는 것이 한 번 보는 것만 못하다.

일석이조

오 리 보고 십 리 간다.

작심삼일

열 손가락 깨물어 안 아픈 손가락 없다.

여름에 하루 놀면 겨울에 열흘 굶는다.
사람이 천 냥이면 눈이 팔백 냥이다.
미꾸라지 한 마리가 온 냇물을 흐린다.
십 년 공부 나무아미타불
삼 년 가는 흉 없고 석 달 가는 칭찬 없다.

속담과 명언은 단순한 하나의 문장 이상의 힘을 가지고 있다. 속담은 예로부터 전해지는 선조들의 지혜를 담은 격언 또는 잠언으로, 우리 생활과 아주 밀접한 관련을 맺고 있다. 이러한 속담 또는 명언 속에도 숫자가 빈번히 나타나는 것을 찾을 수 있다. 우리의 생활은 항상 숫자와 연관되어 있고, 그것이 속담과 명언에도 표현되는 것이다.

시계 속의 수학

시계가 없다면 우리 삶은 어떻게 될까? 우리는 아침에 눈을 뜨는 순간부터 잠에 드는 순간까지 시계를 통해 시간을 확인하며 살아간다. 우리는 때때로 시간이 빠르게 흘러가거나, 느리게 지나가기를 바라기도 하지만 시계의 바늘은 언제나 일정한 속도로 움직이며 우리에게 시간을 알려준다. 이처럼 우리 삶에 밀접한 관계를 가지고 있는 시계는 초등학교 수학에서 어떻게 사용될 수 있을까? 초등학교 수학에서 시계의 활용에 대해서 알아보자.

초등학교 수학에서 시계는 1학년 2학기 4단원 '시계 보기'와 3학년 1학기 5단원 '시간과 길이'에서 다루고 있다. '시계 보기' 단원에서는 아동이 시각을 읽고 시간을 알 수 있는 능력을 길러주며, '시간과 길이' 단원에서는 1분이 60초임을 알고, 시, 분, 초 단위의 덧셈과 뺄셈 능력을 길러준다.

이처럼, 시계는 일상생활에서 꼭 필요한 시계를 볼 수 있는 능력을 기르는 데 사용되며(1), 단위에 대한 개념(하루 = 24시간, 1시간 = 60분, 1분 = 60초)을 배우는 데도 사용되고(2), 덧셈과 뺄셈을 배우는 데도 사용된다(3). 이 밖에도, 시계를 이용하여 1학년 학생들은 숫자에 대해서 친숙해질 수 있고(4), 분침이 1을 가리킬 때 5분이 되는 것을 이용하여 곱셈을 배울 수 있다(5). 시계의 모양을 이용하여 원의 특징을 알 수 있고(6), 시침과 분침을 이용해 각도에 대해서도 공부할 수 있다(7). 또한, 시침과 분침이 움직임을 이용해 속력을 구하는 공식을 배우고(8), 시침과 분침이 만나는 횟수를 방정식을 통해서 구할 수 있다(9). 그리고 시계가 돌아가는 원리를 통해 톱니바퀴를 이용한 비례의 개념을 알 수 있다(10). 이와 같은 초등학교 수학에서 시계의 활용에 대해 더 자세히 알아보자.

1. 시계를 볼 수 있는 능력 기르기

아래와 같이 시계의 시침과 분침을 읽는 연습을 통해 실생활에 꼭 필요한 시계를 볼 수 있는 능력을 기를 수 있다. 이 내용은 1학년 2학기 4단원 '시계 보기' 단원에서 공부한다.

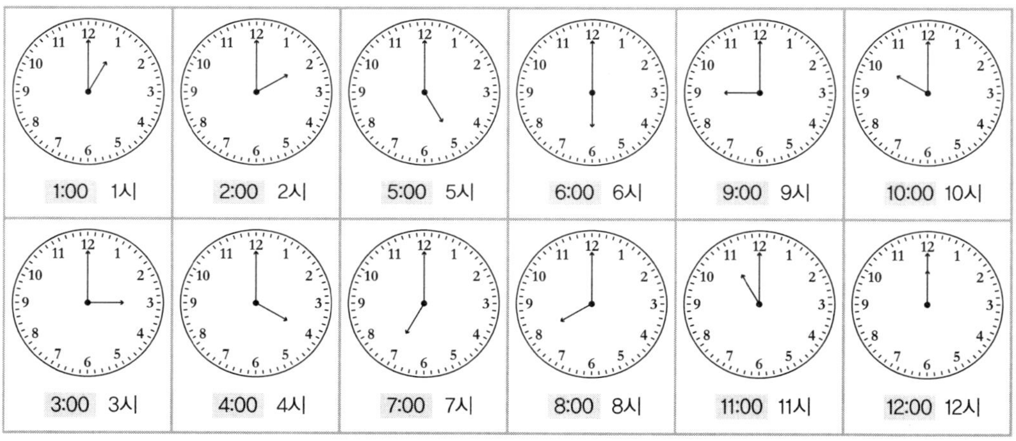

2. 단위에 대한 개념 기르기

시계는 1시간 = 60분, 1분 = 60초로 60진법을 사용한다. 따라서 10진법에 익숙한 학생들은 시계를 통해 진법이나 단위에 대한 개념을 기를 수 있다. 진법은 초등학교에서 다루지 않지만, 시간의 단위는 3학년 2학기 5단원 '시간과 길이'에서 다룬다.

3. 덧셈과 뺄셈 배우기

60진법의 단위를 배웠으면 이를 사용하여 덧셈과 뺄셈을 할 수 있다.

(시각) + (시간) = (시각)

〈할머니 댁에 도착한 시간〉

	2시	30분	25초
+		50분	45초
		80분	70초
		1 ←	60
	2시	81분	10초
	1 ←	60	
	3시	21분	10초

(시간) + (시간) = (시각)

〈운동을 한 시간〉

	1시간	45분	17초
+	2시간	32분	59초
		77분	76초
		1 ←	60
	3시간	78분	16초
	1 ←	60	
	4시간	18분	16초

(시각) − (시간) = (시각)

〈저녁을 먹기 시작한 시간〉

		60	
	7	29	60
	~~8~~시	~~30~~분	10초
−		40분	50초
	7시	49분	20초

(시각) − (시각) = (시간), (시간) − (시간) = (시간)

〈집에 도착하는 데 걸린 시간〉

		60	
	9	21	60
	10시	~~22~~분	15초
−	8시	37분	49초
	1시간	44분	26초

이와 같은 시간의 덧셈과 뺄셈은 3학년 1학기 5단원 '시간과 길이'에서 배운다.

4. 숫자에 대해 친숙해지기

시계에는 1~12의 숫자가 쓰여 있으며, 분침을 읽기 위해서는 1~60까지의 수를 알아야 한다. 따라서 처음 숫자를 접하는 학생들은 시계 놀이를 통해 숫자에 대해 친숙해질 수 있다. 또한, 시계는 시간을 읽을 때 1시 1분을 '한 시 일 분'으로 읽는 것처럼 단위에 따라 수읽기의 방법이 달라짐을 배울 수 있는 중요한 도구가 된다. 따라서 1학년 1학기 1단원 '9까지의 수', 5

단원 '50까지의 수', 1학년 2학기 1단원 '100까지의 수'를 배울 때 시계가 유용하게 사용될 수 있다.

5. 곱셈 배우기

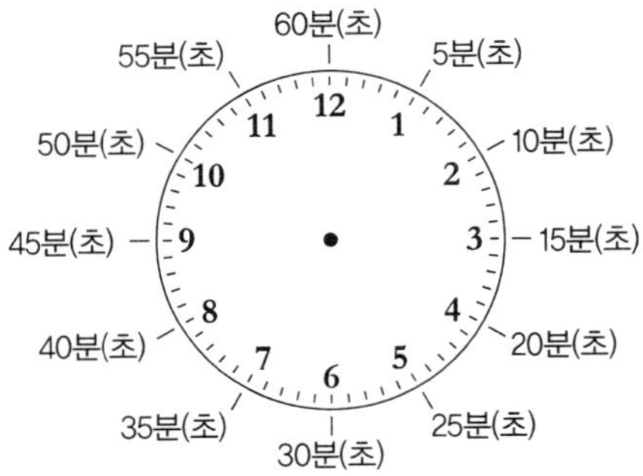

왼쪽의 그림과 같이 시계의 분침과 초침을 읽기 위해서는 시계에 그려진 숫자에 5를 곱해서 읽어야 한다.

따라서 초등학교 2학년 1학기 8단원 '곱셈'과 2학년 2학기 '곱셈구구', 3학년 1학기 6단원 '곱셈' 단원을 배우는 데 시계가 활용될 수 있다.

6. 원의 특징 알기

우리가 교실에서 보는 대부분의 시계는 원형이다. 따라서 시계를 이용하여 원의 개념과 특징에 대해서 배울 수 있다. 따라서 2학년 1학기 3단원 '여러 가지 모양'에서 동그란 모양으로 시계를 예로 들 수 있고, 3학년 2학기 3단원 '원'에서 시계를 통해 원의 모양과 특징에 대해 알 수 있다.

7. 각도 알기

시계는 시침과 분침이 원의 중심에서 중심각을 이룬다. 특히 360°인 원형의 시계는 12개의 눈금을 가지므로 눈금의 간격은 30°로 일정하다. 따라서 처음 각도를 배우는 학생도 시계의 각도는 쉽게 알 수 있다. 이처럼 4학년 1학기 3단원 '각도'를 배울 때 시계의 시침과 분침이 이루는 각도를 활용할 수 있다.

8. 시침과 분침의 속력 구하기

시침과 분침이 시계를 한 바퀴 돈다는 것을 이용하여 360°를 기준으로 삼았을 때, 시계 속의 시침과 분침의 속력과 각도를 알아볼 수 있다. '(속력) = (거리)÷(시간)'이다. 따라서 12시간이 지나야 시침이 시계를 한 바퀴 돌기 때문에 360÷12 = 30(°)가 되고, 분침은 60분이 되면 한 바퀴를 도니까 360÷60 = 6(°)가 된다. 즉, 시침은 1시간에 30°를 가고 분침은 1분에 6°

를 간다. 그런데 기준 시간이 다르기 때문에 시침이 더 각도가 크니까 더 빠르다고 생각하면 안 된다. 기준 시간을 같게 가지려면, 시침이 1시간에 30°를 가고, 1시간 = 60분이니까 60분에 30°를 간다고 할 수 있다. 따라서 $30 \div 60 = 0.5(°)$가 나온다.

즉, 시침은 1분에 0.5°를 가는 것이고 분침은 1분에 6°를 가는 것이니까, 분침이 시침보다 12배($6 \div 0.5 = 12$)만큼 빨리 가는 것을 알 수 있다. 초침의 경우는 1분에 360°를 돌기 때문에 1초에 6°를 돌고 있음을 알 수 있다.

9. 시침과 분침이 만나는 횟수를 방정식을 이용해 풀기

앞에서 알아보았다시피 시침은 1분에 0.5°, 분침은 1분에 6°를 움직인다. 이 사실을 이용하여 시침과 분침이 만나는 시각을 방정식을 이용해 알아볼 수 있다.

12시 정각에 시침과 분침이 만나고 이어서 1시까지는 시침과 분침은 만나지 않는다. 그러므로 1시와 2시 사이에 시침과 분침이 만나는 시각을 구해 보자. 시계에서 12를 기준으로 보면, 1시 정각에 분침은 0° 위치에 있지만 시침은 30° 위치에 있다. 시간이 x분 지나면, 분침이 움직인 각도는 $6x°$가 되고, 시침의 위치는 $30+0.5x°$가 된다. 시침과 분침이 만나려면 이 두 각도가 같아야 하므로 방정식 $6x = 30+0.5x$를 풀면 된다. 결과적으로 $x = 60/11 = 5.4545\cdots$가 된다. 초등학생은 다음과 같은 방법을 생각하면 조금 쉬울 수 있다. 시침과 분침은 1분에 5.5°씩 가까워진다. 시침과 분침은 처음 1시 정각에 30°나 떨어져 있었으므로 $30 \div 5.5 = 60/11$(분) 후에 만나게 된다. 따라서 1시 5.45분 정도가 되면 시침과 분침이 만난다는 사실을 알 수 있다.

이 방법을 일반화하여 시간대별로 시침과 분침이 겹치는 시각을 구하면 시침과 분침이 만나는 시각은 12시를 제외하고는 무한히 반복되는 소수로 나타난다. 즉 그 시간을 정확히 말할 수 없다는 것이다. 그러나 12시가 되는 순간에 정확하게 만나게 되어, 또 다시 360°의 여행을 시작하게 된다. 그렇기 때문에 12시라는 것은 하루의 정오와 자정을 구분하는 것 이외에도 아주 중요한 의미를 지닌다.

이처럼 방정식을 만들어 푸는 것은 6학년 2학기 6단원 '방정식'을 통해 배울 수 있다.

10. 비례 개념 알기

기계식 시계는 태엽이나 건전지를 이용하여 톱니바퀴를 돌려 시침과 분침을 돌리는 방식이다. 이때, 톱니의 수가 비례를 이용해서 분침이 한 바퀴 돌 때 시침이 한 칸을 움직이게 한다.

예를 들어 분침의 톱니바퀴가 10개 있고, 시침의 톱니바퀴가 30개, 6개, 24개 있을 때, 분침이 한 바퀴 돌면 10개의 톱니를 지나가고 이때 맞물려 있는 톱니 30개가 시침의 톱니의 1/3이 돌고, 그 때 6개짜리 톱니도 1/3인 2칸을 이동한다. 그러면 이 때 맞물려 있는 24개짜리 톱니가 2칸 이동하게 되는 것이다. 그러므로 톱니 10개인 분침이 12번 회전하면 톱니 24개인 시침이 12×2 = 24가 되어 한 바퀴를 돌게 된다. 이처럼, 기계식 시계에서는 톱니 수의 비례 관계를 통해 시계가 움직인다.

이는 5학년 2학기 7단원 '비와 비율'과 6학년 1학기 7단원 '비례식'에서 활용할 수 있다.

프린터기에 담긴 규칙성 찾기

실험에는 집에 있는 삼성 프린터기를 사용했다. 실험 내내 인쇄한 문서는 동일한 한글 파일로 했고 휴대폰으로 시간을 측정했다. 각 장마다 3번의 실험을 거쳤다.

1. 문서 한 장을 인쇄하는데 걸리는 시간

▲ 1차 실험

▲ 2차 실험

▲ 3차 실험

12.5로 거의 동일한 시간이 걸렸다.

2. 문서 두 장을 인쇄하는데 걸리는 시간

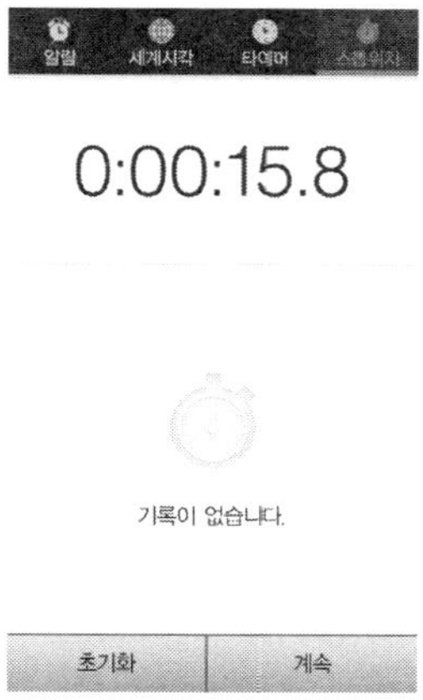

▲ 1차 실험

▲ 2차 실험

▲ 3차 실험

15.8로 모두 동일한 시간이 나왔다.

3. 문서 세 장을 인쇄하는데 걸리는 시간

▲ 1차 실험

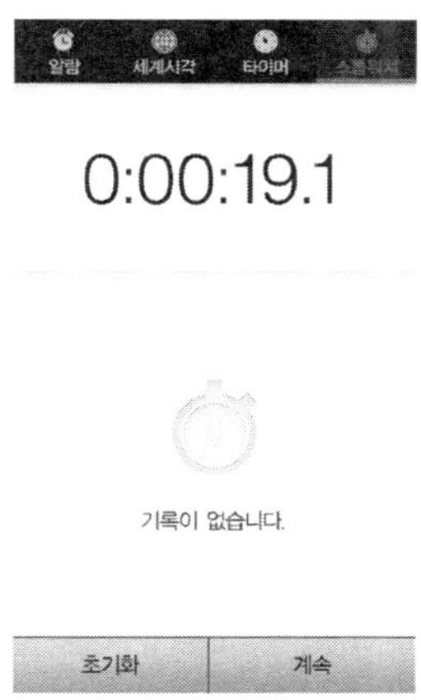

▲ 2차 실험

▲ 3차 실험

19.1로 모두 동일한 시간이 나왔다.

실험의 결과를 표로 정리해 보면,

실험 \ 장 수	1장	2장	3장	4장
1차	12.4	15.8	19.1	?
2차	12.5	15.8	19.1	?
3차	12.5	15.8	19.1	?
평균	12.5	15.8	19.1	?

(※평균을 소수점 한자리로 나타내기 위해서 소수점 밑 두 자리에서 반올림 하였다.)

차이	3.3	3.3	3.3

이로 보아 첫 장을 인쇄할 때는 12.5초의 시간이 걸리고 그 이후에는 한 장당 대략 3.3초의 시간이 소비된다는 것을 알 수 있다. 이것으로 4장 인쇄하는데 걸리는 시간은 19.1+3.3 = 22.4라는 것도 알 수 있다.

이를 초등수학 4−2 8단원 규칙 찾기와 문제 해결에 예시나 응용으로 제시하여 학습 효율을 높일 수 있을 것 같다.

TV 편성표(MBC)에서 찾을 수 있는 규칙

우리가 흔히 보는 TV 프로그램의 종류와 수는 매우 다양하다. 요일과 시간에 따라 수많은 다른 프로그램들이 방영되기 때문에 많은 사람들이 TV 편성표에는 특정한 규칙이 존재하지 않는다고 생각하지만, 그것은 사실이 아니다. TV 편성표를 더욱 자세히 살펴보면 요일마다 같은 시간에 방송되는 프로그램들은 이름만 다를 뿐 그 종류는 거의 비슷하다는 규칙이 존재하며, 이 외에도 더 많은 규칙들이 있다. 이러한 규칙들을 알아보기 위해 2015년 3월 30일 월요일부터 2015년 4월 2일 목요일까지의 MBC TV 편성표를 살펴보았다.

첫 번째로, 요일별 프로그램의 종류에 따른 방영시간을 크게 분류해보면 그 규칙은 다음과 같다.

요일별 프로그램의 종류와 방영시간

	3/30 월요일	3/31 화요일	4/1 수요일	4/2 목요일
시작	오전 5시	오전 5시	오전 5시	오전 5시
아침 메인뉴스	오전 6시~7시 50분	오전 6시~7시 50분	오전 6시~7시 50분	오전 6시~7시 50분
아침 일일드라마	오전 7시 50분 ~8시 25분	오전 7시 50분 ~8시 25분	오전 7시 50분 ~8시 25분	오전 7시 50분 ~8시 25분
생방송 아침 토크쇼	오전 8시 30분~11시	오전 8시 30분~11시	오전 8시 30분~11시	오전 8시 30분~11시
자체 방송 및 재방송 프로그램	오전 11시~오후 5시	오전 11시~오후 5시	오전 11시~오후 5시	오전 11시~오후 5시
이브닝 메인 뉴스	오후 5시~6시 10분	오후 5시~6시 10분	오후 5시~6시 10분	오후 5시~6시 10분
자체 저녁 생방송 프로그램	오후 6시 10분 ~7시 15분	오후 6시 10분 ~7시 15분	오후 6시 10분 ~7시 15분	오후 6시 10분 ~7시 15분
저녁 일일드라마	오후 7시 15분 ~7시 45분 오후 8시 55분 ~9시 25분	오후 7시 15분 ~7시 45분 오후 8시 55분 ~9시 25분	오후 7시 15분 ~7시 45분 오후 8시 55분 ~9시 25분	오후 7시 15분 ~7시 45분 오후 8시 55분 ~9시 25분
뉴스데스크	오후 8시~8시 50분	오후 8시~8시 50분	오후 8시~8시 50분	오후 8시~8시 50분
드라마	오후 10시 ~11시 10분	오후 10시 ~11시 10분	오후 10시 ~11시 10분	오후 10시 ~11시 10분
시사·교양 및 예능 프로그램	오후 11시 15분 ~12시 35분 (시사·교양)	오후 11시 15분 ~12시 35분 (시사·교양)	오후 11시 15분 ~12시 35분 (예능)	오후 11시 15분 ~12시 35분 (예능)

위 표를 통해 먼저, 월요일부터 목요일까지 프로그램을 시작하는 시간이 5시로 항상 같다는 규칙을 발견할 수 있다. 또한 어느 요일이든지간에 오전에는 아침 메인뉴스→아침 일일드라마→생방송 아침 토크쇼→자체 방송 및 재방송 프로그램 순으로, 오후에는 자체 방송 및 재방송 프로그램→이브닝 메인 뉴스→자체 저녁 생방송 프로그램→저녁 일일드라마→뉴스데스크→드라마→시사·교양 및 예능 프로그램 순으로 구성되어 있는 것을 알 수 있다. 이렇게 프로그램들이 방영되는 시간이 요일에 관계없이 대체로 동일하다는 규칙이 있어 프로그램의 종류에 따라 원하는 TV 프로그램을 볼 수 있는 시간을 쉽게 찾을 수 있다.

시간대별 방영되는 프로그램의 특징과 규칙을 더욱 자세히 살펴보면, 메인뉴스는 항상 오전 6시, 오후 5시, 오후 8시에 시작하는 규칙이 있다. 그리고 보통 메인뉴스는 이브닝 메인뉴스와 뉴스데스크처럼 1시간 정도 방송되지만, 아침 메인 뉴스는 1부와 2부로 나누어져 있기 때문에 2시간 동안 방송되는 규칙도 발견할 수 있었다.

다음으로 드라마는 요일에 관계없이 아침 일일드라마, 저녁 일일드라마, 오후 10시 드라마로 모두 동일하게 구성되어 있는 규칙이 있다. 이 때 오후 10시부터 11시 10분까지 하는 드라마는 월요일과 화요일이 서로 같고, 또 수요일과 목요일이 서로 같다. 따라서 이를 통해 아침과 저녁의 일일드라마와는 달리, 밤 10시부터 11시 10분까지 하는 드라마는 월화 드라마와 수목 드라마로 구성되어 있는 것을 알 수 있다. 즉 월화 드라마와 수목드라마는 일일드라마와는 달리, 각각 일주일에 2번만 방영되는 규칙이 있는 것이다. 또한 일일드라마는 30분 동안 방영되는 반면, 월화 드라마와 수목 드라마 같이 일주일에 두 번만 방송되는 드라마는 1시간 정도 방영되는 규칙도 있었다.

월화 드라마, 수목 드라마와 마찬가지로 오후 11시 15분부터 12시 35분까지 하는 프로그램 또한 프로그램명은 달랐지만 월요일과 화요일은 시사·교양 프로그램, 수요일과 목요일은 예능 프로그램이라는 규칙이 있었다. 따라서 이러한 사실들을 토대로 월요일과 화요일의 TV 편성표가 서로 매우 비슷하고, 또 수요일과 목요일의 편성표가 서로 매우 비슷하다는 규칙도 발견할 수 있다.

이뿐만 아니라 위 표에서 자체 방송 프로그램과 자체 저녁 생방송 프로그램은 방송되는 프로그램이 지역별로 다르다는 규칙이 있다. 따라서 이러한 자체 프로그램들이 '지역'이라는 고유한 의미를 나타내므로 TV 편성표를 통해 방영되고 있는 '지역'도 찾을 수 있다.

두번째로, 요일별 MBC TV 편성표를 구성하는 프로그램의 종류에 따른 개수는 다음과 같은 규칙을 가지고 있다.

	3/30 월요일	3/31 화요일	4/1 수요일	4/2 목요일
메인 뉴스	3개	3개	3개	3개
드라마	4개	4개	4개	4개
시사·교양 프로그램	5개	4개	2개	2개
자체 방송 및 재방송 프로그램	8개	7개	7개	8개
예능 프로그램	0개	0개	1개	1개

위 표를 통해 프로그램의 종류에 따른 요일별 프로그램의 개수가 대체로 비슷하다는 규칙을 발견하였다. 이를 더 자세히 살펴보면 하루에 메인 뉴스는 항상 3번 하고, 드라마는 항상 4번 한다는 규칙이 있다. 그리고 자체 방송 및 재방송 프로그램은 7~8개, 시사·교양 프로그램은 2~5개, 예능 프로그램은 0~1개로 이루어져 있는 것을 알 수 있다.

또한 위의 표를 살펴보면 월요일과 화요일은 예능 프로그램이 하나도 없는 대신 시사·교양 프로그램이 4∼5개로 다른 요일보다 많고, 수요일과 목요일은 예능 프로그램이 1개 있는 반면 시사·교양 프로그램은 다른 요일보다 적은 2개로 구성되어 있었다. 여기에는 예능 프로그램의 개수가 증가함에 따라 시사·교양 프로그램의 개수가 감소한다는 규칙이 있다. 다시 말해서 시사·교양 프로그램과 예능 프로그램의 개수 사이에는 '음의 상관관계'가 성립한다는 규칙을 찾을 수 있다. 이것을 표로 나타내면 다음과 같다.

〈음의 상관관계〉

두 변량 x, y 사이에 x의 값이 커짐에 따라 y의 값은 대체로 작아지는 관계

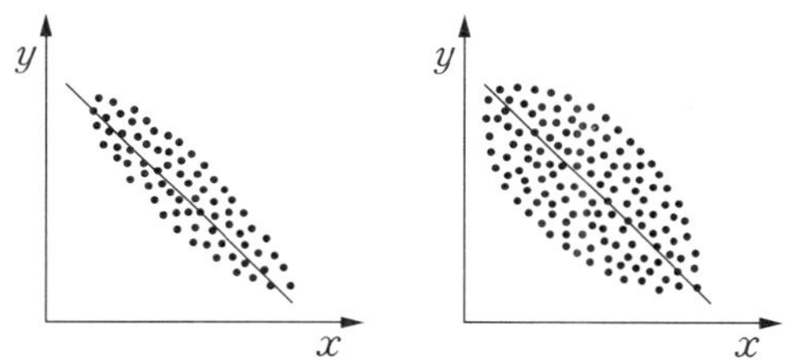

음의 상관관계가 강함　　음의 상관관계가 약함

여기서, x=예능 프로그램의 개수
y=시사·교양 프로그램의 개수라 할 수 있다.

지금까지 MBC TV 편성표를 바탕으로 TV 편성표에 있는 여러 가지 규칙들에 대해 알아보았다. MBC 뿐만 아니라 타방송사의 편성표를 살펴본다하더라도 물론 약간의 차이는 있겠지만, 요일별 그리고 시간대별로 이렇게 수많은 규칙들이 존재한다는 사실만큼은 분명하다. 일상생활에서 휴식의 형태로서 일반인들이 가장 많이 이용하는 TV의 편성표 하나만 보더라도 이렇게 많은 수학적 규칙이 존재한다는 사실이 매우 놀랍고 흥미로웠다. 그리고 이를 통해 '수학'이라는 것이 우리 생활과 매우 밀접한 관련이 있으며, 우리 생활 곳곳에 녹아있다는 것을 몸소 느끼게 되었다. TV 편성표에 있는 '규칙'이라는 수학적 요소를 통해 시청하기를 원하는 프로그램이 또 언제, 어느 요일에 하는지를 쉽게 찾을 수 있으므로 더 편리하고 효율적인 생활을 누릴 수 있을 것 같다는 생각이 든다. 이와 관련된 내용은 4학년 1학기 8단원 '규칙 찾기'와 연관지을 수 있다.

화장품 가게에서의 수학

화장품을 내 돈으로 사서 쓴 지 얼마 되지 않아서인지, 세일기간이 아닐 때 화장품을 사는 것은 손해라는 생각이 머릿속에 깊이 박혀있다. 그래서 꼭 필요한 화장품이 생기더라도 언제 올지 모르는 세일기간을 무작정 기다리기만 하고, 필요를 충족하지 못한채 지냈다. 우리는 화장품 가게에서 세일 문자 수신 여부를 설정할 수 있고, 이 덕분에 세일 기간을 파악하여 할인된 가격으로 화장품을 살 수 있다. 그런데, 잘 생각해보니 한 브랜드의 세일은 경영자가 내킬 때 아무 때나 하는 것은 아닐 것이다. 즉, 세일 기간이라는 것도 소비자의 구매력을 높이기 위해서 어떤 규칙을 갖고 반복되는 것은 아닐까 하는 생각에서 규칙을 찾아보게 되었다.

내가 살펴본 화장품 가게는 '네이쳐 리퍼블릭'이라는 화장품 가게이다. 나는 2015년 1월부터 4월까지의 세일 기간 문자를 이용하였다. 1월부터 4월까지의 세일 기간을 우선 표로 적으면 다음과 같다.

	1월		2월		3월		4월	
세일 기간	1/1 ~1/8	1/15 ~1/18	2/13 ~2/15	2/21 ~2/24	3/12 ~3/15	3/27 ~3/29	4/17 ~4/20	4/29 ~5/6
세일 기간의 요일	목~목	목~일	금~일	토~화	목~일	금~일	금~월	수~수

표에 나타나 있듯이 1, 2, 3, 4월의 총 8번의 세일 기간은 모두 항상 주말에 걸쳐 있었다. 이를 통해 화장품 가게의 세일 기간은 '토요일, 일요일'의 주말을 고정적 요소로 지정해 놓는다는 것을 파악할 수 있었다. 이는 수학적 시각에서 바라본다면 "집합"의 개념과 연관 지을 수 있을 것 같다. 일주일이라는 이름의 집합 안에는 월요일, 화요일, 수요일, 목요일, 금요일, 토요일, 일요일이라는 7개의 원소가 있는데, 이 중 '토요일, 일요일'이라는 원소가 항상 포함된 집합을 만드는 것이 화장품 회사에서 고려해야 할 요인이라는 것이다. 이는 또한, 세일 기간은 '토요일, 일요일'을 무조건 포함한다는 규칙으로 설명할 수도 있다.

일주일={월요일, 화요일, 수요일, 목요일, 금요일, 토요일, 일요일}
세일 기간={토요일, 일요일, ○요일}

두 번째로, 세일 기간은 일정한 기간과 일정한 간격을 지닌다는 규칙을 파악할 수 있다. 이를 표로 정리하면 아래와 같다.

	1월		2월		3월		4월	
세일 기간	1/1 ~1/8	1/15 ~1/18	2/13 ~2/15	2/21 ~2/24	3/12 ~3/15	3/27 ~3/29	4/17 ~4/20	4/29 ~5/6
세일이 진행된 기간	8일	4일	3일	4일	4일	3일	4일	8일
세일 간 간격		6일	25일	5일	15일	11일	18일	8일

우선 이 화장품 회사는 한 달에 2번 세일을 진행하는 규칙을 가지고 있다고 볼 수 있다. 세일이 진행된 기간을 살펴보면 1월과 4월에 한 번씩 일주일이 넘는 8일간의 세일을 제외하고는 나머지 6번 모두 3일 혹은 4일의 세일 진행 기간을 보이고 있다. 그리고 3일 혹은 4일의 세일 기간이 한 달 안에서 중복해서 일어나지 않는다는 규칙을 보이고 있기도 하다.

여기서 세일 간 간격이 들쭉날쭉하다고 여겨질 수도 있겠지만, 이때는 달력을 통해 규칙을 파악할 수 있다. 아래의 그림을 참조하면 된다.

2015.01

일	월	화	수	목	금	토
28	29	30	31	1 신정	2	3
4	5 11.15	6	7	8	9	10
11	12	13	14	15	16	17
18	19	20 12.1	21	22	23	24
25	26	27	28	29	30	31

2015.02

일	월	화	수	목	금	토
1	2	3 12.15	4	5	6	7
8	9	10	11	12	13	14
15	16	17	18	19 1.1 설날	20	21
22	23	24	25	26	27	28

2015.03

일	월	화	수	목	금	토
1	2	3	4	5 1.15	6	7
8	9	10	11	12	13	14
15	16	17	18	19	20 2.1	21
22	23	24	25	26	27	28
29	30	31	1	2	3	4

2015.04

일	월	화	수	목	금	토
29	30	31	1	2	3 2.15	4
5	6	7	8	9	10	11
12	13	14	15	16	17	18
19 3.1	20	21	22	23	24	25
26	27	28	29	30	1	2

▲ 세일이 시작되는 날과 끝나는 날

위의 4개월의 달력 그림을 보면 한 달의 딱 절반인 15일을 기준으로 최대 3일의 +, −일수를 두고 세일을 하는 것을 알 수 있다. 실제 세일이 시작되는 날짜는 짙은 회색으로 표시하였다. 1월은 기준점인 15일이 세일 시작기간으로, 2월은 15일보다 −2일인 13일부터, 3월은 −3일인 12일부터, 4월은 +2일인 17일부터 각각 이달의 첫 세일을 시작한다. 여기서 1월 1일의 세일 기간은 정기 세일이 아니라 새해맞이 특별 세일이므로 규칙의 대상에서 제외된다고 본다. 달 별로 약간의 일수 차이는 있지만 모두 둘째 주와 셋째 주에 달의 첫 세일을 시작한다는 점에서 규칙을 지닌다고 볼 수 있다. 이렇게 한 현상에서 "규칙"을 찾는 것도 수학적 요소라고 할 수 있을 것이다.

화장품 가게의 세일 알림 문자를 통해 두 가지의 수학적 요소를 파악해보았다. 지금까지는 생각 없이 세일 기간을 무작정 기다리기만 했는데, 주말이 꼭 포함되어야한다는 것과 3～4일로 고정된 세일 기간과, 둘째 주와 셋째 주에 세일을 한다는 규칙을 이번 기회를 통해 파악하게 되었다. 앞으로는 내가 필요한 것이 생기면, 계획 없이 소비를 하는 것보다 이 규칙을 적용해서 세일 기간을 유추할 수 있을 것이니 내 소비 생활에 도움이 될 것이라고 생각했다. 일상생활과 깊은 관계가 있던, 무심코 지나쳤던 화장품 가게의 세일 문자로 수학적 요소를 사고해 볼 수 있어서 의미가 있었다. 교직에 나가서도 학생들이 자신의 생활과 수학을 연관시킬 수 있도록, 그래서 수학에의 흥미를 높일 수 있도록 다방면으로 수학 교수 학습법을 고민해보아야겠다는 생각을 하게 되었다.

제5장

자연과 함께하는 수학

이등변 삼각형 | 나팔꽃에 숨어있는 기하 | 문화유산에 담긴 수학의 비밀 | 우리 생활 속에서 찾을 수 있는 피보나치수열 | 거미줄에 이슬이 맺히는 이유는 매듭 때문 | 별자리와 수학 | 자연에서 찾을 수 있는 수학적 규칙

이등변 삼각형

인류는 사냥을 하거나, 적을 공격하거나, 또는 자신의 몸을 지키기 위해서 무기를 사용해 왔다. 아래의 그림은 기원전 25만년에서 7만 년 사이의 구석기 시대에 사용된 주먹도끼이다. 주먹도끼는 손으로 쥐기 편안한 삼각형 모양이고 가장자리는 거칠고 날카롭게 깎여 있다. 여기저기 흩어져 있던 초기 인류는 부싯돌 같은 단단한 돌을 쪼개어서 뼈나 돌을 이용하여 끝을 날카롭게 갈면, 그 돌로 동물을 죽이거나 가죽을 쉽게 벗길 수 있다는 것을 발견했다.

그 다음 그림은 기원전 1만 2천년에서 3천년 사이에 그려진 동굴 벽화이다. 에스파냐의 쿠에바레미지아에서 발견되었는데 활과 화살을 들고 있는 모습을 볼 수 있다. 세 번째 그림은 신석기 시대의 돌화살촉을 그린 그림이다. 동굴 벽화 속에 사람들이 짐승을 사냥할 때 사용했던 돌화살촉인지도 모른다. 돌화살촉은 짐승 사냥에 상당히 효과적인 무기였는데 날 끝이 살아 있는 듯 예리하다. 그런데 돌화살촉을 살펴보면 그 모양이 이등변삼각형 모양이다.

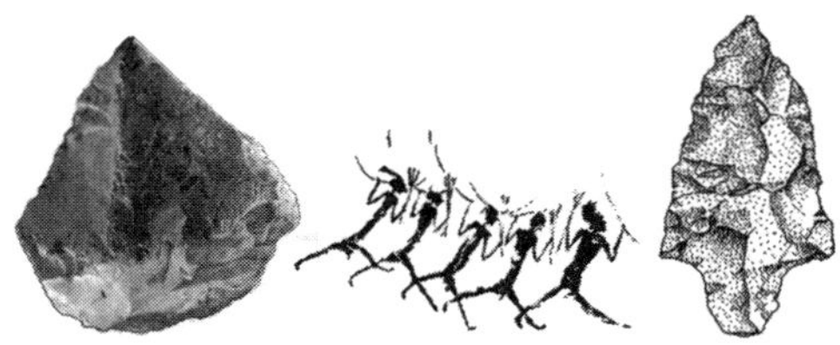

이등변 삼각형은 양쪽의 모양이 똑같기 때문에 완벽한 균형을 이루어 똑바로 날 수 있다. 또 뾰족한 끝 부분이 공기의 저항을 줄여 준다. 인류는 경험으로 이것을 알아냈다. 오늘날 아이들이 만들어 날리는 종이비행기 모양이 이등변삼각형 모양인 것도 이런 이유이다.

이등변삼각형 모양은 물고기들에서도 발견된다. 대표적인 물고기는 에인젤피시다. 왼쪽 사진은 프렌치 에인젤피시다. 바다에 사는데 몸이 자라면서 몸에 있는 선이 점점 짙어져서 선명한 노란색이 된다. 하지만 몸 색깔은 황록색으로 어두워져 산호초의 화려한 색깔 사이에 몸을 숨긴다. 4개의 줄무늬는 물고기의 테두리선을 흩트려서 포식 동물을 헷갈리게 한다. 에인젤피시는 그림처럼 몸의 너비는 넓은 이등변삼각형 모양이지만, 두께가 얄팍해서 해조나 산호초 사이를 자유롭고 빠르게 미끄러져 다닐 수 있다.

사실 우리도 이등변 삼각형의 성질 속에서 하루하루를 살고 있다. 물체를 붙잡으려고 손을 뻗을 때마다 이등변삼각형의 원리를 이용한다. 뚜껑이 있는 펜으로 이것을 확인해보자. 친구와 마주 앉은 후 펜 뚜껑을 손에 쥔다. 그리고 두 눈을 감는다. 친구에게 60cm 정도 떨어진 곳에 펜을 들고 있게 하자. 한쪽 눈만 뜨고 펜 뚜껑을 펜에 씌워보자. 잘 안 된다. 이번에는 두 눈을 뜨고 다시 해보자. 잘 될 것이다. 왜 그럴까? 그 답은 이등변삼각형의 성질에 있다. 우리가 보통 물체를 바라볼 때 고개를 돌려서 정면으로 바라본다. 이 때, 우리의 두 눈과 우리가 바라보는 물체는 이등변삼각형을 이룬다. 무의식으로 이등변 삼각형을 만드는 것이다. 이 실험에서 두 눈 사이의 거리가 이등변 삼각형의 밑변이 된다. 두 눈이 펜을 바라볼 때 뇌에서는 밑변의 양쪽 각을 계산하게 된다. 우리 뇌는 밑변의 길이와 양끝 각의 크기를 알면 삼각형의 세 번째 꼭지점 즉 펜이 얼마나 떨어져 있는지 경험으로 계산할 수 있다. 그러나 한쪽 눈을 감으면 밑변과 각을 하나씩만 알아 정확한 거리를 계산할 수 없다. 고개를 들어 가장 가까이에 있는 사람을 바라보자. 이등변삼각형을 생각하며….

나팔꽃에 숨어있는 기하

여름철이 되면 나무를 감고 올라가는 나팔꽃을 볼 수 있다. 나무는 모든 방향에서 불어오는 바람의 피해를 최소화하는 원통형의 모양이다. 나팔꽃은 나무에 꼭 매달리도록 줄기를 나선형으로 감고 올라간다.

언뜻 생각하면 두 점 사이를 잇는 최단 거리는 직선이라는 기하학의 기본 원리를 따르지 않는 것으로 보이지만, 나선형으로 감겨 있는 나팔꽃의 줄기를 펼쳐보면 직선이 된다. 결국 나팔꽃의 줄기는 최단 거리로 나무를 감아 올라간 것이다.

문화유산에 담긴 수학의 비밀

우리는 수학이 우리 생활과 아주 밀접한 관련이 있다는 것을 미처 알지 못한 채 생활하고 있다. 그래서 실생활과 관련된 다른 과목과는 달리 학교에서 배우는 수학이 실생활에는 전혀 사용되지 않는 쓸모없는 과목이라는 생각을 하며 살아간다. 하지만 조금만 관심을 가지고 들여다본다면 우리의 생활 깊숙이 수학이 자리 잡고 있다는 것을 알 수 있다.

현재 우리는 매일의 일상 속에서 계산을 하고, 일확천금을 누리며 복권을 긁기도 한다. 또, 스도쿠와 같은 게임을 하기도 하고, 그림이나 디자인을 하기도 한다. 이들은 사칙연산, 확률, 기하와 관련된 수학적 내용이 담겨 있다고 볼 수 있다. 이러한 생활 속에 담긴 많은 수학적 내용들 가운데 지금부터는 우리의 문화유산에 담긴 수학적 내용을 살펴보기로 하자.

▲ 불국사, 근정전, 무량수전에 담긴 수학

불국사나 경복궁 근정전, 부석사 무량수전은 세계 어디에 내놓아도 어느 하나 빠지지 않는 자랑스런 우리나라의 문화유산이다. 그래서 그런지 불국사, 경복궁, 무량수전이라 하면 대한민국 사람이면 누구나 한번쯤은 다 가보았을 것이라는 느낌이 든다. 물론 실제로도 우리나라 사람들의 대부분이 불국사, 경복궁, 무량수전에 가 보았을 것이다. 이런 우리의 문화 유산 속에서 우리는 '아름답다' 나 '우리 선조들은 어떻게 이런 건축물을 만들었을까?'라는 생각을 많이들 할 것이다. 하지만 이러한 문화유산에 수학이 담겨있을 것이라는 생각은 거의 하지 않을 것이다.

그러나 자세히 들여다본다면 우리의 문화유산에는 수학이 담겨져 있다. 현재를 살아가고 있는 우리뿐만이 아니라 우리의 옛 선조들 역시나 생활 깊숙이 수학이 자리 잡고 있었다는 말이다. 그래서 지금부터는 우리의 자랑스러운 문화유산인 불국사, 경복궁 근정전, 부석사 무량수전에 담긴 수학의 비밀을 한번 파헤쳐 볼 것이다. 우선, 불국사에 담겨 있는 담긴 수학에 대해 알아보자.

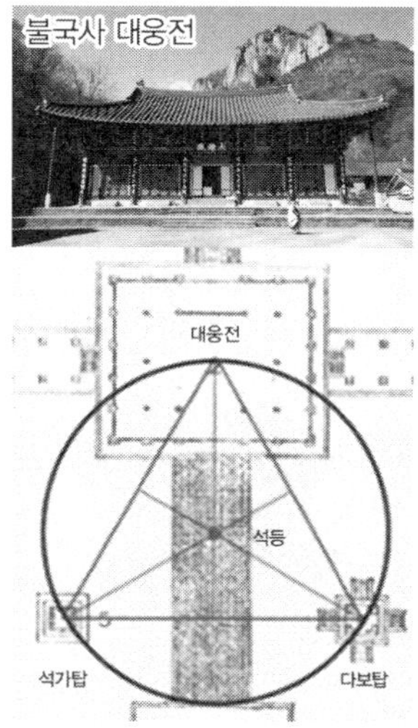

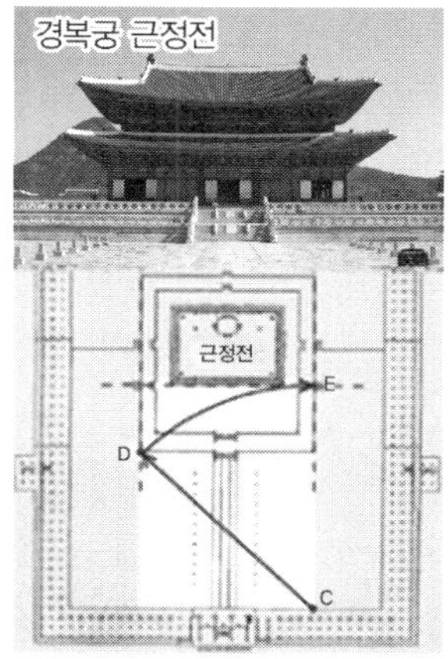

오른쪽의 불국사 지도를 보면 대웅전과 석가탑, 다보탑은 정삼각형의 형태로 위치해 있다. 그리고 석등은 이들이 이루고 있는 삼각형의 무게중심에 위치하고 있다. 즉, 정삼각형의 형태로 건축물을 지은 다음 안정감을 주기 위한 하나의 장치로 석등을 이 정삼각형의 무게중심에 만들었다고 할 수 있다. 대웅전과 석가탑, 다보탑을 정삼각형으로 배치하고 이 삼각형의 무게중심에 석등을 놓음으로써 보는 이들이 안정감을 느끼게 해 준다. 또, 불국사 대웅전으로 향하는 계단 중 하나인 백운교에 대해 살펴보자.

백운교를 옆에서 보게 되면 직각 삼각형 모양이다. 중학교를 졸업한 사람이면 누구나 다 알 듯이 직각삼각형에는 피타고라스의 법칙이 성립하기 마련이다.

백운교에서도 마찬가지이다. 백운교의 높이와 폭과 계단의 길이를 간단한 비로 나타내어 보면 3 : 4 : 5가 된다. 이는 우리가 잘 알고 있는 피타고라스의 법칙이 백운교에 성립이 된다는 것을 보여주고 있다.

다음으로 경복궁 근정전을 한번 살펴보자. 서양에서 가장 아름다운 비율로 '황금비율'가 있다면 동양에서는 '금강비례'가 있다. '황금비율'가 아름다움을 느끼게 해주고 안정감을 준다면 '금강비례'는 보는 이들로 하여금 여유를 느끼게 해준다. 이러한 '금강비례'이 경복궁 근정전에 숨어있다. '금강비례'는 가로 대 세로의 비가 $\sqrt{2}(=1.414)$ 대 1의 비율로써 보는 이들로 하여금 여유와 안정감을 느끼게 해준다. 근정전의 가로 대 세로의 비율이 바로 이 금강비례를 이루고 있다는 것이다. 근정전은 바깥기둥을 기준으로 가로 30.2m, 세로 21.1m로 1.43대 1의 비율로 금강비례와 거의 유사한 비례를 이루고 있다.

이러한 근정전은 건축물 자체가 금강비례를 이루고 있을 뿐만 아니라 주변 사물들과의 위치 또한 금강비례를 이루고 있다. 근정전은 두 개의 단 위에 올려져 있는 데 아랫단 앞의 광장은 정사각형이다. 정사각형의 한 점에서 대각선 길이를 반지름으로 하는 원을 그리면 이 원은 근정전 건물의 앞부분에 닿게 되는 데 이때의 비율이 $\sqrt{2}$로 금강비례를 이루고 있다는 것이다.

동양의 여유로운 비율인 '금강비례'가 담긴 경복궁 근정전을 살펴보았으니 이제부터는 서양의 아름다운 비율인 '황금비례'가 담긴 우리의 문화유산을 찾아보기로 하자.

'황금비율'은 [짧은 선분 : 긴 선분 = 긴 선분 : 긴 선분+짧은 선분]을 만족하는 선분의 분할을 말한다. 이 비율은 서양에서는 가장 안정감 있고 균형감 있는 아름다운 비율이라 한다. 이러한 황금비율이 우리나라의 문화유산인 부석사 무량수전에 담겨 있다. 부석사 무량수전의 외부는 가로 61.9자, 세로 38.2자로 된 직사각형 모양이다. 직사각형 모양의 무량수전을 비율로 나타낸다면 1.62 대 1인 황금비율을 이루고 있어 안정감 있고 균형 있는 외형을 갖추고 있으며 보는 이들로 하여금 아름다움을 느끼게 해 준다.

앞에서 우리는 옛 선조들이 남긴 문화유산에 담긴 수학을 살펴보았다. 많은 건축물들을 자세히 살펴보면 가로 대 세로의 비가 황금비율이나 금강비례를 이루고 있어서 보기에 안정감과 균형감을 주고 더 나아가 여유로운 느낌마저 들게 만든다. 또, 구조물들의 위치를 선정할 때에도 정삼각형과 정삼각형의 무게중심을 이용하여 보는 이로 하여금 안정감을 준다.

이처럼 예전부터 생활 속에 수학이 스며들어왔다. 우리 선조들은 건축 구조물 하나하나에도 수학을 담았다. 더 나아가 일상의 모든 것들에 대해 알게 모르게 수학을 담은 것이다. 하지만 나는 생활 속에 수학이 있을 것이라는 생각은 전혀 하지 않은 채 살아가고 있었다. 조금이나마 관심을 가지고 알고 있다면 눈에 보이듯이 내가 일상생활을 해나가는 가운데 스쳐나가는 것들에 대해 조금이나마 더한 관심을 가져 어떤 수학이 어떻게 담겨있는 지를 살펴보아야겠다.

우리 생활 속에서 찾을 수 있는 피보나치수열

피보나치수열이란 이탈리아의 수학자인 피보나치(E. Fibonacci)가 고안해 낸 수열로서 1, 2, 3, 5, 8, 13, 21, …와 같이 선행하는 두 가지 숫자의 합이 다음 합의 수치가 되는 특수한 수열로서 n항과 $n+1$항의 비율은 1 : 1.618 이 된다. 이 비율은 시각적으로 균형이 잡힌 감각을 부여하여 황금분할 또는 황금률이라고도 한다. (네이버 지식백과, 피보나치수열, 증권용어사전)

삶은 옥수수를 나눠 먹기 위해 반을 쪼갰을 때 잘린 면에 붙어 있는 옥수수 낱알을 세어보면 무척 흥미 있는 사실을 발견하게 된다. 옥수수의 낱알은 모두 짝수라는 사실이다. 그것은 8, 10, 12, 14, 16열로부터 큰 것은 24열까지 짝수로 분포한다. 옥수수를 잘 관찰해 보면 끝으로 갈수록 가운데와 비교해서 낱알의 개수가 작아지는데 그래도 홀수로는 되지 않고 짝수로 변하는 것을 쉽게 알아 볼 수 있다. 옥수수의 낱알이 홀수인 것을 발견하려고 27년 간 애를 쓴 농부도 있었다고 한다. 꽃들의 꽃잎을 세어 본적이 있을 것이다. 특히 네 잎 클로버가 행운을 가져온다고 하여 들에 있을 때나 잔디밭에 앉아 있을 때 심심찮게 주위를 찾아보던 기억들은 누구나가 다 간직하고 있는 추억이다. 클로버는 꽃잎이 3장인 것이 정상인데 예외로 4장짜리 꽃잎이 간혹 발견되기 때문에 이를 찾으면 행운이 온다는 생각 때문에 열심히 찾아보는 것이다. 주위의 꽃들을 보면 꽃잎이 3장이나 5장으로 되어 있는 꽃들이 대부분이고 9장이나 10장으로 되어 있는 꽃잎은 찾아보기 힘들다. 꽃잎이 주는 숫자의 패턴을 알아보기 위해서 12세기말경 이탈리아 피사에 출현한 수학의 대천재 레오날도 피보나치(Leonardo Fibonacci,

1175~1250)를 만나봐야 한다. 피사의 레오날도라고도 불리는 그는 사라센 제국의 회교도 권 수학을 유럽의 그리스도교 국가로 소개한 공헌을 수학사에 남겼는데 피보나치가 제시한 다음과 같은 문제는 상당히 흥미 있는 결과를 갖는다.

만일 한 쌍의 토끼가 매달 한 쌍의 새끼를 낳고, 새로운 쌍들도 태어난 지 두 번째 달부터 매달 한 쌍의 새끼들을 낳는 일이 계속된다면 월별로 토끼는 몇 쌍이 될 것인가 하는 문제를 잠시 시간을 내어 풀어보자.

토끼가 죽지 않는다는 가정 하에 이들의 숫자는 월별로 다음과 같은 수열을 이룬다.

1, 1, 2, 3, 5, 8, 13, 21, 34, 55, 89, 144, 233, …

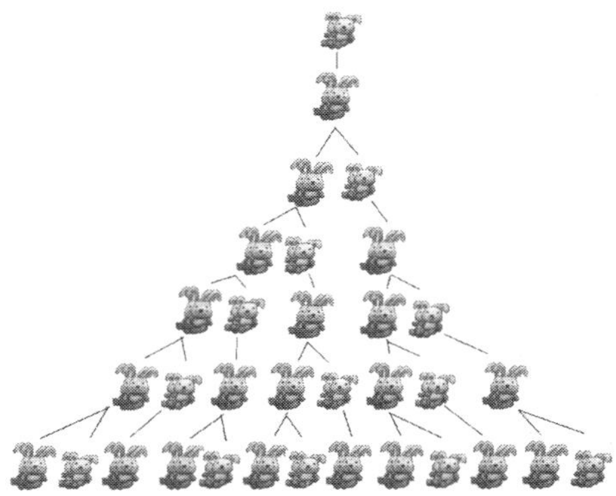

신기하게도 거의 모든 꽃들의 꽃잎은 3, 5, 8, 13, 21, 34, 55, 89, … 식의 특이한 수열을 이루고 있다. 또한 전나무도 이러한 개수로 열매를 맺는다. 수학에서는 이러한 규칙성을 피보나치수열(Fibonacci series)이라고 부른다. 이 수열의 특징은 세 번째 이상의 수는 앞선 두수의 합이 된다는 것이다.

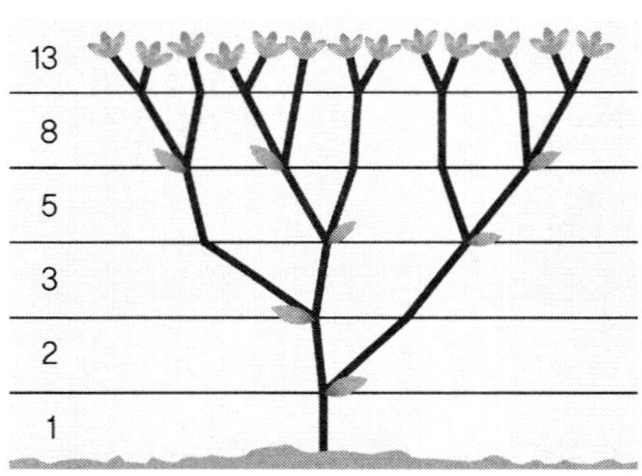

▲ 나무가 자라면서 늘어나는 가지의 숫자도 피보나치수열에 따라 늘어난다.

▲ 대부분 꽃잎의 수는 피보나치 숫자다. 데이지꽃(왼쪽)은 34개, 코스모스(오른쪽)은 8개.

백합이나 보춘화는 꽃잎이 3장, 자두, 살구, 복숭아, 능금, 조팝나무, 솜양지꽃, 패랭이꽃, 동자꽃, 참외, 채송화, 동백은 5장, 모란, 수련, 참제빛고깔은 대개 8장, 금잔화는 13장이다. 한편, 국화과의 애스터는 21장이고 데이지 꽃은 대개 35장이나 5장 또는 89장의 꽃잎을 갖는다. 남미 페루의 국화인 해바라기의 이야기는 더욱 매력적이다. 꽃과 같이 있는 씨앗이 되기 전의 작은 꽃들의 나선형 패턴에서도 이와 같은 숫자들을 발견할 수 있다. 이러한 작은 꽃들은 서로 엇갈리는 2개의 나선 모양으로 배열되어 있어서 마치 해를 따라 움직이는 것처럼 착각하게 한다. 하나는 34개의 씨앗이 시계방향으로 회전하고 다른 하나는 55개의 씨앗이 시계반대방향으로 회전한다. 흔히 발견할 수 있는 쌍은 34와 55, 55와 89 또는 89와 144등의 숫자쌍이지만 그 이상의 피보나치 수를 찾아볼 수도 있다. 오른쪽 그림에서 21과 34는 피보나치수열에서 서로 이웃하는 숫자이고 12/34 = 0.618이 된다.

파인애플에서도 이와 같은 규칙을 발견할 수 있는데 왼쪽으로 경사져 내려오는 다이아몬드 무늬 모양으로 생긴 8줄의 인편이 있는가 하면 오른쪽으로는 13줄의 비스듬히 내려오는 인편이 있다.

이와 같이 나뭇잎과 꽃잎의 숫자가 피보나치수열을 이룬다는 것을 증명하기 위하여 최근의 수리물리학자들은 컴퓨터를 이용하거나 실험실 내에서의 실험을 통하여 식물성장의 동력학 이론을 고안해 냈다.

또한 토끼의 생존, 나뭇가지의 발생, 꽃잎의 개수 등, 거의 모든 자연에 피보나치의 수열이 숨어있다고 한다. 이 수열은 식물뿐 아니라 고둥이나 소라의 나선구조에도 나타난다. 그리고 이 수열은 운명적으로 '신의 비율'인 황금비를 만들어낸다. 황금비는 피라미드 파르테논신전이나 다빈치 미켈란젤로의 작품에서 시작해 오늘날에는 신용카드와 담뱃갑의 가로 세로 비율까지 광범위하게 쓰인다. 그러나 인간만 황금비를 아름답게 느끼는 것은 아니다.

황금비는 태풍과 은하수의 형태, 초식동물의 뿔, 바다의 파도에도 있다. 배꼽을 기준으로 한 사람의 상체와 하체, 목을 기준으로 머리와 상체의 비율도 황금비이다. 이런 사례를 찾다 보면 우주가 피보나치수열의 장난으로 만들어졌는지도 모른다는 생각까지 든다.

이 수열은 12세기 말 이탈리아 천재 수학자 레오나르도 피보나치가 제안했다. 한 쌍의 토끼가 계속 새끼를 낳을 경우 몇 마리로 불어나는가를 숫자로 나타낸 것이 이 수열이다. 이 숫자는 1123581321345589144233…가 된다. 모든 숫자가 앞선 두 숫자의 합이라는 것을 알 수 있다. 고둥도 한 변의 길이가 피보나치수열인 정사각형들이 만들어낸 나선 모양을 하고 있다. 피보나치수열은 신비롭게도 황금비를 만들어낸다. 2/1, 3/2, 5/3, 8/5, …를 계속 계산하면 1.618…이란 황금비에 수렴한다.

음악의 거장 바르톡은 피보나치수열에 따라 음악의 마디를 나누고 황금분할점에 클라이막스를 두는 새로운 음악을 제창하기도 했다.

서울대 김홍종 교수(수학)는 "전에는 식물의 DNA가 피보나치수열을 만들어낸다고 생각했으나, 요즘에는 식물의 씨앗이나 잎이 먼저 나온 씨나 잎을 비집고 새로 자라면서 환경에 적응해 최적의 성장 방법을 찾아가는 과정에서 자연스럽게 피보나치수열에 이르는 것으로 생각하고 있다"고 말했다. 김 교수는 "특히 최근에는 생물뿐 아니라 전하를 입힌 기름방울을 순서대로 떨어뜨려도 해바라기 씨앗처럼 퍼진다는 사실이 밝혀지면서 피보나치수열과 황금비가 생물은 물론 자연과 우주 어디에나 숨어있다고 믿는 수학자가 더욱 늘고 있다"고 말했다.

거미줄에 이슬이 맺히는 이유는 매듭 때문

날씨를 예상하기 어려웠던 옛날에는 동물들의 습성을 관찰하여 날씨를 가름하는 경우가 많았다. 그 가운데 하나는 '아침에 거미줄에 이슬이 맺히면 그날은 맑다'는 것이다. 거미는 습도가 약간 높을 때 거미줄을 치는 경향이 있다고 하는데, 습도가 다소 높고 날씨가 좋은 날은 야간 복사로 인한 이슬이 맺히기 쉽기 때문에 이와 같은 속설이 탄생한 것이다. 실제로 거미줄에 이슬이 맺히는 것과 날씨와의 관계를 조사한 어떤 결과에 의하면 맑은 날 56%, 구름 낀 날 28%, 비오는 날 16%라고 하니 역시 맑을 확률이 높다.

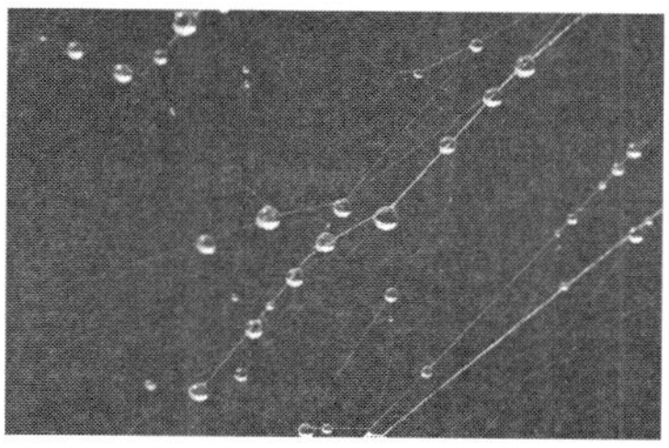

그렇다면 머리카락의 100분의 1에 불과한 거미줄에 어떻게 이슬이 미끄러지지 않고 방울져 매달릴 수 있을까? 2010년 2월 『네이처』(*Nature*, vol. 463)지는 표지에 '거미줄에 걸리다'라는 제목과 함께 그 비밀을 공개했다. 중국의 과학자들이 이 비밀을 밝혔는데, 그들은 '유럽응달거미(Uloborus walckenaerius)'의 거미줄을 분석한 결과 거미줄이 물에 젖으면 일정 간격으로 가닥의 일부가 꼬이며 200μm(마이크로미터, 1μm는 100만분의 1m) 크기의 마름모꼴 매듭이 지어지고, 이 매듭 때문에 물방울이 맺힌다는 것을 밝혔다.

매듭은 젖은 거미줄과 같이 자연에서 찾을 수도 있지만 실생활에서도 흔히 사용되고 있다. 특히 우리나라는 매우 다양한 매듭 방법이 전해 내려오고 있다. 우리나라의 전통매듭의 특징은 완성된 매듭 모양이 앞면과 뒷면이 똑같고, 좌우는 대칭이 되며, 아무리 복잡한 매듭이라도 중심에서 시작하여 중심에서 끝난다는 것이다. 오랜 역사를 가지고 있는 전통매듭은 조선시대에 가장 융성하였으며, 지금까지 전승되어 온 매듭의 종류만도 기본적인 것이 약 30여 종이고, 각 지방의 특유의 매듭까지를 합치면 헤아릴 수 없을 정도로 많다고 한다.

별자리와 수학

우리가 현재 알고 있는 별자리는 몇 개일까? 우리나라에서 만들어진 별자리도 있고 다른 나라에서 만들어진 것도 있다. 또한 계절별로 볼 수 있는 별자리들도 다양하다. 우리는 각각의 별들의 위치를 선으로 연결해 도형을 만들고 그 도형에 이름을 붙여 별자리라고 한다.

위의 사진처럼 실제로 존재하는 별이 아니더라도 우리는 학생들에게 가베(Gabe)와 같은 학습도구들을 통해서 별자리를 보고 따라 만들어 보거나 자신이 스스로 새로운 별자리를 만들고 그 별자리에 이름을 붙이는 활동을 통하여 도형에 대한 이해를 높일 수도 있다.

별자리 중에서는 도형으로 만들어진 것들도 있지만 하나의 선이나 여러 개의 선으로 이루어져 하나의 꺾은선으로 이루어진 것 같은 별자리들도 있다.

이러한 별자리들은 별과 별 사이의 거리를 구하는 공식을 사용하는 것으로 수학을 가르칠 수 있을 것이다. 이는 점과 점 사이의 거리를 구하는 수업에 사용이 가능하며 피타고라스의 정리를 이용하는 학습의 도입으로 쓰일 수 있다.

이러한 활동이 가능한 이유는 무엇일까? 바로 별자리의 특성 때문이다. 별자리는 앞에서 말했듯이 처음엔 그저 별들의 집합일 뿐이었고, 그 별들의 가상의 선으로 연결시켜 이름을 붙인 것이기 때문에 별자리에서 우리가 이후에 이름을 붙이며 그린 선들은 도형의 선분이 되고 각각의 별들은 도형의 꼭짓점이 되기 때문에 우리는 이러한 활동을 할 수 있다. 또한 이러한 활동을 통해 수학교육에 대한 지루함을 깰 수 있고, 별자리를 만들어보는 활동으로는 요즘 우리나라 교육과정에서 추구하는 창의, 인성교육을 달성할 수 있을 것이다.

자연에서 찾을 수 있는 수학적 규칙

평소에 나무와 꽃에 관심이 많고, 자연을 감상하는 것을 정말 좋아한다. 일상생활 속에서 수학적 규칙은 도처에서 찾을 수 있지만 내가 좋아하는 나무와 꽃에도 분명 수학적 규칙을 발견할 수 있을 것이라는 생각이 들어 열심히 나무와 꽃을 관찰하기 시작하였다. 첫 번째로 나뭇가지를 관찰하면서 정말 신기한 규칙을 발견할 수 있었다. 여러 나무들을 관찰한 결과 모든 나무에서 나뭇가지가 나는 개수에 규칙이 존재했다.

두 나무 모두 학교 오는 길에 위치한 나무들이다. 나무를 잘 관찰해보면 두 나무 모두 한 기둥에서 시작한다. 그러다 제일 먼저 두 갈래로 나눠지고 그다음에는 두 갈래 중 더 굵은 가지에서 한 가지가 더 뻗어 나오는 식이다. 이것을 그림으로 하나하나 그려보았다.

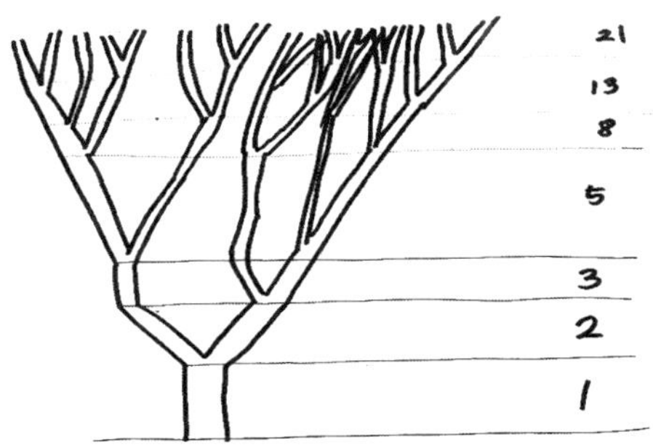

정말 신기하게도 모든 나무에 이 방법이 적용되었다. 제일 밑을 1로 보았을 때 그 다음은 두 갈래로 나누어졌고, 그 다음에는 한 가지가 더 합쳐져 3갈래, 그 다음에는 2갈래가 더 합쳐서 5갈래가 되는 식이었다. 이렇게 나뭇가지의 숫자를 나열해보면 1, 2, 3, 5, 8, 13, 21, 34, …순으로 이어졌다. 처음에는 아무런 관련 없는 숫자들의 조합이 아닌가? 생각을 했었는데 계속 이 숫자를 들여다보니 이곳에서도 신기한 수학적 규칙을 발견할 수 있었다.

숫자의 순서를 1, 2, 3이라고 두었을 때, 첫 번째의 수와 두 번째 수를 더하면 그 다음으로 나오는 3번째 수가 된다는 규칙이다. 이것을 식으로 나타내면 다음과 같다.

$1+1=2,\ 2+3=5,\ 3+5=8,\ \cdots$

반대로 순서를 1, 2, 3 이라고 보았을 때 2번째와 3번째 수의 차이는 첫 번째 수가 되었다. 이것을 식으로 나타내면 다음과 같다.

$3-2=1,\ 5-3=2,\ 8-5=3,\ \cdots$

이렇게 쭉 나간다면 나무는 1, 2, 3, 5, 8, 13, 21, 34 이후에 21+34인 55개의 가지로 뻗어나갈 것이라는 것을 짐작할 수 있었다.

이렇게 나뭇가지에서 규칙을 발견하고 나서 꽃에서도 이것과 비슷한 규칙을 발견할 수 있을 것이라는 확신이 들었다. 생각해보면 내가 꽃을 좋아해서 항상 꽃을 들여다보면 꽃들은 꽃잎이 1개이거나 2개, 3개, 5개, 8개식으로 되어있고 한 번도 꽃잎이 4개 혹은 6개인 것을 본 적이 없었다. 4잎 같은 경우에도 네잎 클로버 같은 경우에 행운을 가져다준다고 할 정도 정말 희귀하기 때문에 일반적으로는 쉽게 찾아볼 수 없으며 이것은 꽃잎에 포함되지 않는다. 혹시나 꽃잎도 나뭇가지와 같은 규칙을 가지고 있지 않나 열심히 숫자를 세어보았다.

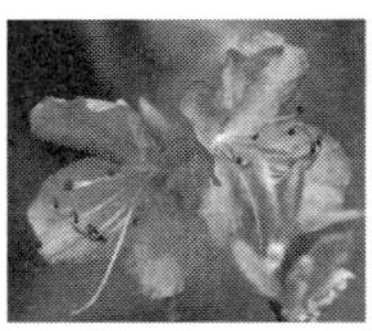
진달래

투구꽃

백합

벚꽃

코스모스

금잔화

장미

위의 여러 종류의 꽃들을 살펴보면 진달래는 꽃잎이 여러 개 있는 것처럼 보이지만 사실은 꽃잎 한 개로 이루어져 있다. 그 다음은 투구 꽃인데 2개의 꽃잎이 있다. 백합은 꽃잎이 3개로 벚꽃은 꽃잎이 5개로 이루어져 있다. 이외에도 철쭉, 복숭아꽃 등등 여러 꽃들이 잎이

5개로 이루어져 있었다. 코스모스는 꽃잎이 8개로 이루어져 있다. 그사이에 6개, 7개의 꽃잎으로 이루어진 꽃을 찾는 것은 쉽지 않았다. 더 많은 꽃잎을 가지는 식물로는 금잔화가 잎이 13개로 이루어져 있으며 그리고 옆에 있는 장미는 21개의 잎을 가지고 있었다.

위에서 차례대로 보면 꽃잎의 개수가 1, 2, 3, 5, 8, 13, 21로 늘어나고 있었다. 나뭇가지가 늘어나는 것과 같은 규칙으로 꽃잎의 개수도 늘어났다. 여기서 식을 세워보면 나뭇가지의 규칙에서 세웠던 것과 정확하게 일치한다. 숫자의 순서를 1, 2, 3이라고 두었을 때, 첫 번째의 수와 두 번째 수를 더하면 그 다음으로 나오는 3번째 수가 된다는 규칙과 2번째와 3번째 수의 차이는 첫 번째 수가 된다는 규칙을 발견할 수 있었다.

꽃잎의 개수에서 수학적 규칙을 발견하고 왜 이렇게 1, 2, 3, 5의 순서로 꽃잎이 나게 되었는지가 궁금하였다. 사실 꽃잎이 4개이거나 7개여도 될 텐데, 꽃이 왜 자연에서 살아남을 때 저 꽃잎의 개수를 선택하였는지 분명한 이유가 있을 것 같다는 생각이 들었다. 인터넷을 조사해보니 2가지 큰 이유를 찾을 수 있었다. 꽃잎이 봉우리를 이루어 꽃 안의 암술과 수술을 보호하기 위해서는 꽃잎들이 이리저리 겹쳐져야만 하는데, 꽃잎의 개수가 1, 2, 3, 5, 8, 13, …가 되면 가장 효율적으로 꽃잎을 겹칠 수 있기 때문이었다. 또한 식물이 제대로 성장하기 위해서는 반드시 광합성을 해야만 하는데 1, 2, 3, 5, 8과 같은 규칙으로 꽃잎이 나게 되면 햇빛을 가장 잘 받을 수 있으며, 최소의 공간에 최대의 꽃잎을 가지게 되는 이유에서였다.

생활 속에서 볼 수 있는 수학의 규칙이 정말 많은데, 내가 직접 나무와 꽃들을 관찰해서 자연에서 규칙을 스스로 발견하였다는 점이 정말 신기하고 기뻤다. 그리고 그렇게 나무와 꽃이 1, 2, 3, 5, 8, …의 규칙을 가지고 자라나게 된 이유가 분명히 있다는 점 또한 흥미로웠다. 나무와 꽃도 엄청난 시행착오를 거치면서 저렇게 나뭇가지와 잎을 형성하게 되었을 것이다.

이렇게 내가 생각지도 못한 곳에서 수학을 찾고 그 안에서 규칙을 발견하였더니 수학이 좀 더 재미있게 다가왔다. 기회가 된다면 선생님이 되어 초등학교 수업시간에 나도 아이들에게 생활 속에서 수학을 찾아보는 과제를 내주고 직접 수학을 몸소 느끼게 해줘야겠다는 생각이 들었다. 그렇게 되면 아이들이 수학이라는 과목을 딱딱하지 않고 재미있게 받아들일 수 있을 것 같다.

제6장

우와!
이렇게도 사용되는 수학

대학수학능력시험의 수험번호와 자리 배치 | 프랙탈의 원리로 만든 편지지 | 교통과 신호등 | 무인단속 카메라 | 지필평가와 수학 사이의 관계 | 사다리 타기에 숨어있는 수학 | 기차와 지하철의 열차번호 | 횡단보도 초록불은 어떻게 정해질까? | 미술과 음악에서의 수학 | 학점 내기, 나는 어떻게 하면 이길 수 있을까? | 안동소방서 안전센터와 지역대를 통해서 보는 수학 | 원형교차로(roundabout)와 수학 | 뉴질랜드에서의 연날리기 | 세탁소에 옷을 맡겼을 때 붙이는 번호 | 나는 어느 높이에 살고 있을까? | 반찬 그릇을 덜 쓰고 테이블을 채운다? | 택시에서 찾을 수 있는 수학 | 동전돌리기에서 발견한 수학 | 열차 번호에서 찾을 수 있는 규칙 | 내 이불에서 찾을 수 있는 도형, 비례, 대칭 | 교통카드 충전 | 이월드 연간 회원권을 끊는 것이 합리적인 사람은? | 스마트 폰의 패턴 | 4거리 신호등 순서 | 가전제품에서 찾을 수 있는 수학적 요소 | 우리 집 벽지 속 규칙 | 아시안 게임 메달의 가치 | 온라인 쇼핑에서 수학적 요소 | 지하철 출구번호의 비밀 | 대구 도시철도에서 찾아볼 수 있는 여러 가지 규칙

대학수학능력시험의 수험번호와 자리 배치

대학수학능력시험을 치는 모든 수험생에게는 각자의 수험번호가 있다. 얼핏 보기에는 단순히 접수한 순서대로 수험번호를 정한 것처럼 보이지만, 수험번호 속에는 숨어있는 의미가 있다.

수험번호는 총 8자리로 구성되어 있다. 그 8자리를 두 자리씩 네 묶음으로 끊으면 각각의 의미를 알 수 있다.

'12345678'로 예를 들어보자. '12345678'을 두 자리씩 네 묶음으로 끊으면 '12'/'34'/'56'/'78'이 된다. 여기서 '12'는 시험장이 속해있는 지구, '34'는 시험장의 번호, '56'은 수험생이 들어가게 될 고사실의 번호, '78'은 수험생의 자리 번호를 의미한다. 고사실의 문에서 제일 가까운 자리가 '01'이며 뒤로 갈수록 숫자가 하나씩 늘어나고, 한 고사실에는 7자리씩 네 줄, 총 28명이 앉을 수 있도록 배치되어 있다. '78'의 자리에 있는 숫자가 홀수이면 홀수형의 시험지를, 짝수이면 짝수형 시험지를 받아서 시험을 치르게 된다.

또 다른 예로 '29020708'을 들어보자. '29'는 수원에 배정되어 있는 번호이기 때문에 이 수험생은 수원에서 수능을 응시함을 알 수 있다. '02'는 수원에 있는 조원고등학교에 배정된 시험장의 번호이기 때문에 이 수험생은 조원고등학교에서 수능 시험을 본다는 것을 알 수 있다. '07'은 수험생이 들어가는 고사실의 번호이기 때문에 이 수험생은 제07고사실에서 수능 시험을 본다는 것을 알 수 있다. '08'은 수험생의 자리 번호이기 때문에 고사장 문에서 8번째 자리이고, 짝수형을 친다는 것을 알 수 있다.

수험생 자리 배치표

창가	교탁		복도
짝 22	홀 15	짝 08	홀 01
홀 23	짝 16	홀 09	짝 02
짝 24	홀 17	짝 10	홀 03
홀 25	짝 18	홀 11	짝 04
짝 26	홀 19	짝 12	홀 05
홀 27	짝 20	홀 13	짝 06
짝 28	홀 21	짝 14	홀 07

자리배치표에서는 홀수형 시험을 치는 수험생 근처에는 짝수형 시험을 치는 수험생

만 있고, 짝수형 시험을 치는 수험생 근처에는 홀수형 시험을 치는 수험생만 있음을 확인할 수 있는데, 이는 다른 수험생의 답안을 훔쳐보는 것을 사전에 방지한 장치라고 할 수 있다.

프랙탈의 원리로 만든 편지지

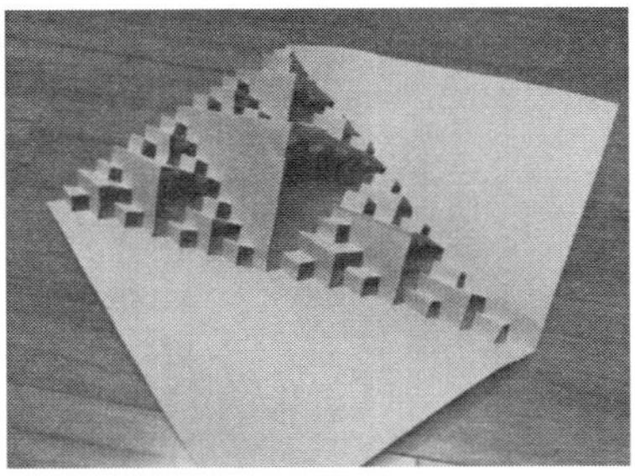

주말에 인터넷 서핑을 하다가 손수 만든 편지지들을 자랑하는 게시글이 있어서 클릭해 보았다. 시중에 파는 팝업 편지지들은 비싸고 별로 예쁘지도 않아 스스로 만들었다는 글이었다. 아무 생각 없이 잘 만들었네 하면서 보고 있었는데 순간 머릿속을 스쳐지나 가는 것이 있었다. 바로 프랙탈의 원리였다. 이전에 프랙탈을 이용한 그림들을 몇 개 본적이 있었다. 수학적으로 계산을 하여 그림을 그리는 경우도 있다던데 자세한 것 까지는 어려워서 잘 알지 못하고 그저 부분과 전체가 똑같은 모양을 하고 있다는 것만 프랙탈의 개념으로서 알고 있었는데 편지지를 보는 도중에 이 편지지들의 프랙탈의 원리를 이용했다는 것을 깨달았다. 그래서 프랙탈을 검색해보니 프랙탈의 뜻은 부분과 전체가 똑같은 모양을 하고 있다는 자기 유사성 개념을 기하학적으로 푼 구조라고 하며 프랙탈은 단순한 구조가 끊임없이 반복되면서 복잡하고 묘한 전체 구조를 만드는 것으로, 즉 자기 유사성과 순환성이라는 특징을 가지고 있다고 한다. 자연계의 리아스식 해안선, 동물혈관 분포형태, 나뭇가지 모양, 창문에 성에가 자라는 모습, 산맥의 모습도 모두 프랙탈이며, 우주의 모든 것이 결국은 프랙탈 구조로 되어 있다는 것도 검색을 통해 알게 되었다. 그러고 보니 얼마전에 인터넷에서 번개를 맞은 여자의 사진을 보았는데 그 흉터가 나무결 모양으로 난 것을 보고 프랙탈 구조라고 한 것을 들어보기도 했었다. 프랙탈의 원리가 일상생활 곳곳에 숨어있는 것은 알았지만 이렇게 편지지에도 활용할 수 있다는 게 신기했다. 이 편지지들을 만든 사람이 프랙탈의 원리를 알고 그 원리를 편지지를 만들 때에 활용했는지는 모르겠지만 어쨌든 이런 식으로 프랙탈의 원리를 이용할 수도 있는 것이 놀라웠다. 프랙탈의 원리를 이용해서 그림을 그리는 것보다 조금 더 쉽게 프랙탈의 원리를 이용해서 할 수 있는 활동인 것 같기도 하다. 그래서 나중에 혹시나 선생님이 되어서 아이들에게 프랙탈에 대해서 설명할 상황이 생겼을 때 이런 편지지들을 보여주거나 만들어 보면서 프랙탈의 원리에 대해 설명해 주는 것도 좋은 방법이라고 생각했다.

교통과 신호등

거리를 거닐다 보면 신호등을 쉽게 볼 수 있다. 사람이나 자동차나 버스 모두가 신호등의 지시에 따라 움직이고 서로 혼잡함이 없이 살아간다. 그렇지만 TV나 신문에서 심심찮게 교통사고나 무단횡단으로 소중한 목숨을 잃거나 육체적으로나 정신적으로 큰 피해를 입기도 한다. 신호등 불빛에 따라 빨간 불일 경우에는 멈춰 서고 초록불이면 지나가면 되는데 왜 그렇게 많은 사고가 일어나는 것일까? 지금부터 신호등에 숨겨진 수학적 원리에는 어떤 것이 있는지 알아보려고 한다.

신호등의 불빛은 왜 3가지로 이루어져 있을까? 빨간색과 초록색 불빛만 있어도 정지와 출발이라는 개념으로 확실히 구분될 텐데 왜 중간에 주황색 불빛을 넣었을까? 생각해보면 빨간색 불빛이면 멈추면 되고 초록색 불빛이면 출발하면 되는데 주황색 불빛은 무슨 역할인지에 대해 의구심이 들 수 있다. 이에 대한 나의 생각은 주황색 불빛은 꼭 있어야 한다는 것이다. 주황색 불빛의 의미는 수학 계산식의 '='과 같다고 생각해 볼 수 있다. '='는 수학의 계산식에서 과정과 결과를 명확하게 구분해주는 기호이다. 만약에 수학 계산식이 4+5 9라고 적혀 있다면 무질서해지고 이 식을 어떻게 해야할 지에 대해서 혼란스러울 것이다. 하지만 이 식에서 '='을 붙여서 4+5 = 9라는 식이 되면 왼쪽과 오른쪽이 확실히 구분되어 두 식이 같다는 결과를 도출해 낼 수 있다. 신호등의 주황색 불빛도 이와 같은 것이라고 생각한다. 초록색 불빛에서 빨간색 불빛으로 바뀔 때 중간에 주황색 불빛이 있음으로써 운전자로 하여금 멈출 수 있게 하는 시간적 여유를 제공하고 미리 생각할 수 있게 하는 것이다.

하지만 이에 반하는 입장에서는 주황색 불빛이 있음으로써 시간을 더 지체하고 운전자들이 주황색 불빛에도 가게 되어 사고나 안전에 더 위협을 준다고 말할 수도 있다. 일상생활에서도 주황색 불빛에 정지선에 서지 않고 오히려 더 속도를 내어 신호를 지나가려고 하는 것을 많이 목격할 수 있다. 그러나 이는 주황색 불빛의 존재에 대한 비판으로 적절하다고 볼 수 없다. 수학 계산식에서 '='가 있다고 해서 계산을 더 잘하고 못하는 것은 아니다. 계산을 하는 주체는 문제를 푸는 사람이지 식 자체가 문제가 있는 것은 아니다. 이와 마찬가지로 주황색 불빛이 있어서 사고나 위험성이 더 큰 것이 아니라 주황색 불빛을 잘못 이해하고 있는 운전자들의 잘못이다. 주황색 불빛의 본 목적은 운전자들이 멈출 수 있도록 미리 준비하게 하여 시간을 주도록 하는 것이다. 이를 잘못 이해하고 있는 운전자들은 주황색 불빛에는 속도를 더 내어서 빨리 지나가도록 하는 것이라고 오해하고 있는 것이다. 자신이 잘못한 것을 다른 것에 책임을 전가하는 우스꽝스러운 상황이다. 즉, 방귀 뀐 놈이 성낸다고 할 수 있는 것이다.

그렇다면 이 신호등을 누가 어떤 목적으로 만들어낸 것일까? 신호등은 아프리카계 미국인 발명가인 가렛 모건(1877~1963)이 만든 것으로 마차와 자동차 간에 발생한 끔찍한 추돌사고를 목격한 후에 신호등을 만들어 내기로 결심하였다. 그 당시 모건은 현재의 교통 문제를 예측하는 선견지명이 있었으며 이에 대한 해결책을 마련하였다. 오늘 날에도 여전히 신호등이 사용 중이라는 것은 그의 디자인이 얼마나 체계적인지를 보여주는 대목이라고 할 수 있는데 모건의 신호등은 정지와 출발 신호가 있는 T자 모양으로 구성되었다. 신호등은 여러 방향에서 오는 차를 정지시켜 보행자를 안전히 건너갈 수 있게 하였고 사고를 예방하여 생명을 구하는 데 큰 도움을 주었다.

위에서 언급한 바와 같이 모건이 신호등을 만든 목적은 사고를 예방하여 사람들의 생명을 살리기 위해서이다. 하지만 현대 사람들은 이 본 목적을 잊은 채 그저 신호를 무시하고 빨리 가려고만 하며 위험천만한 주행을 하고 있다. 그러나 신호등이 없다면 오히려 시간이 더 지체될 것이며 더욱이 오늘 같이 교통이 많은 시대에는 사고나 안전에 대한 혼잡스러움이 매우 커질 것이다. 모건이 신호등을 만든 목적을 알고 신호등 세 가지 불빛의 원리를 깨닫고 소중함을 안다면 지금보다 더 안전하고 행복한 삶이 되지 않을까?

무인단속 카메라

도로교통법 제 15조에는 자동차의 운행 최고속도를 규정해 놓고 이를 어겨 적발되었을 때에는 범칙금과 벌점을 부과하고 있다. 그런데 그 많은 차를 소수의 인력으로 다 감시할 수가 없기 때문에 궁여지책으로 무인단속 카메라를 설치할 수 있도록 법으로 규정해 놓고 단속을 시행하고 있다. 그것을 피하기 위해서 운전자들은 갖가지 묘기를 연출하고, 그에 따라 단속 장비도 더 세밀화 되어 가고 있는 것이 작금의 한국의 세태이다. 그렇다면 이 무인단속 카메라는 어떤 원리로 작동되는 것일까? 여러 가지 방식이 있는데, 이동용이나 중앙통제의 경우에는 두 점을 선택해 놓고 자동차가 그 지점에 들어오면 센서에 의해 감지를 두 번 한 후에 두 지점 사이의 거리를 통과한 시간으로 나눔으로써 평균속도를 계산하여 사진을 찍고 있다. 물론 모든 차를 다 찍을 수 없기 때문에 기준 속도를 초과하여 빠르게 달려오는 경우에 감지를 할 수 있도록 조작을 해 놓는다.

일반적으로 많이 쓰이는 방법은 '선(와이어) 방식'인데 이는 도로에 속도를 읽는 센서를 내장한 두 줄의 선을 깔고, 그 사이를 지나는 차의 시간을 측정해 속도로 환산한다. 제한속도를 넘어서면 바로 적외선이 감지하여 카메라에 담게 된다. 물론 플래쉬는 터지지 않는다. 어쩌다 터지는 것이 있기는 하지만 극소수의 경우에만 그렇다. 자동차 경주에서도 이 방식으로 속도를 측정한다. 그러면 두 개의 선은 어디에 설치를 하는가? 도로 사정에 따라 다르지만 첫 번째 선은 보통 두 번째 선의 20～30m 전방에 설치되고, 두 번째 선은 무인단속 카메라 전방 50m 지점에 설치된다. 첫 번째 선과 두 번째 선의 통과시간을 재는 것이기 때문에, 무인 단속 카메라 도달 50m 이내까지 과속했다면 영락없이 과속에 따른 과태료 청구서를 받게 된다.

지필평가와 수학 사이의 관계

인생은 시험의 연속이란 말이 있듯이 우리는 살면서 친숙하게 시험을 접한다. 학생이라면 큰 시험이던 작은 시험이던 간에 우리는 한 학기에 한 번은 배운 것을 평가 받는 지필고사를 본다. 특히 곧 수학 능력 평가, 임용고사 등 굵직한 시험들이 있기 때문에 시험에는 어떤 수학적 원리가 있을지 궁금해졌다. 그래서 개인의 성취도를 알 수 있는 지필평가에는 어떤 수학적 원리가 있는지 탐구 해 보고자 한다. 과연 수학이 없다면 지필평가는 어떻게 될까?

지필평가는 객관식과 주관식 문항으로 이루어지며 항목별로 점수를 매겨 그 결과를 작게는 개인에서 크게는 교육과정 전반에까지 적용할 수 있다. 이는 궁극적으로 평가와 반성을 위한 것이며 따라서 일정한 기준에 의해 등수가 매겨져야 한다. 이때 평가의 방식에는 절대평가와 상대평가가 있다. 목적을 가지고 응시생의 순위를 매기는 지필평가가 객관성을 가지고 올바르게 적용되기 위해서는 다양한 수학적 원리를 사용할 수밖에 없다.

먼저, 우리는 지필고사를 치기 위해 균일한 크기의 시험지를 배부 받는다. 이 규격화 된 종이 자체가 수학의 원리를 담고 있다. 주로 학교 시험은 B4 용지를 사용하고, 수능 시험은 A3 용지를 사용한다. 우리가 중간고사, 기말고사에 흔히 접하는 B4용지의 규격은 가로 257mm, 세로 364mm로 단순하지 않다. 용지의 폭에 대한 길이의 비는 약 1 : 1.414이다. 이 비는 1 : $\sqrt{2}$의 비이다.

독일 공업규격 위원회에서 만든 B0용지의 규격은 가로 1030mm, 세로 1456mm로 이 B0를 반으로 자른 종이를 B1이라 하고 B1을 반으로 자른 것을 B2라고 부른다. 이렇게 반으로 자른 수만큼 숫자를 붙여 용지의 이름을 만든다. 그러므로 B4 용지는 B판 전지를 4번 반으로 자른 종이이다. 이렇게 종이를 간편하게 반으로 접어 잘라 더 작은 사이즈의 용지를 만들 수 있다.

결국 이런 원리 때문에 각각의 용지의 비는 1 : 1.414로 항상 일정하다. 이 용지들은 서로 닮은꼴로 이 원리를 통해 서로 다른 용지의 확대, 축소 복사가 매우 편리하다. 그래서 우리가 지필평가를 볼 때 사용하는 용지는 닮음과 비례라는 수학적 요소를 이용해 편의성을 추구한다.

수학은 수많은 원리를 담고 있지만 단순한 숫자 그 자체도 수학의 영역이다. 수학 문제지에는 각 문항의 번호와 선다형 문제에 사용되는 숫자 등 한눈에 보아도 다양한 숫자를 담고 있다. 문항번호와 선택지 번호는 대상이 순서대로 나열되었을 때 상대적인 위치를 나타내는 순서수이다. 또한 시험지에 학번이나 수험 번호를 적을 때의 숫자는 사물의 이름 대신에 부여 한 명목수이다.

문항번호, 선택지번호 등 시험지 위의 아라비아 숫자들은 각 자리의 위치에 따라 숫자의 값을 달리 하는 위치기수법이 사용되었다. 고대에 많이 사용했던, 수가 늘어남에 따라 공간을 차지하는 가법적기수법을 사용하는 것보다 이러한 위치기수법을 사용함으로서 경제적으로 시험 문제를 낼 수 있다.

우리는 지필평가를 볼 때 채점의 용이성을 위하여 OMR카드를 사용한다. 이 OMR카드를 기계가 읽기 위해서는 이진법의 원리가 이용된다. 0과 1이라는 이진법의 두 개의 숫자는 on, off의 의미를 가지며 전자, 전기 신호가 OMR카드의 마킹 된 부분의 빛을 흡수 해 답안을 읽는다. 전기가 흐르는 상태를 1로, 전기가 끊어진 상태를 0으로 두어 이진법으로 표현된 정보를 저장하거나 표현하면 기계가 신속하고 정확하게 응시생의 답을 처리할 수 있다. 이렇게 학교에서 지필평가를 볼 때 OMR 카드를 사용해 이진법을 사용한 기계식 채점으로 지필평가의 결과는 정확성과 편의성을 갖게 된다.

지필고사는 선다형뿐만 아니라 서술형의 문제도 포함하고 있는데, 문제번호가 없고 사람이 채점을 한다고 해서 수학을 담지 않고 있을까? 서술형 문항도 특정 개념들의 포함 여부 등 일정한 채점 기준에 따라 각 항목에 맞게 계산하여 점수를 매기게 되므로 수학의 가법이 사용될 수밖에 없다.

이렇게 지필평가의 점수는 n점을 만점으로 매겨진다. 각 문항이나 항목 별로 숫자로 표시 된 점수가 있기에 총점이 나오게 되며 o, x문제 한 문제로 문제를 내지 않는 이상은 각각의 항목을 더해야 총점이 나오게 된다. 이렇게 점수 산출을 할 때에 가법의 원리가 사용 된다.

시험 자체가 등수를 매기기 위한 경우가 많으므로 석차를 낸다. 총 n명중의 자신의 석차가 나오게 되는 것이다. 이는 상대적인 위치를 나타내는 순서수이며 상위 % 안에 들었다고 말을 한다면 백분율의 원리를 포함하게 된다.

이러한 석차를 매기는 방법에는 수학 능력 시험을 친 학생이라면 친숙하게 들어 봤을 '백분위'가 있다. 백분위는 자신의 점수보다 낮은 점수를 받은 학생의 수를 백분율로 나타낸 값이다. 백분위를 통해 스스로가 하위 몇 %인가를 지표적으로 알 수 있다. 백분위는 누적 비율을 나타내는 것이기 때문에 수능 백분위가 높을수록 높은 성적을 받았음을 나타낸다. 이렇게 우리는 백분율이라는 수학적 원리를 사용하여 지필평가에서 응시생의 우열을 한눈에 가릴 수 있다.

또한, 수능이나 IQ테스트 등에서 시험의 객관성을 위해 사용되는 표준점수란 수학의 표준편차를 이용한 계산법인데, 평균 점수를 반영하기 때문에 시험 난이도에 따라 시험 난이도가 높으면 수험생 점수의 평균이 낮아 표준점수가 높게 형성된다. 표준점수는 난이도에 비례하기 때문에 원 점수에 비해 응시자의 성취도를 타당하게 나타낸다.

수학능력시험의 표준점수를 보면, 국어, 영어, 수학 영역은 계산법이 (원 점수－평균점수)/표준편차×20+100. 사회탐구, 과학탐구의 경우는 (원 점수－평균점수)/표준편차×10+50으로 산출한다. 이렇게 수학능력시험에서는 표준편차를 이용해 응시생간의 격차를 낸다. 특히 사회탐구와 과학탐구의 선택과목은 서로 다른 영역의 선택 과목끼리도 표준점수를 이용하기 때문에 동일 기준 하에서 개인 간의 우열을 가릴 수 있다.

이런 표준점수와 함께 수능에 적용되는 등급점수란 정수로 표기된 표준점수의 분포를 9구간으로 나누어 결정하는 것으로 자신의 상대적인 위치를 등급을 매겨 단적으로 나타낸다. 이러한 등급점수는 대학교 성적산출에서는 원점수의 분포를 나눠 30%이하의 학생은 A학점, 30%이상의 학생은 C학점이라는 기준을 둠으로서 상대평가로 사용되며, 고등학교 내신 등급제 또한 등급점수이다. 이렇게 등급제에서 비율의 원리 또한 사용된다.

수학적 관점에서 지필고사에 관심을 갖기 전까지는 수학과 지필고사의 상관관계는 '수학 지필평가'라는 단순한 혼용 형태 밖에 떠오르지 않았다. 그러나 수학적 호기심을 보고 지필평가를 살펴보니 지필평가의 준비, 문항, 채점, 등수 등 지필평가를 이루는 다양한 요소들에서 수학의 원리를 찾을 수 있었다.

이렇게 시험을 이루는 다양한 수학적 요소들이 없다고 생각해보았다. 우리는 규격화되지 않은 종이를 사용하게 된다. 시험지 위에 어떤 숫자도 사용해서는 안 된다. 시험의 결과는 더해지거나 숫자로 나타내어 져서는 안 된다. 시험에 의해 응시자의 상대적 위치를 알 수 없다. 이런 다양한 요인들에 의해 결국 지필고사는 그 객관성과 유용성을 잃게 될 것이다.

지필고사 속의 수학적 원리를 찾아보며 우리 생활 속에서 수학은 매우 중요한 위치를 갖고 있다는 것을 느꼈다. 일상적인 것에서 수학적 원리를 찾아내는 것은 신기하고 재미있는 경험이었다. 앞으로 이 경험을 토대로 수학을 교육 할 때에 학생들에게 실생활에서 수학으로 접근하도록 지도한다면 아동이 수학을 더 친근하게 느끼고 수학적 창의력을 신장시키도록 지도 할 수 있겠다는 기대가 들었다.

사다리 타기에 숨어있는 수학

"야! 우리 사다리타기 게임 해서 점심 값 내기 하자. 어때?"

"오 좋은데? 난 찬성! 한 명이 다 내는 거지?"

"어. 야, 종이에 사다리 그리자."

"근데 이거 아무리 선 많이 그어도 한 사람만 걸리는 거 맞아?"

"몰라. 여러 사람 당첨될 수도 있나? 한 선에 하나만 걸리는 거 아니야?"

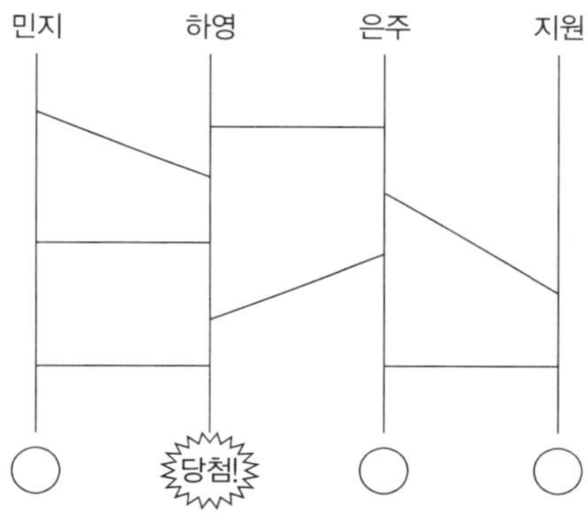

"이거 무조건 일대일 대응이야. 무조건 하나씩 연결되게 되어있어."

"일대일 대응이 뭐였더라. 나 배웠었는데. 기억이 안 난다."

"그거잖아. 두 집합 A, B의 원소를 서로 대응시킬 때, A의 한 원소에 B의 단 하나의 원소가 대응하고, B의 임의의 한 원소에 A의 원소가 단 하나 대응하도록 할 수 있는 대응."

"아 맞다. 그러면 사다리타기도 하나에 하나씩만 연결되는 거야?"

"왜 일대일 대응인데?"

"자 이 사다리를 이렇게 조금 바꿔서 봐봐."

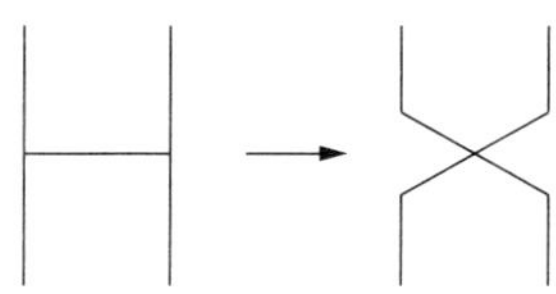

“그러면 이렇게 선 네 개가 생길거야. 꺾은선 네 개.”

“아! 이렇게 보니까 결국 한 점에 하나씩 꺾은선으로 연결되어 있는 거구나.”

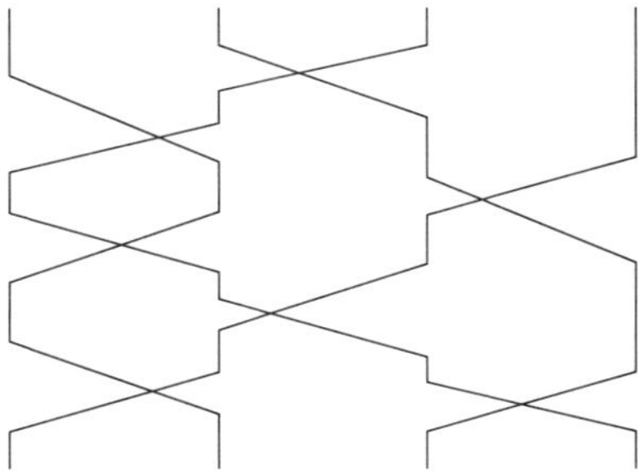

“아무리 선을 많이 그어도 하나씩만 대응되네. 일대일 대응이라 할 수 있겠다.”

기차와 지하철의 열차번호

우리는 생활 주변에서 쉽게 숫자들을 접한다. 가장 쉽게 볼 수 있는 시계와 시간, 날짜도 숫자로 나타나 있으며 과제를 제출할 때 나를 나타내주는 학번 역시 숫자로 이루어져 있다. 우리는 숫자 없이는 살 수 없을 정도로 숫자에 의존하고 있다. 또한 숫자는 길게 늘어 써야 할 말들을 대신함으로써 효율성을 가지기도 한다. 그 대표적인 예가 바로 기차와 지하철 열차의 번호이다.

고등학생 때까지만 해도 기차를 타는 경우는 거의 없었다. 집 근처를 이동할 때는 버스를 타고, 먼 곳 을 갈 때는 자가용으로 이동하곤 했기 때문이다. 그러나 대학교를 들어가게 되자 창원에 있는 집에서 학교를 오갈 때 교통수단으로 기차를 이용하게 되었고 지금은 기차가 편하고 익숙한 교통수단이 되었다.

기차를 타기 전엔 늘 휴대폰 어플을 이용해 기차표를 예매한다. 그리곤 기차역에서 전광판에 나와 있는 열차번호를 확인한 뒤 기차를 탄다. 전광판에 도착지가 동대구역으로 나와 있는 경우는 이를 보고 쉽게 탈 수 있지만 서울까지 가는 열차이고 중간에 동대구역을 거치는 경우, 도착지가 동대구역으로 명시되지 않기 때문에 열차 번호를 확인하는 것이 훨씬 보기 편하다. 이처럼 열차번호는 기차를 탈 때 혼란을 겪지 않고 쉽게 내가 타는 기차를 확인할 수 있도록 한다. 만약 열차번호가 없다면 '창원중앙역에서 동대구역까지 가는 기차'라고 명시하여야 하므로 비효율적이고 읽기 불편할 것이다. 또한 예를 들어 열차의 번호가 없다면, 부산에서 서울로 가는 한 열차가 사고가 날 경우, 하루에도 10번 이상을 부산에서 서울로 기차가 왕복 운행하기 때문에 부산에서 서울로 가는 기차 중 어떤 기차가 사고가 났는지 식별이 불가능해진다. 이와 같이 사고가 나거나 열차가 지연되어 운행순서가 복잡해질 때 문제가 되는 열차의 식별을 가능하게 하는 것도 바로 열차 번호가 하는 역할이다. 또한 물건을 기차 안에 두고 내렸을 때 열차번호를 알아두면 쉽게 물건을 찾을 수도 있다.

이처럼 숫자는 우리 생활을 편리하게 해준다. 그런데 이러한 열차번호들은 아무 의미나 규칙 없이 그저 부여한 것일까? 만약 있다면 어떤 의미와 규칙이 들어간 것일까? 위의 사진을 보면 열차번호가 1272인 것을 확인할 수 있다. 우리나라에서는 열차번호가 상행은 짝수, 하행은 홀수라는 원칙을 가진다. 따라서 창원중앙역에서 동대구역으로 상행하는 이 열차는 짝수인 1272번이 된다. 이 외에 열차번호는 KTX, 새마을호, 무궁화호에 따라 번호가 달라진다. 무궁화호의 경우 1200－1999번까지 운행된다. 또한 열차의 노선에 따라, 출발점과 도착점에 따라 번호가 달라진다. 위의 사진은 무궁화호이며 경부경전선 서울－마산을 거치는 열차이므로 1272번을 나타내는 것이다. 창원중앙역에서 동대구로 하루에 운행되는 열차는 20개 가량되며 이 열차의 번호는 모두 다르다. 또한 매일 같은 시간에 운행되는 열차의 번호가 평일이나 공휴일, 주말에도 변함없이 항상 같다는 사실은 우리들에게 또 다른 재미를 준다.

기차에 열차번호가 있다면 지하철에는 지하철열차 번호가 있다. 대학교를 다니며 대구에서 지내게 되었고 지하철이라는 교통수단을 처음으로 타보게 되었다. 교통체증을 겪지 않으면서 흔들리지 않고 목적지까지 도착하게 해주는 지하철은 정말 유용하고 소중한 교통수단이다. 생활 주변에서 찾을 수 있는 수학적 요소가 무엇이 있을까하는 생각을 하던 중 얼마 전까지만 해도 아무렇지 않게 타던 지하철을 타며 지하철에도 열차번호가 있다는 사실을 알게 되었다. 대구에서 물건을 많이 분실하는 곳을 꼽으라고 하면 아무래도 많은 사람들이 이용하는 지하철을 꼽을 수 있다. 기차의 번호와 마찬가지로 지하철 역시 열차번호를 알고 있으면 물건을 분실했을 경우 쉽게 되찾을 수 있는 장점이 있다. 그렇다면 이러한 지하철 열차번호에도 기차 열차번호와 마찬가지로 어떠한 규칙이 들어있는 것일까?

옆에 보이는 서울 지하철의 열차번호 사진을 보며 이해해보자. 만약 4966호 열차라고 한다면 4는 4호선을, 9는 열차 칸이 9칸임을, 뒤의 66은 열차 편성번호를 알려주는 것이다. 따라서 4966호 열차는 4호선 66번 편성 열차의 아홉 번째 칸을 의미하는 것이다.

이렇게 지하철을 관찰하면서 지하철 열차번호 외에 역마다 고유의 노선번호가 있다는 사실도 알게 되었다. 대구의 경우 1호선은 117번 대곡역에서부터 146번 안심역까지, 2호선은 216번 문양에서 244번 영남대까지 번호가 붙여진다. 앞의 1과 2는 각 호선을 의미한다. 그렇다면 뒤의 두 숫자는 무엇을 의미하는 것일까? 서울 지하철의 경우 대부분 10번이나 09번부터 시작한다. 이는 혹시 모를 지하철 연장을 대비하여 번호를 남겨놓는 것이라고 한다. 그러나 대구에 있는 역의 경우 17번부터, 16번부터 시작한다. 이는 대구 지하철 역 번호의 가장 큰 특징으로 1,2호선이 교차하는 반월당역을 중심으로 번호를 정했기 때문이다. 반월당역이 30이 되도록 한 뒤 그 주변의 번호를 정한 것이다.

이처럼 기차와 지하철에 숨어 있는 숫자들은 주의 깊게 보지 않는 경우가 많지만 규칙을 알고 부여한 의미를 알면 우리들에게 재미있고 신기한 사실로 다가온다.

횡단보도 초록불은 어떻게 정해질까?

툴툴이 : 똑똑아, 빨리 뛰어! 신호등이 빨간불로 바뀌겠어!

똑똑이 : 헉헉. 잠깐만 기다려….

툴툴이 : 앗! 빨간불로 바뀌어버렸잖아! 쳇, 왜이리 초록불이 켜지는 시간이 짧은 거야! 좀 더 길게 하면 편할 텐데.

똑똑이 : 안돼 우리 입장만 생각하면 어쩌니? 차들이 지나가는 시간도 생각해야지. 그리고 녹색불이 켜지는 시간은 우리의 걷는 속도를 고려해서 정한거야.

툴툴이 : 어떻게?

똑똑이 : 우리가 횡단보도를 건널 때 신호시간은 기본적으로 횡단보도에 들어가기까지 시간

'7'초+횡단보도 1m당 1초를 원칙으로 하고 있지.

툴툴이 : 그럼 우리 앞의 횡단보도가 32m정도라고 할 때 횡단보도에 들어가는 시간 7초+32초로 39초 동안 횡단보도 녹색불이 켜지겠구나!

똑똑이 : 그렇지. 하지만 어린이나 장애인 등을 고려해서 더 긴 보행시간이 제공되는 경우도 있어. 파란불의 보행시간은 기본 7초에 횡당보도 1미터 당 1초가 원칙이지만, 어린이와 노인, 장애인 등 교통약자가 많이 다니는 지역은 0.8미터 당 1초 기준으로 보행시간을 결정하기도 해.

툴툴이 : 아 그렇구나! 그럼 0.8미터 당 1초니까 $0.8 : 1 = 32 : x$로 시간을 구할 수 있겠군.

똑똑이 : 그래. 그러면 $x = 40$초가 되겠지?

툴툴이 : 그래서 총 47초 동안 시간동안 초록불이 켜지는구나. 와, 신호등에도 이런 사실이 숨겨져 있었다니….

툴툴이 : 후후 신기하지? 사소한 것도 실은 다 깊은 생각이 담겨져 있다는 거?

툴툴이 : 응! 앗 우리 이러는 동안 학교에 지각하겠어!

툴툴이 : 헉! 빨리 뛰어가자!

미술과 음악에서의 수학

2학년 1학기 미술 실기는 소묘에 대해 배우고 있다. 처음은 기초인 선긋기 연습부터 시작해서 명암을 배웠는데 1단계부터 10단계까지의 명암을 배웠다.

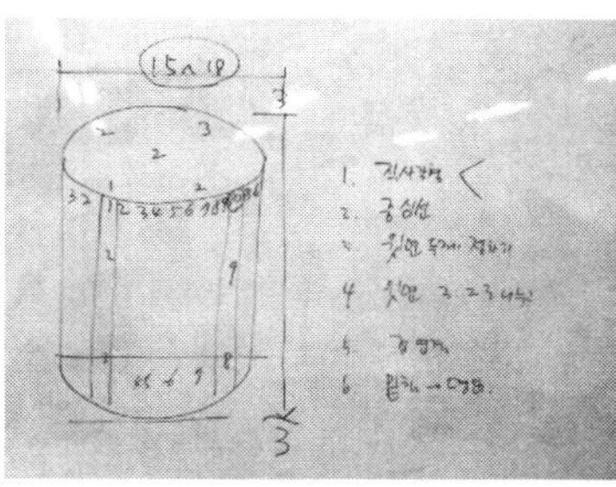

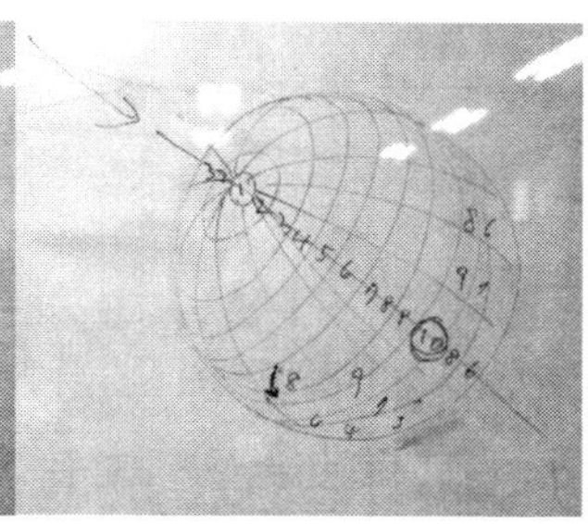

그리고 배운 10단계의 명암을 정육면체, 원기둥, 구에 적용을 시켰다. 위의 사진을 보면 원기둥과 구에 숫자가 표시되어 있다. 위의 숫자가 뜻하는 것은 명암의 단계이다. 명암을 넣어 그린 정육면체, 원기둥, 구 그림을 보여주는 것보다 숫자로 명암의 단계를 표시한 것이 더 명확하게 이해가 갔다. 완성된 그림을 보면 어느 정도의 진하기로 명암을 넣어야하는지 잘 모르겠는데 숫자로 단계를 나타내니 훨씬 명암을 나타내기가 편했다. 소묘를 하면서 수학과 전혀 상관없어 보이는 미술에도 숫자가 사용된다는 것을 알 수 있었다.

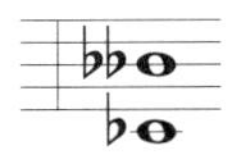

음악과 관련하여 1학년 때는 시창, 피아노, 국악을 했었는데 이번 학기에는 음악이론도 배우게 되었다. 음악이론 수업을 들으면서 음악이 수학과 밀접한 관련이 있다는 것을 깨닫게 되었다. 특히 음정을 배우면서 음악에 수학이 많이 사용되는구나 생각하였다. 두 음사이의 간격을 음정이라고 하는데 두 개의 같은 음은 1도가 되고 음의 간격이 한자리씩 멀어짐에 따라 2도, 3도, 4도 등으로 부른다. 왼쪽 사진부터 보면 ♭는 내림표이고 𝄫는 겹 내림표로 내림표의 두 배를 뜻한다. 따라서 저 두음 사이의 간격을 구하기위해서는 내림표와 겹 내림표를 약분을 해주어야한다. 약분을 하면 겹 내림표가 내림표가 되고 내림표가 없어진다. 오른쪽 사진도 보면 ♯은 올림표이고 𝄪는 겹 올림표이다. 왼쪽과 마찬가지로 약분을 해주면 겹 올림표 가 올림표가 되고 올림표는 없어지게 된다. 수학에서처럼 약분을 한다는 것이 신기했다. 음정을 배우면서 교수님께서도 수학을 잘하는 사람이 음악도 잘한다고 말씀하셨다. 이밖에도 음표의 개수로 곡의 빠르기를 나타내는 것, 4분의 4박자 곡에는 4분음표가 4개가 들어가야 하고 4분의 3박자 곡에는 4분음표가 3개가 들어가야 한다는 것, 몇 번째 음이 반음이냐에 따라 음계의 종류가 나뉜다는 것 등 음악에는 많은 수학적 요소들이 숨어있다는 것을 알게 되었다.

학점 내기, 나는 어떻게 하면 이길 수 있을까?

작년 2학기, 타 학교에 다니는 친구와 학점 내기를 하였다. 더 낮은 성적을 받은 사람이 더 높은 성적을 받은 사람에게 저녁밥을 사기로 하였다. 친구의 학교는 1학기 학사 일정이 6월 초에 마무리되기 때문에 이미 성적표를 받았는데, 생각보다 성적이 높게 나왔다고 좋아하며 자랑스럽게 성적표를 메일로 보내주었다. 평점 3.34의 평범한 성적표였다. 친구의 성적표를 토대로 나의 예상 성적표와 비교하려는 찰나, 친구가 재학 중인 학교와 내가 재학 중인 학교의 평점 산출 방법이 다르다는 사실을 알게 되었다. 친구가 재학 중인 학교는 4.3이 평점 만점이고, 내가 재학 중인 학교는 4.5가 평점 만점인 것이다. 그러면 친구와 나의 평점을 계산하기 곤란해진다. 어떻게 하면 친구와 내 평점을 공정하게 비교할 수 있을까? 생활 수학 시간에 배웠던 방법대로, 수학적인 사고를 통해 여러 가지 방법을 찾아보기로 하였다.

1. 두 학교의 평점계산방법 비교

대구교대가 4.5 만점인데 비해, 카이스트는 4.3점 만점이다. 또한 카이스트의 경우 교대에는 없는 "−" 학점이 추가로 존재하므로 비교하기에 여러 가지 문제가 생긴다.

	대구교대	카이스트
A+	4.5	4.3
A0	4.0	4.0
A−	−	3.7
B+	3.5	3.3
B0	3.0	3.0
B−	−	2.7
C+	2.5	2.3
C0	2.0	2.0
C−	−	2.7
D+	1.5	1.3
D0	1.0	1.0
D−	−	0.7

2. 어떻게 비교할 수 있을까?

학점을 비교하는 데에는 여러 가지 방법을 이용할 수 있을 것이다. (문과 출신이고, 확률/통계에 능하지 않아 제시한 방식에 다소 수학적인 오류가 많이 있을 수도 있으니 양해바랍니다.)

(1) 석차를 이용하여 비교하기

내가 재학 중인 과의 학생 수와, 친구가 재학 중인 과의 학생 수가 다소 차이가 있기는 하지만, 서로 합의 하에 평점 대신 전체 과목의 반 석차를 비교하기로 한다.

(2) 4.5 만점인 학교를 기준으로 4.3인 학교 성적을 변환하기

4.5 만점인 학교의 평점 계산법을 기준으로, 4.3인 학교의 평점을 새롭게 고치는 방법이 있다. 그러나 이 방법에도 고려해야 할 점이 있는데, 그것은 4.3 만점인 학교에는 4.5 만점인 학교에는 없는 －학점이 있다는 점이다. 따라서 몇 가지 가정이 필요하다.

우선 두 학교 모두 30% 안에 든 학생에게 A(+, 0, －) 학점을 준다고 가정한다. 대구교대의 경우 30%에 든 학생 중 15%까지 A+을, 30%까지 A0를 준다고 가정하고, 카이스트의 경우 30%에 든 학생 중 10%에게는 A+, 20%까지는 A0, 30%까지는 A－을 준다고 가정한다. 카이스트에서 A+을 받은 학생은 당연히 대구교대 식으로 변환하여도 A+이고, 카이스트에서 A－을 받은 학생은 당연히 대구교대 식으로 변환하여도 A0이다. 그러나 카이스트에서 A0를 받은 학생의 경우 10～15%라면 대구교대 식으로 A+이고, 15～20%라면 대구교대 식으로 A0이다. 과목별 석차가 나오지 않는 과목도 많고, 일일이 계산하자면 번거로우므로, 카이스트에서 A0를 받는 학생의 기댓값을 대구교대 식으로 변환할 때는, A+일때 받는 4.5와, A－일 때 받는 4.0의 사이 값인 4.25로 취급하자고 가정하여 계산한다. 즉, 다음과 같이 변환하여 계산한다.

	원래 학점	4.5로 변환한 학점
A+	4.3	4.5
A0	4.0	4.25
A－	3.7	4.0
B+	3.3	3.5
B0	3.0	3.25
B－	2.7	3.0
C+	2.3	2.5
C0	2.0	2.25
C－	2.7	2.0
D+	1.3	1.5
D0	1.0	1.25
D－	0.7	1.0

년도	학기	학과	교과목	분반	ID###	구분	교과목명	강	실	학	AU	재수강	성적	
2009	봄	CH	23.482		CH482	전선	생화학 II	3	0	3.0	0	N	B-	Bi
		CH	23.417		CH417	전선	화학반응동력학	3	0	3.0	0	N	B0	Cl
		CH	23.541		CH541	선택	고급무기화학	3	0	3.0	0	N	C0	Ac
		MAS	25.560		MAS560	선택	응용수학의 방법	3	0	3.0	0	N	A-	M
		CBE	39.523		CBE523	선택	율속분리공정	3	0	3.0	0	N	C+	Ra
		BEP	42.442		BEP442	전선	문화콘텐츠 관련법과 지적재산	3	0	3.0	0	N	A0	La
		HS	10.187	B	HS187	교필	축구	0	0	0	2	N	B-	Sc
		PH	20.301		PH301	전필	양자역학 I	3	0	3.0	0	N	B0	Qu

위와 같은 방법으로 친구의 학점을 계산하면 4.5점 만점 기준 3.18점이 나온다.

3. 내가 이기려면 똑같은 8과목 범위에서 어느 정도 해야 친구를 이길 수 있을까?

대략 B+학점이 3.5 B학점이 3.0 이므로 B+가 두 개 B0가 여섯 과목 이라고 하면 평점이 3.125점이 나온다. 여기서 어느 한과목만 한 단계 올라가게 되면, 나는 친구를 이길 수 있다.

안동소방서 안전센터와 지역대를 통해서 보는 수학

최근 모세의 기적이라 하여 소방차량의 출동과 관련해 많은 관심을 가지고 있다. 소방차량에 길을 터주는 시민의식만큼이나 중요한 것은 소방차량의 접근성의 문제이다. 필자는 실제 소방서에서 근무해 본 경험을 바탕으로 안동소방서의 119안전센터와 119지역대의 위치와 응급의료기관을 중심으로 수학과 연관 지어보려 한다.

안동소방서의 경우에는 청송군과 영양군을 포함하여 총 3개 시군을 포함한 넓은 영역을 관할하고 있다. 119 안전센터와 지역 대에는 모두 앰뷸런스라고 하는 구급차량을 보유하고 있다. 인구 밀집지역에는 안전센터를 두어 접근성을 높이고 있다. 물론 안동지역의 경우에는 시내지역과 시외지역의 인구 격차가 심하다. 주로 안동시내와 청송 읍내, 영양읍내에 사람들이 밀집해 산다. 그래서 인구가 많은 지역을 중심으로 구급차량을 배치하여 구급차량 1대당 인구수를 최대한 맞추고자 하였다. 그렇게 하여 각 센터별 출동건수를 적절히 맞추어 효율적인 환자 이송이 가능하도록 하였다. 즉, 초등 수학교과의 비율 부분과 평균 부분을 끌어와 안전센터와 지역대 설치의 배치와 비에 영향을 주었다.

또한 안전센터의 하위개념인 지역대의 분포에 대해서 보면 지역대의 경우 안전센터를 중심으로 원형으로 둘러싸고 있는 모습을 보인다. 그렇게 함으로 지역대와 센터간의 간격을 줄여서 보다 많은 현장에 빠르게 도착할 수 있게 된다. 즉 지역대나 센터의 숫자가 많으면 많을수록 이동시간이 단축되어지고 이동거리 또한 단축되어진다. 이동시간과 이동거리가 단축되어지면 그만큼 응급환자가 소생할 수 있을 확률도 올라가는 것이다. 초등 6학년 수학 교과의 정비례와 반비례 단원의 내용을 빌려와 이야기해 보면 이동시간과 이동거리는 정비례의 관계이다. 그러나 이동시간, 이동거리와 응급환자 소생률은 반비례의 관계가 있음을 알 수 있다.

원형교차로(roundabout)와 수학

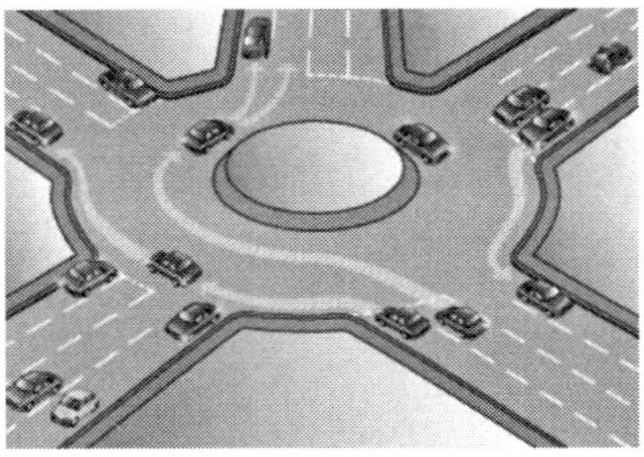

지난 겨울방학, 한 달간 뉴질랜드에 어학연수를 가게 되었는데, 그 나라의 도로는 우리나라와는 달리 대부분 원형교차로를 끼고 있었다. 우리나라에서는 하나도 볼 수 없는 원형교차로가 왜 뉴질랜드에는 흔하게 있을까?

뉴질랜드의 전체 인구는 우리나라의 부산 인구 정도밖에 되지 않는다고 한다. 그러면 당연히 도로를 이용하는 사람 수도 우리나라보다 훨씬 적다. 도로가 많이 한산한 편이므로 굳이 신호교차로를 이용해 교통의 흐름을 막을 이유가 전혀 없는 것이다. 또한 신호교차로에 비하여 유지관리의 부담이 적고, 잘 설계된 회전교차로는 주변으로의 접근성이 높다. 원형이기 때문에 원심력이 생겨 사고 발생율도 낮다고 한다. 뿐만 아니라 지체시간이 감소되어 연료소모와 배기가스를 줄이는 등 많은 장점이 있다고 한다.

이렇듯 인구가 현저히 적은 뉴질랜드는 신호교차로보다 원형교차로를 사용하는 것이 훨씬 효율적이라고 볼 수 있다.

뉴질랜드에서의 연날리기

뉴질랜드에서 매일 주중에 Fairfield School에 교생 겸 학생 신분으로 갔다. 2주차부터는 내가 직접 영어로 수업을 했는데, 그 날 주제가 한국에 대해 수업하기였다. 무엇을 수업할까 고민하다가 바람이 많이 부는 뉴질랜드의 대기를 이용해 연날리기를 해보기로 했다. 마음에 드는 그림을 골라 연을 만들고 운동장에서 날려보도록 했다. 그런데 현지 아이들뿐만 아니라 나도 연을 직접 만드는 것은 처음이었기 때문에 생각보다 잘 날지는 않았다. 나중에 수업이 끝나고 아쉬워서 검색을 해봤더니 연이 잘 날기 위한 몇 가지의 수학 요소가 숨어있었다.

먼저 종이를 준비하고 나서 살을 붙이는데, 연살을 붙일 때는 연 가운데 부분이 평면에서 약 10도 가량 불룩하게 나와야 하고, 연의 굽은 각도에 따라 잘 뜨고 못 뜨게 되므로 손으로 만져서 알맞은 각이 만들어지게 조정해야 한다고 한다. 또 제일 윗줄을 맬 때는 약 15도 각도로 연 윗부분이 뒤로 휘어지게 잡아 가장 먼저 매야한다. 아랫줄은 중앙에서 맨 아래까지를 3등분했을 때, 아래에서 1/3 정도에 구멍을 뚫고 실로 가운데 살에 실을 매야하며, 이때 길이는 윗줄과 같게 한다.

연 날릴 때의 몸가짐은 연과 날리는 사람의 앞가슴이 45도 각도로 마주보고 있어야 하며, 연줄 역시 직선에 가깝도록 팽팽하게 당겨야 연을 자유롭게 조종할 수 있다고 한다.

연을 약 500m 이상 띄우면 연의 무늬가 보이지 않고, 약 1,000m 가량 높이 띄우면 눈에 가

물가물하게 보이고, 그 이상이 넘게 되면 잘 보이지 않는다고 한다.

연을 날릴 때는 어느 정도 각도가 있을 것 같았는데, 연을 만들 때조차 수학적 요소가 들어간다는 사실이 놀라웠고, 이러한 사실을 미리 알았더라면 현지 아이들과 더 재미있게 수업을 할 수 있지 않았을까 하는 아쉬움이 들었다.

세탁소에 옷을 맡겼을 때 붙이는 번호

집 앞에 세탁소를 아는 분이 운영하셔서 우리 집 모든 옷 세탁은 거기에 맡긴다. 옷 세탁을 맡기고 찾아올 때 보면, 비닐에 항상 바코드와 코드 번호가 붙어있다. 다섯 자리 숫자의 의미가 궁금했지만 그냥 별 의미 없겠지 하고 지나치곤 했다. 그런데 얼마 전에 겨울 코트2개와 봄 점퍼 하나를 맡기고 찾으러 갔다. 동시에 3개를 맡겼는데 2개의 코드번호는 이어지고 하나는 코드번호가 뚝 떨어져있었다. 번호가 이어지는 옷 2벌은 둘 다 겨울코트였다. 궁금해서 그 다음번에 방문했을 때 번호의 의미를 물어보았다.

▲ 겨울 코트 두 벌

▲ 봄 점퍼

일단 바코드 왼쪽에 있는 큰 02는 우리 동네 옥산동 지점을 의미하는 것이다. 세탁소가 체인점이라 각 지점마다 고유 번호를 표시한 것이다. 다른 지점은 03, 04 이런 식이라고 한다.

다음 바코드 오른쪽에 밑줄이 그어져있는 작은 2와 4는 옷의 종류를 분류하는 번호라고 한다. 옷을 분류했을 때, 겨울 코트 두 벌은 2에 봄 점퍼는 4에 속한다.

그리고 끝에 네 자리 숫자는 그냥 들어온 순서대로 쭉 이어지는 번호라고 한다. 끝 네 자리 숫자가 9999에 이르러서 더 이상 숫자를 붙일 수 없으면 택의 색깔이 노란색이 아니라 다른 색으로 바꾼다고 한다. 노란 색 전의 색깔은 분홍색이었다. 천의 자리를 넘어가면 택의 색깔을 바꾼다고 하니 그러면 무궁무진하게 경우의 수를 만들어 계속 이어갈 수 있을 것이다.

무심코 지나가던 각각의 숫자에 규칙이 담겨있었다. 이는 1～2학년군, 3～4학년군에 나오는 규칙 찾기와 관련이 있다.

나는 어느 높이에 살고 있을까?

나는 아파트 15층에 살고 있다. 베란다에서 아래를 내려 보면서 내가 있는 이 높이는 대략 몇m 나 될까 궁금한 적이 있었다. 엘리베이터 안에 붙어있는 종이를 직접 보니 엘리베이터의 속도는 분속 60m였다. 그리고 엘리베이터를 타고 1층에서 15층까지 올라오는데 걸리는 시간을 재어 보니 35초가 걸렸다. 그럼 높이는 $60 \times 35 / 60 = 35$m정도 될 것이다. 정확히 말하면 1층 복도에서 15층 복도까지 길이다. 직접 아파트의 높이를 재어 보는 것이 아니라 엘리베이터에 표시되어 있는 속도와 직접 걸리는 시간을 재어보고 대략적인 우리 집의 높이를 구해볼 수 있었다.

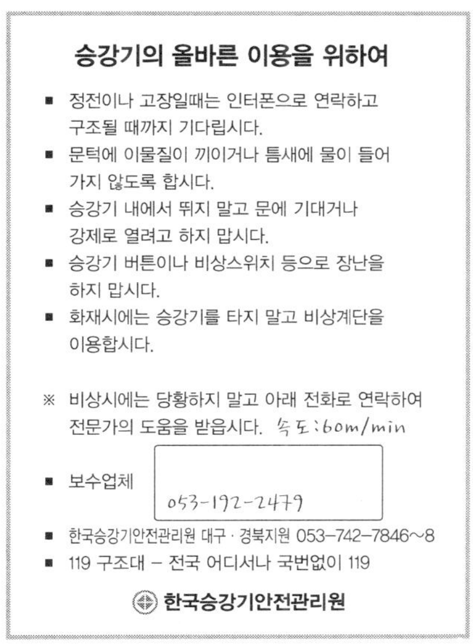

승강기의 올바른 이용을 위하여

- 정전이나 고장일때는 인터폰으로 연락하고 구조될 때까지 기다립시다.
- 문턱에 이물질이 끼이거나 틈새에 물이 들어가지 않도록 합시다.
- 승강기 내에서 뛰지 말고 문에 기대거나 강제로 열려고 하지 맙시다.
- 승강기 버튼이나 비상스위치 등으로 장난을 하지 맙시다.
- 화재시에는 승강기를 타지 말고 비상계단을 이용합시다.

※ 비상시에는 당황하지 말고 아래 전화로 연락하여 전문가의 도움을 받읍시다. 속도:60m/min

- 보수업체 053-192-2479
- 한국승강기안전관리원 대구 · 경북지원 053-742-7846～8
- 119 구조대 – 전국 어디서나 국번없이 119

한국승강기안전관리원

반찬 그릇을 덜 쓰고 테이블을 채운다?

점심시간이 되면, 항상 무엇을 먹을까 고민을 하고, 고민 끝에 하루는 학교 근처의 중국집, 하루는 일식집, 하루는 국밥집을 가게 된다. 가게마다 내세우는 음식도 다르고, 맛도 다르고, 분위기도 전혀 다르지만, 거의 모든 식당에서 무심코 지나칠 수 있지만 공통적으로 가지고 있는 특징이 하나 있다. 바로 반찬이나 주 메뉴를 담는 그릇이 모두 원형이라는 것이다. 이번 기회를 통해서 그 이유를 수학과 연관 지어서 추측해 보았다.

초등학교에서 배우는 내용이라고 보기는 어렵지만, 우리는 큰 사각형을 채울 수 있는 도형은 삼각형, 사각형 등이 있다고 쉽게 생각해볼 수 있다.

오른쪽의 칠교놀이 사진처럼 정사각형, 혹은 직사각형 내부를 빈 공간 없이 채울 수 있는 도형은 직사각형, 정사각형, 이등변삼각형, 평행사변형 등으로 한정되어있다. 아래의 타일처럼 정사각형만을 이용해서도 사각형의 테두리를 채울 수 있다. 즉, 앞에서 제시했던 도형들과 몇몇 특수한 도형 말고는 사각형을 빈 공간 없이 채우는 것이 불가능하고, 채워 넣으려고 노력을 해도 필수적으로 빈 공간이 생기게 된다.

메인 메뉴뿐만 아니라 기본 반찬을 많이 준다는 점을 내세우는 식당이 있을 정도로 요즈음 식당에서는 기본 반찬이 그 식당 음식의 맛을 평가하는 기준 중의 하나가 되었다. 그리고 식당에서 기본 반찬의 종류가 많을 경우에 손님들은 그것을 매우 반가워하며 그 식당을 자주 이용한다. 식당의 입장에서는 손님이 느는 것은 좋은 일이지만, 기본 반찬의 재료값에서부터 부담을 받는다면 그만큼 메인 메뉴의 맛이나 신뢰도가 떨어지게 될 것이다. 그런 시점에서 2개에서 3개 종류의 반찬만을 테이블 위에 올려놓는다면, 테이블이 상당히 텅 빈 것처럼 느껴질 것이고, 주인의 입장에서는 올려놓는 반찬의 종류를 최대한 간단히 하면서 테이블이 빈다는 느낌이 들지 않도록 식상 차리기를 원할 것이다. 그렇다면 어떻게 해야 할까? 내가 생각하기에 그 방법 중의 하나가 바로 그릇의 모양을 원형으로 만드는 것이다. 물론 테이블을 꽉 채운 것처럼 만들기 위한 목적으로 애초에 반찬을 담는 그릇의 모양을 원형으로 정한 것이라고 하기엔 매우 억지이다. 하지만 반찬을 사각형의 접시에 담고, 테이블을 채우려고 한다면 식당의 입장에서는 엄청난 재료비가 빠져나가게 될 것이다. 하지만, 현재 식당 접시의 90프로 이상을 차지하고 있는 동그란 모양의 접시를 사용함으로써, 적당히 테이블이 채워지는 효과도 얻으면서 너무 부담되지 않을 정도로 반찬을 준비할 수 있는 것이다. 결국엔 식당 주인의 입장에서도, 식사를 하는 손님의 입장에서도 만족할 수 있는 것이다.

친구들과 학교 근처 국밥집에서 밥을 먹다가 갑자기 접시를 보고 이러한 생각이 들어서 집에 와서 구체적으로 생각을 해보았다. 이러한 생각을 토대로 원형 접시에서도 모양을 조금 더 다양하게 만든다거나, 원과 원이 만나는 지점을 조금 더 크게 한다거나 다른 방법을 찾아본다면 손님을 만족시키면서 식당의 이익을 훨씬 더 많이 챙길 수 있겠다는 생각이 든다. 생각을 구체적으로 해 보기 전에는 무심코 지나왔었기 때문에 우리가 정말 단순하게 생각하는 생활에서도 엄청나게 많은 수학적 의미를 부여할 수 있다는 것을 알 수 있다.

택시에서 찾을 수 있는 수학

차가 없는 사람들은 먼 거리를 이동할 때 주로 버스나 지하철 등 대중교통을 이용한다. 택시도 물론 대중교통에 속하긴 하지만 버스나 지하철에 비해 상대적으로 비싼 요금으로 인해 일상적으로 이용하기는 쉽지 않다. 그렇지만 급할 때나 모르는 곳에 가면 어쩔 수 없이 택시를 이용해야하는 경우가 있다. 그럴 때면 택시 미터기 속에 달리는 말이 야속하기만 하다.

그런데 택시 요금은 어떤 기준으로 올라가는 것일까?

모든 택시에는 택시미터가 장착되어 있다. 이 기계는 뒷바퀴의 회전에 의해 주행거리를 계산한다. 택시 요금은 이 주행거리에 따라 올라간다. 또 주행시간과 대기시간을 병산하는 '거리 시간 병산제'가 시행되고 있다.

대구광역시청에 명시된 택시 요금표를 살펴보면 다음과 같다.

택시요금표 (단위 : 원)

중형택시		
기본요금	주행요금	시간요금(15km/h 이하 시)
2km까지 2,800	144m당 100	35초마다 100

예를 들어 지하철 안지랑역 부근에서 대구교육대학교까지 총 2.7km를 중형택시를 타고 이동할 때 모든 신호를 무시하고 15km/h 이상의 속도로 주행하면 기본요금 2,800원이 적용되는 2km까지와 추가로 700m를 더 이동하므로 총 요금은 2,800+500으로 3,300원이다. 그런데 실제로 택시를 타보면 약 4,000원 정도로 700원이 추가로 더 나오므로 신호대기 시간이 약 245초, 즉 6분 5초가량 된다고 할 수 있다.

신호대기와 같은 요소는 택시의 이동 경로에 따라 상당히 달라질 수 있는데 만약 출발지와 도착지가 동일할 때 신호가 많지만 거리가 더 짧은 경로가 요금이 더 저렴할까 아니면 신호는 적지만 거리가 더 긴 경로가 요금이 더 저렴할까?

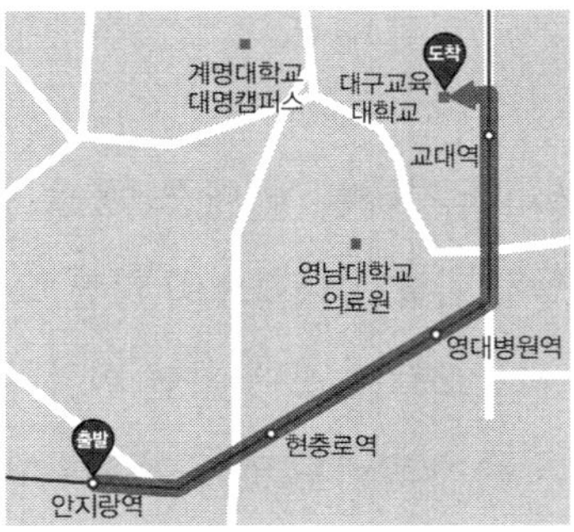

▲ 경로 1

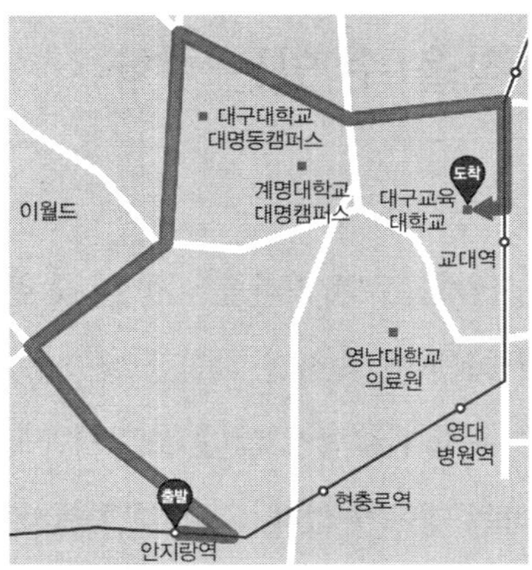

▲ 경로 2

단위당 계산했을 때 신호 하나에 정지하는 시간이 1분 10초라고 하면 신호 하나당 288m의 손해를 본다는 것을 알 수 있다.

이를 실제에 적용해 보자. 그림과 같이 **경로 1**과 **경로 2**가 있다고 하자. 편의상 **경로 1**은 3km, **경로 2**는 6km로 두 배의 차이가 난다고 하고 신호 하나당 정지하는 시간은 1분 10초라고 하자. 그랬을 때 각 경로당 신호의 개수에 따른 요금을 살펴보자.

경로당 신호수에 따른 요금

신호 수	경로 1	경로 2
0	3,400	5,500
1	3,600	5,700
2	3,800	5,900
3	4,000	6,100
4	4,200	6,300
5	4,400	6,500
6	4,600	6,700
7	4,800	6,900
8	5,000	7,100
9	5,200	7,300
10	5,400	7,500
11	5,600	7,700
12	5,800	7,900
…	…	…

위의 표를 살펴보면 신호가 11개 이상 차이가 나는 순간부터 **경로 2**로 가는 것이 더 저렴하다는 것을 알 수 있다.

이처럼 수학을 이용하면 택시를 얼마나 타면 요금이 얼마나 나오는지, 어느 경로로 가는 것이 더 저렴한지 등을 쉽게 알 수 있다. 이를 통해 우리는 우리가 가진 자원들을 효율적으로 사용할 수 있다.

동전돌리기에서 발견한 수학

우리는 무슨 물건을 보면 돌리고 싶은 충동을 느낄 때가 있다. 특히 주변에서, 책이든 필통이든 손으로 들고 돌리는 습관을 가진 사람들을 볼 수 있는데, 그 사람들 중 한 사람이 나다. 큰 물건과 무게감이 있는 물건은 들어 올려 돌리면 되지만, 동전과 지우개 같이 가볍고 작은 것들은 그냥 바닥에 대고 돌려보다가, 우연히 수학적인 요소를 발견했다.

오른쪽 그림처럼 2010 동전을 중심으로, 오른쪽에 네임펜으로 표시해 놓은 2000 동전 붙여놓는다. 동전의 옆면을 떼지 않으면서, 2000 동전을 돌린다. 2000 동전이 한 바퀴를 돌면 정확히 중심의 왼쪽에 위치하게 된다. 이 과정을 연속으로 한 번 더 하면 2000 동전은 원래 있던 자리로 위치하게 된다. 즉, 동전을 한 동전에 붙이면서, 두 바퀴 돌리면 제자리로 오는 것이다.

이 사실을 처음 알게 되었을 때에는, 수학적인 요소를 찾지 못했다. 그렇지만 계속 하게 되면서 '두 동전을 붙여서 같은 원주 길이만큼 돌리는데, 2010 동전의 90도 되는 지점에서 왜 2000 동전은 180도를 돈 상태일까'란 생각이 들었다. 이 과정을 몇 십번 내 눈으로 직접 보고, 내 손으로 직접 돌리면서도 '정확하게 한 것일까'라는 의심이 들었기 때문에, 동전을 원으로 보고 좌표평면으로 옮겨 생각을 해 보았다.

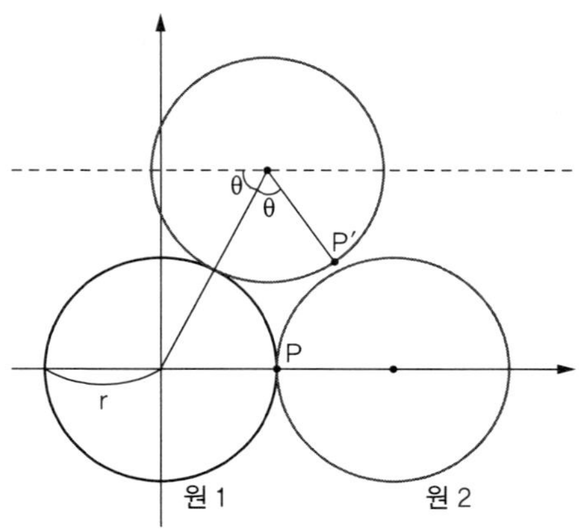

반지름이 r인 두 원(**원 1**과 **원 2**)을 좌표평면상 수직선 위에 점 P로 접하게 둔다. **원 2**를 **원 1**에 붙여 반시계 방향으로 돈다고 했을 때, **원 2** 위의 점 P가 P'에 위치하는 상태를 가정한다.

원 1과 이동한 원의 중심 사이의 각을 T도로 둔다. 이동한 원의 중심을 지나는 수평선을 긋고, 각의 크기를 재보면 엇각과 회전한 각이 각각 T도인 것을 알 수 있다.

표시한 분홍색 화살표 방향으로, 회전한 원에는 2T도의 변화가 있음을 확인할 수 있다.

중심을 가만히 두고 원을 돌려 전체적으로 봤을 때, T도 회전을 했다고 생각할 수 있지만, 각을 잴 때 우리는 수평선을 기준으로 하고, 또 도는 원이 평지를 회전하는 것이라고 볼 수 없기 때문에 실제로는 2T를 돌게 되는 것이다.

그렇기 때문에 100원짜리 동전 두 개 중 한 개를 중심으로, 나머지 하나를 돌릴 때 2바퀴를 돌아야 제자리로 돌아오는 것이다.

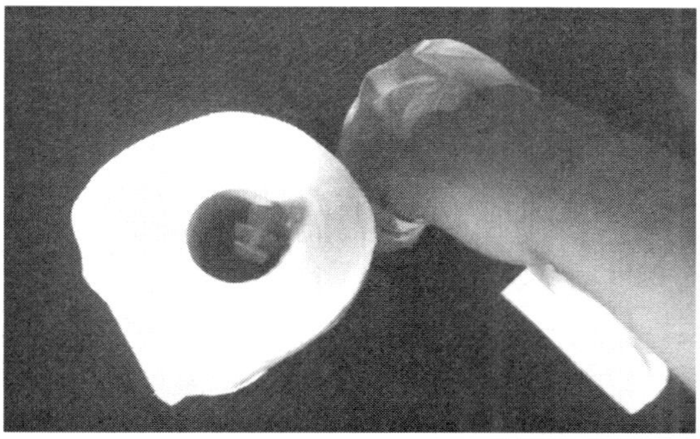

▲ 손을 돌려 고정된 두루마리 휴지를 마는 모습

또, 이런 것들을 다른 일상생활에서도 적용되는 점을 생각해 봤는데, 고정된 두루마리 휴지를 구기지 않고 손을 돌려서 옮길 때, 손을 많이 돌려야 하기 때문에 불편했던 경험이 떠올랐다.

평소에 무심코 하는 행동에도, 수학적인 요소를 찾아보니 이렇게 발견되는 것이 신기하고 새로웠다. 또, 정확하게 판단할 수 없는 것을, 머릿속으로만 생각하지 않고 좌표평면상의 원으로 간단하게 그려보니 더 쉽고 정확하게 이해할 수 있었다.

열차 번호에서 찾을 수 있는 규칙

출발시간과 도착시간, 타는 역과 내리는 역에 의해 종종 불려지는 기차에도 자신만의 열차 번호가 있다. 열차의 귀퉁이에 보일 듯 말 듯 적혀 있고, 기차표에도 아주 작은 글자로 적혀 있는 열차 번호. 물건을 두고 내리거나 열차사고가 났을 때와 같은 긴급한 상황에서 열차 번호를 안다면 손쉽게 대처를 할 수 있기에 이러한 열차 번호를 알아 두는 것은 도움이 된다.

대구에서 고향인 김천으로 가는 기차를 타거나 김천에서 대구로 오는 기차를 탈 때마다, 타는 곳과 내리는 곳은 같음에도 불구하고 기차에 적힌 열차 번호가 다르다는 것에 의문을 품게 되어 열차 번호에 대한 규칙을 찾아보았다.

우선 상행(부산→서울) 열차의 경우 짝수 번호를 부여받고, 하행(서울→부산)의 경우 홀수 번호를 부여받는다. 또한 KTX는 3자리, 나머지 열차는 4자리의 열차번호를 가지게 된다.

▲ 상행(부산→서울) 무궁화호
: 열차번호 1250(짝수, 4자리)

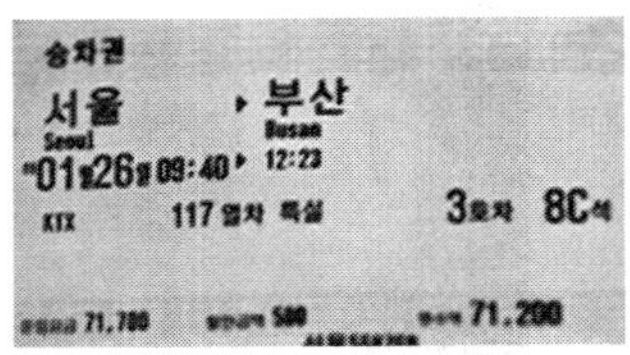

▲ 하행(서울→부산) KTX
: 열차번호 117(홀수, 3자리)

3자리 수의 열차번호를 가지는 KTX열차는 다시 운행구간에 따라 아래와 같이 나누어진다.

	열차번호	운행구간
KTX (001～900)	001～300	서울－부산
	301～350	서울－부산(구포 경유)
	351～360	서울－부산(수원 경유)
	400번 대	서울－마산
	500번 대	용산－목포
	600번 대	용산－광주
	700번 대	용산－여수 엑스포

4자리 수의 열차번호를 가지는 나머지 열차들은 등급에 따라 새마을호, 무궁화호, 누리호로 나누어지는데 이 세 열차는 각각 운행구간에 의해 다시 나누어진다.

	열차번호	운행구간
새마을호 (1000～1199)	1041～1044	서울-포항
	1051～1064	서울-부산
	1071～1074	청량리-안동
	1081～1082	서울-진주
	1131～1134	용산-목포
	1141～1144	용산-광주
	1151～1162	용산-익산
	1191～1194	용산-여수

	열차번호	운행구간
무궁화호 누리로 (1200～1999)	1201～1250	서울-부산
	1251～	서울-해운대
	1271～	서울-마산, 순천
	1301～1310	서울-동대구
	1311～1320	서울-대전
	1341～	동대구-부산
	1351～	대전-부산
	1401～1420	용산-목포
	1421～1430	용산-광주
	1441～	용산-순천
	1501～1550	전라선
	1551～1570	장항선
	1601～1630	청량리-안동
	1631～1650	청량리-강릉
	165～	정선선
	1671～1690	강릉-동대구
	1701～1720	충북선
	1721～1750	서울-신창
	1751～1770	동대구-포항
	1771～1790	동대구-부전
	1791～1800	경북선
	1901～	경전선

이외에도 열차의 목적지와 용도에 따라 춘천이 목적지인 ITX-청춘 열차는 2000번대의 열차번호를 가지고 통근열차는 2700번대의 열차번호를 가진다. 또한 관광열차를 비롯한 임시열차는 4000～9000번대의 열차번호를 가지긴 하지만, 임시열차인 만큼 그 규칙성은 정식열차

들에 비해 떨어진다.

위와 같이 상행과 하행, 기차의 등급, 운행 구간에 따라 기차는 각각의 고유 번호를 가지게 되는 것이다. 타는 곳과 내리는 곳은 같았지만 열차번호가 각각 달랐던 이유는 그 열차가 운행을 시작한 장소와 열차의 운행이 끝나는 장소에 의해 열차번호가 부여되었기 때문이다.

평소에 눈길조차 주지 않고 지나치기 쉬운 열차 번호에도 위와 같은 여러 숫자 규칙이 숨어있다. 따라서 이 규칙에 따라 열차번호를 안다면 이 열차가 어디를 향하며 등급은 무엇인지, 어디와 어디 사이를 운행하는지 열차 운행의 대부분을 알 수 있는 것이다.

내 이불에서 찾을 수 있는 도형, 비례, 대칭

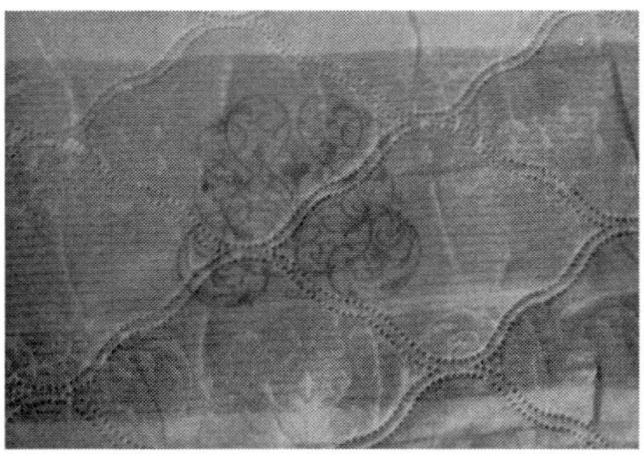

수학적 요소는 일상생활 곳곳에 숨어있다. 가장 가까운 곳을 찾아보다, 내가 지금 엎드려있는 이불에도 수학적 요소가 나타나있다는 것을 발견했다. 내 이불은 일정한 패턴이 반복되어 그려져 있다. 이 패턴은 마름모 모양이다.

마름모의 꼭짓점과 꼭짓점이 닿은 채로 쭉 이어져 있고(◇◇◇◇◇), 그 위와 아래 줄에서는 가운데 줄에 있는 마름모의 두 변을 공유하고 있다(◇◇◇◇◇).

마름모 두 개는 평행사변형이 되고, 마름모 네 개가 모이면 아래 그림과 같이 큰 마름모가 된다.

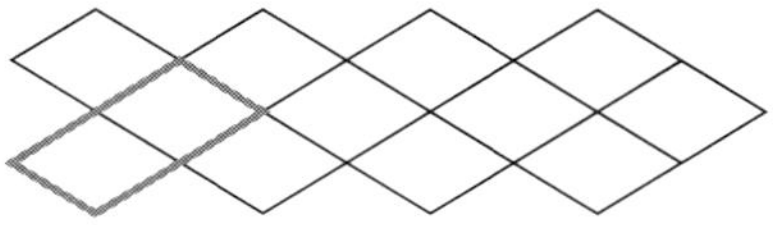 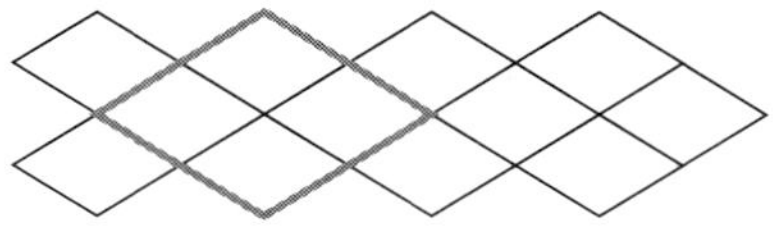

이 도형의 길이를 재어 보면, 가로 12cm 세로 7.5cm로 1 : 1.6의 비율을 갖는다. 이는 인간이 가장 편안하게 느끼는 황금비율인 1 : 1.618에 근접한 비율이다.

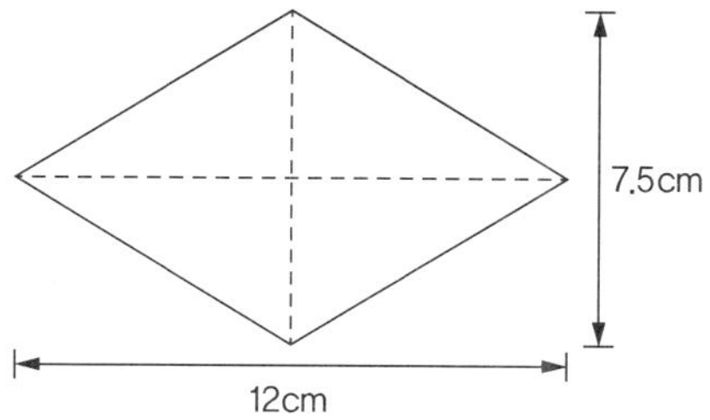

이불 전체는 주황－노랑－보라－노랑－보라－주황－보라－노랑－보라－노랑－주황 순으로, 가운데 주황을 기준으로 좌우 대칭인 모양이다.

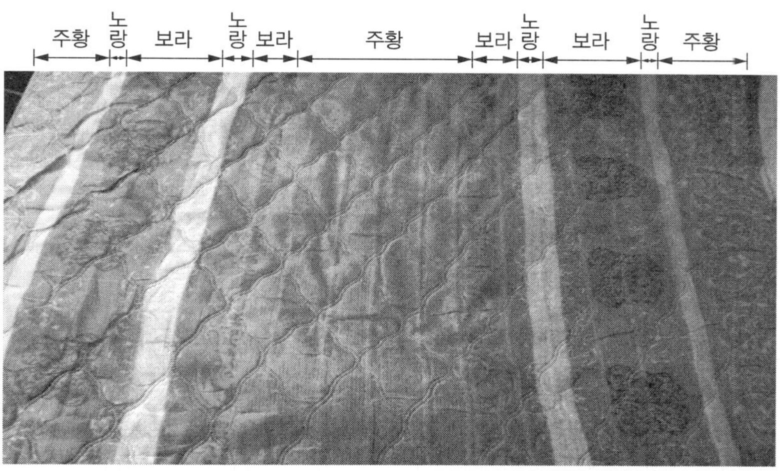

이 내용은 1～2학년군 2단원 여러 가지 도형, 5학년 2학기 3단원 도형의 대칭, 7단원 비와 비율과 연관지을 수 있다.

교통카드 충전

나는 아르바이트를 하기 위해 월, 수, 금 저녁마다 안심역에서 교대역까지 지하철을 타고 출퇴근을 하고 있다. 그런데 대구 지하철 기준 성인요금은 1,100원이다. 항상 돈이 부족해서 교통카드에 돈을 충전하려고 할 때 보면 뒤에 몇 백 원씩 잔돈이 남아 있는 경우가 굉장히 많았다. 그렇다면 몇 번을 탈 때 마다 충전을 하면 잔액을 0원으로 만들 수가 있을까?

나는 이 문제에 대해서 항상 고민이 많았다. 충전하기 전에 900원 잔액이 남아 있을 때 200원 차이로 지하철이나 특히 버스를 타지 못할 때 정말로 안타까웠기 때문이다. 먼저 성인요금 1,100원으로 계산해 보자. 월, 수, 금 저녁 왕복으로 2,200원씩 일주일에 6,600원의 교통비가 필요하다. 처음에 만 원을 충전했다고 가정 했을 때 9번을 타면 9,900원을 사용해 100원이 남게 되어 한 번 더 충전해야 한다. 그러면 남아있는 돈은 1만 100원이 되겠지요. 또 9번을 타서 9,900원을 사용하면 200원이 남게 되고, 만 원을 다시 한 번 충전하게 되면 1만 200원이 된다. 맨 처음 만 원을 한번 충전한 것이라고 가정한다면, 충전 횟수 = n, 잔돈 = 100n이라는 공식을 만들 수가 있다.

즉, 100n이 1,100이 되는 n을 구한다면 n = 11이라는 결과를 구할 수가 있다. 그래서 잔돈이 0원이 되는 때는 11번째 충전을 하고 다 사용했을 때라는 것을 알 수가 있다.

이월드 연간 회원권을 끊는 것이 합리적인 사람은?

현재 이월드의 자유이용권 가격은 어른 기준 33,000원, 청소년 29,000원, 어린이 24,000원이다. 예전에 비해 많이 오른 가격을 보니 제 가격을 내고 가기에는 부담이 클 것 같다. 이 외에도 야간 자유이용권이 있는데 이는 오후 5시부터 폐장 시간(요일별로 다르지만 최소 7시부터 최대 10시까지)까지이고, 가격은 16,000원이다.

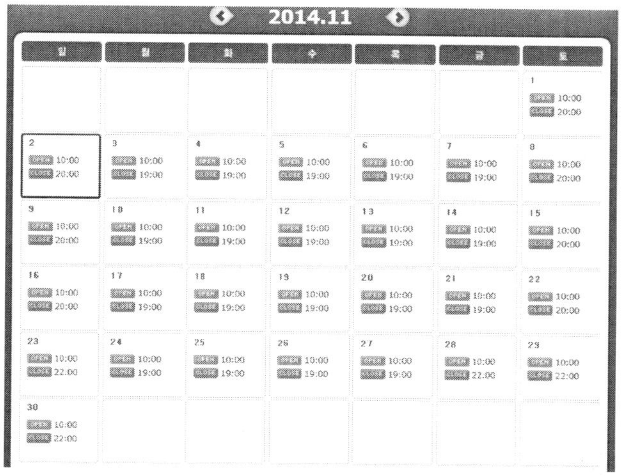

그럼 이제 연간 회원권의 가격을 살펴보자. 연간 회원권은 대인과 소인으로 구분되어 있는데, 대인 15만 원, 소인(초등학생 이하) 13만 원이다. 여기에도 야간 연간 회원권이 있는데 이는 59,000원이다. 여기에 여러 할인 요소들이 더해져 복잡해지지만 정가로만 한 번 비교를 해보자. 나는 성인이므로 대인 가격 기준으로 계산을 해볼 것이다.

$$33000 \times x \geqq 150000$$

이때의 x는 약 4.5. 즉, 내가 1년에 5번 이상 이월드를 간다면 연간회원권을 끊는 것이 나을 것이다.

다음에는 야간 가격으로도 한 번 계산을 해보자.

$$16000 \times x \geqq 59000$$

이 경우에는 약 3.6으로 4번 이상 야간으로 이월드를 간다면 야간 연간 회원권을 끊는 것이 유리하다. 일년 365일 중에 4번 혹은 5번 내는 가격으로 1년 동안 언제든지 갈 수 있으니 겉으로 보기에는 이렇게 싸다니! 생각할 수 있지만 무턱대고 사기 전에 정가 외에도 다른 할인방법을 통해 살 수 있을 수도 있고(실제로 이벤트를 했을 때 만 원에 자유이용권을 산적도 있었음), 내가 정말 이월드를 1년에 4번이나 5번 이상 갈 가능성이 있는지 등을 잘 계산해보고 사야한다. 실제로 생각해보니 내가 작년에 이월드를 방문한 적은 이벤트로 자유이용권을 만 원에 팔았을 때 한 번뿐이었다. 그러므로 나는 이월드 연간 회원권을 사지 않을 것이다.

비슷한 예로 생각난 것이 유료주차장의 요금이다. 30분에 500원이고 하루에 8,000원인 유료 주차장이 있다면 몇 분 정도 주차하면 그냥 하루 요금을 내는 것이 나을까?

$$500 \times x \geqq 8000$$

이때의 x는 16. 1시간에는 천 원이므로 8시간이상 주차를 할 경우라면 하루 요금을 내는 것이 낫다는 것을 알 수 있다.

스마트 폰의 패턴

우리는 스마트 폰의 보안을 위해서 주로 9개의 점으로 구성된 점판을 사용한다. 여기서 우리가 원하는 모양을 만들어 잠금 기능을 걸어 중요한 내용을 보호한다. 이 점판에서 만들 수 있는 패턴의 경우의 수는 매우 다양하고 따라서 보안 효과도 일반 비밀번호나 PIN 코드에 비해서 강력하다. '우리 사람의 경우는 이 패턴을 머릿속으로 인식한다고 하지만, 컴퓨터는 이를 어떻게 인식하는 것일까?'에 대해서 의문을 가져 보았다. 그리고 인터넷에 자료를 찾아보았지만 이에 대한 정보를 찾지 못해 나의 생각을 바탕으로 써보고자 한다.

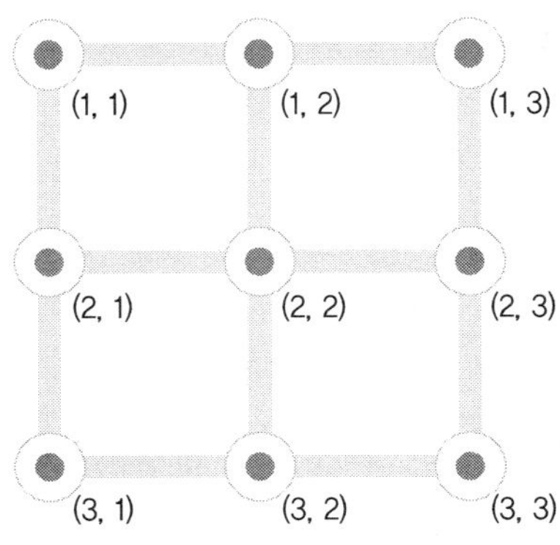

위에서 언급했다시피 스마트 폰은 사람처럼 그림 인식을 못하는 것으로 알고 있다. 스마트 폰은 그림, 패턴, 모양 등은 모두 숫자화 된 정보로 명령을 받아들이고 전달한다. 따라서 우리가 쓰는 패턴도 그림→숫자화 시켜서 정보를 받아들일 것이다. 이 때 사용되는 것이 좌표이다.

예를 들어 다음과 같은 패턴으로 우리가 보안을 건다면 스마트 폰을 이를 좌표로 기억할 것이다.

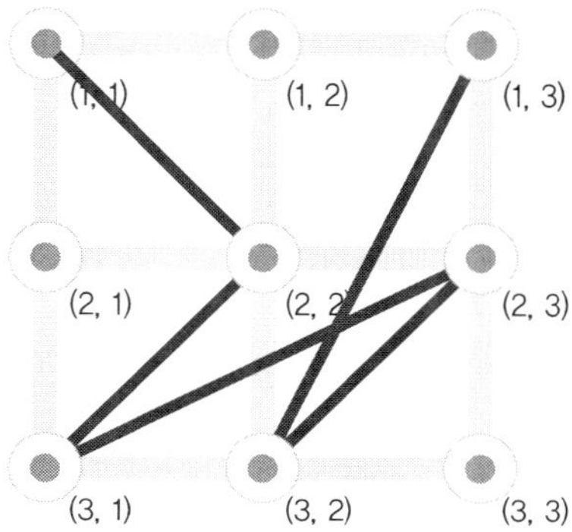

(1,1)→(2,2)→(3,1)→(2,3)→(3,2)→(1,3)

이 때 위 숫자의 나열은 순서를 나타내며, 이 순서는 도형의 모양으로 의미가 전환된다. 이를 통해 그림으로 된 비밀번호를 만들 수 있다.

4거리 신호등 순서

길을 걷다 보면 4거리에서 횡단보도를 건너야 할 때가 있다. 이 때 신호등이 어느 순서대로 바뀌는지 알고 있으면 빠른 시간 안에 길을 건널 수 있다.

우리 동네에 큰 4거리에는 아래의 그림처럼 두 가지의 신호체계를 가진 신호등이 설치되어 있다. 네모는 4거리의 횡단보도를 그린 것이고 동그라미 안의 숫자는 건널 수 있는 횡단보도의 순서를 나타낸 것이다.

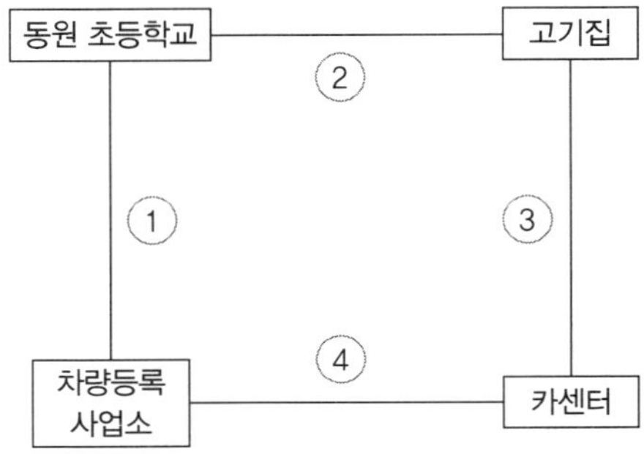

먼저 위의 그림을 보면 한 방향으로 순차적으로 신호가 바뀐다는 것을 알 수 있다. 그렇다면 동원 초등학교에서 카센타까지 가기 위해서 어떻게 건너는 것이 빠를지 생각을 해 보자. 오른쪽의 신호등이 첫 번째로 바뀌어 건넌다면 차량등록 사업소 앞에서 4번 째 신호등이 바뀌기를 기다려야 한다. 하지만 왼쪽으로 신호등을 건넌다면 중간에 기다릴 필요 없이 바로 신호를 받아 건널 수 있다. 따라서 오른쪽보다는 왼쪽으로 건너는 것이 시간을 더 단축할 수 있다.

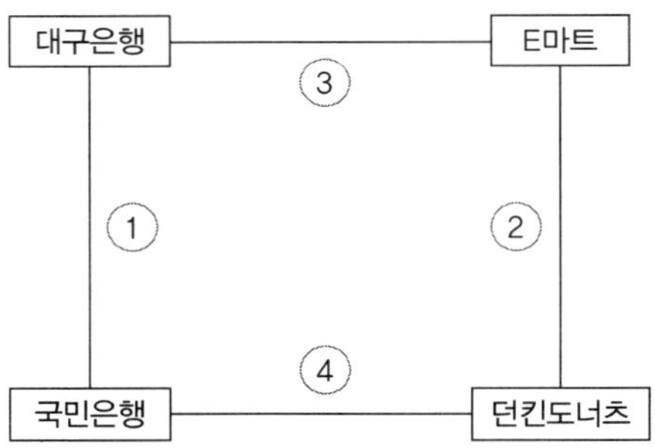

두 번째로 위의 그림을 보면 세로 방향의 신호등이 먼저 바뀌고 난 다음 가로 방향의 신호등이 바뀐다. 이 신호등을 가만히 보면 참 비효율적인데 왜 이렇게 순서를 정해놓았는지는 모르겠지만 이런 신호체계를 가진 4거리가 있다. 만약에 e마트에서 국민은행으로 가고 싶다면 오른쪽으로 건너는 것이 빠를까? 왼쪽으로 건너는 것이 빠를까? 일단 오른쪽으로 건넌다면 3번째 신호를 받아 건너고, 대구은행 앞에서 4번째 신호를 기다리고, 첫 번째 신호를 받아 건너면 된다. 왼쪽으로 건넌다면 2번째 신호를 받아 건너고, 던킨도너츠 앞에서 3번째 신호를 기다리고 4번째 신호를 받아 건너면 된다. 따라서 어느 방향으로 가나 걸리는 시간이 같기 때문에 어디든 먼저 신호가 바뀌는 쪽으로 건너면 된다. 이 사례는 신호등이 규칙을 가지고 변한다는 규칙성과 실생활 문제해결과 관련되어 있다.

가전제품에서 찾을 수 있는 수학적 요소

우리가 살고 있는 집의 내부를 떠올려 보면, 많은 가전제품들로 이루어져 있다는 것을 알 수 있다. 청소기, 가스레인지, 선풍기 등이 그 예라고 할 수 있다. 그렇다면 이러한 가전제품들에는 어떤 수학적 요소가 숨어 있을까?

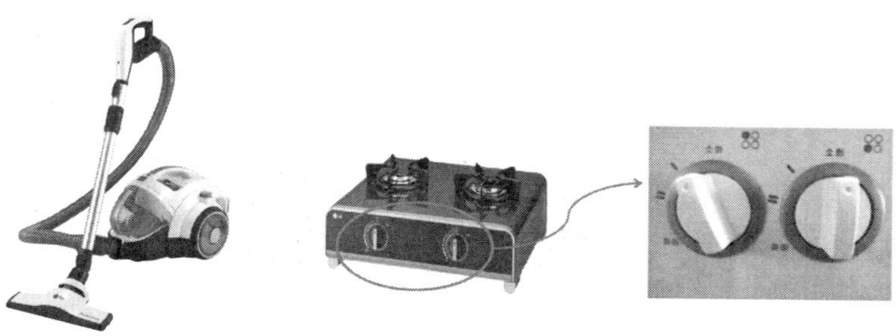

우선, 청소기를 작동시키거나 가스레인지의 불을 킬 때, 우리는 조절기를 이용해야 한다. 그리고 그 조절기는 주로 1단, 2단, 3단의 구조로 이루어져 있다. 이 구조는 강도 혹은 세기의 기준에 따라 늘어놓은 것이다. 즉, 여기서 사물을 어떤 특정한 관점에 따라 늘어놓았을 때 그 차례를 나타내는 수인 순서수의 의미로 쓰인 자연수를 알 수 있다.

또한, 강도를 조절하는 과정은 자연수의 가법·감법과 관련지을 수 있다. 예를 들면 가스레인지를 1단에서 3단으로 바꿔면 화력이 그만큼 더 강해진다. 즉, 원래의 1단 화력에서 2단 만큼이 더해져 3단의 화력을 내는 것이다. 이는 하나의 부분에 다른 부분을 첨가해서 전체를 알아내는 조작인 자연수 가법 연산의 유형 중 첨가형과 연관지을 수 있다.

반대로 3단에서 1단으로 바꿔면 화력이 그만큼 더 약해진다. 즉, 3단 화력에서 2단 만큼이 감해져 1단의 화력을 내게 된 것이다. 이는 가법의 역연산으로 전체에서 그 중의 한 부분을 뺀 나머지를 구하는 상황인 감법 연산의 유형 중 제거형과 관련지을 수 있다.

우리 집 벽지 속 규칙

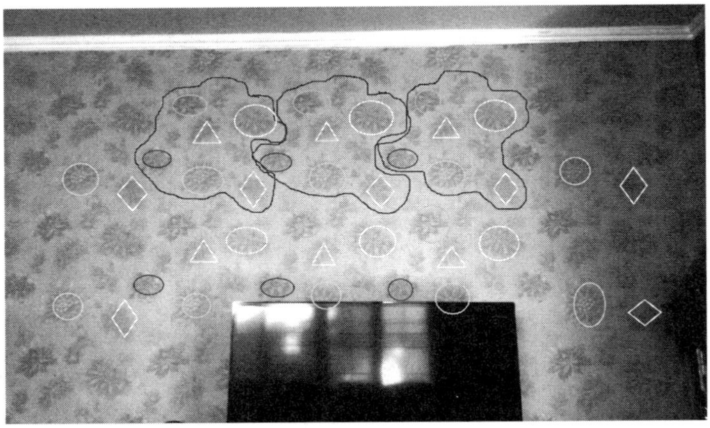

이것은 우리 집 거실의 한 벽면이다. 지난여름 직접 도배지를 고르고 도배를 한 사진이다. 이 벽지 안에서 나는 규칙을 발견하였다. 얼핏 보면 어지럽게 꽃과 잎들이 놓여져 있는 것 같지만 하나하나 분석해 보면 그렇지 않다는 것을 알 수 있다.

우선 제일 큰 꽃을 중심으로 분석해 보았다. 노란색 동그라미가 쳐져 있는 부분이다. 노란색 동그라미를 보면 가로 세로로 일정한 간격으로 제일 큰 꽃이 그려져 있는 것이 보일 것이다. 그리고 그 두 번째로 큰 꽃은 주황색 동그라미로 표시하였다. 이 꽃도 가로 세로 일정한 간격으로 그려져 있는 것이 보일 것이다. 이런 식으로 초록색, 파란색 동그라미가 쳐진 꽃들, 분홍색 세모와 연두색 다이아몬드가 쳐진 잎들을 분류해 놓았다. 모든 무늬들이 규칙성을 가지고 그려져 있었다.

그래서 가까이 있는 모든 도형을 하나씩만 선별해서 자주색 자유 선으로 묶었다. 보다시피 같은 모양의 자주색 도형이 반복되어 서로 겹치지 않게 딱 붙어서 이어지는 모습을 볼 수 있었다. 이 사례는 도형의 규칙성과 관련이 있다.

아시안 게임 메달의 가치

순위	국가명	금	은	동	합계	순위	국가명	금	은	동	합계
1	중국	151	108	83	342	9	대만	10	18	23	51
2	대한민국	79	71	84	234	10	카타르	10	0	4	14
3	일본	47	76	77	200	11	우즈베키스탄	9	14	21	44
4	카자흐스탄	28	23	33	84	12	바레인	9	6	4	19
5	이란	21	18	18	57	13	홍콩	6	12	24	42
6	태국	12	7	28	47	14	말레이시아	5	14	14	33
7	북한	11	11	14	36	15	싱가포르	5	6	13	24
8	인도	11	10	36	57	16	몽골	5	4	12	21

아시안 게임이던 올림픽이던 모든 일정이 끝나고 나면 순위를 매기기 마련이다. 그런데 그 순위란 것은 도대체 어떻게 정하는 것일까? (우선 위의 사진은 이번 인천 아시안 게임의 순위를 나타낸 것이다.) 일단 메달의 종류부터 살펴보자면 1등에게 주어지는 금메달과 2등, 3등에게 주어지는 은메달, 동메달이 있다. 그렇다면 상식적으로 값어치가 높은 순서대로 하자면 금메달이 가장 많을수록 좋고 그 다음으로 은메달, 동메달 순이 될 것이다. 그러면 각각의 메달에 어느 정도의 가치를 부여해야 합리적일 수 있을 것인가? 우선 그 물음에 답하기 위하여 예시를 들어보겠다. 위의 순위표를 보면 극단적인 두 나라 10위인 카타르와 11위인 우즈베키스탄을 보자. 카타르는 금메달 10개 동메달 4개 총 14개의 메달로 10위를 차지했다. 우즈베키스탄은 금메달 9개 은메달14개 동메달21개를 획득하여 총 44개의 메달로 11위를 차지했다. 두 나라의 메달획득을 비교해보면 금에서 1개, 은에서 14개, 동에서 17개의 차이가 난다. 결과적으로 카타르가 은메달과 동메달에서 어마어마한 차이를 보였음에도 불구하고 겨우 금메달 1개를 더 획득함에 따라 우즈베키스탄보다 순위가 앞서는 것이다. 다시 말해 금메달 1개의 값어치는 최소한 은메달 14개와 동메달 17개의 가치보다는 크다는 얘기가 되겠다. 그렇다면 은메달의 값어치는 어떻게 되는 것일까? 은메달을 비교해보기 위해서 7위인 북한과 8위인 인도를 예시로 들어보겠다. 북한과 인도를 비교했을 때의 결과는 금은 0개, 은이 1개, 동이 22개 차이가 난다. 즉 은메달 1개의 값어치는 최소 동메달 22개의 가치보다는 크다고 할 수 있겠다.

온라인 쇼핑에서 수학적 요소

최근 정보통신 기술의 비약적 발전으로 온라인으로 쇼핑을 하는 일은 일상생활이 되었다. 온라인 쇼핑에서 장소나 시간의 제약 없이 의류, 가구, 생필품 등 생활에 필요한 모든 물품을 구매 할 수 있는 것이다. 가격과 질을 따져 해외 쇼핑 사이트까지 이용하는 등 소비의 패턴이 크게 변화하고 있는 실정이다. 특히 해외 직구 사이트에서는 환율의 계산이라는 면에서 또 다른 수학적 요소가 필요하기도 하다.

물건을 직접 보고 살 수 없다는 큰 단점을 극복하기 위해 측정 및 비교는 온라인 쇼핑에서 빠질 수 없는 수학적 요소로 이해된다.

아직 초등학생들이 직접 온라인 쇼핑을 할 수 있는 단계는 아니지만, 어릴 때부터 양감을 키우고 측정능력을 키워야 보다 현명한 소비자로 자랄 수 있다는 생각이 든다.

(1) 온라인 쇼핑에서의 수학적 요소 하나 : 다양한 측정의 활용

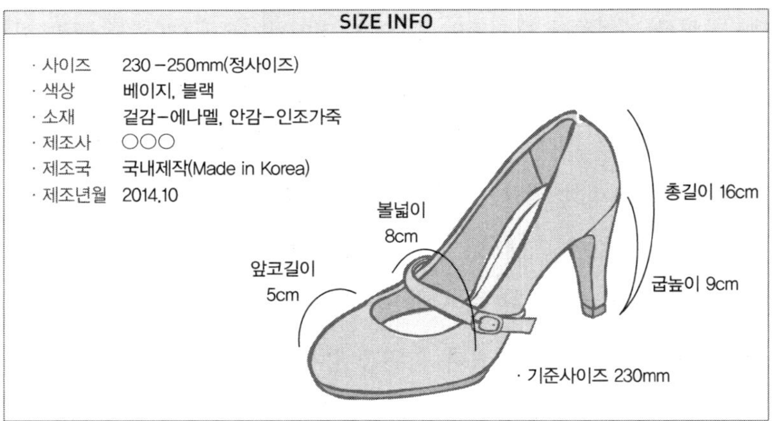

위의 그림과 같이 판매자가 제공한 물품에 대한 정보를 활용하여 구매를 결정해야 하기 때문에 이러한 측정 영역은 소비 만족을 위해 필수적으로 사용된다. 대부분이 길이를 측정하는 것이지만, 물품의 종류에 따라 무게 및 들이, 부피 등의 다양하게 적용된다.

⑵ 온라인 쇼핑에서의 수학적 요소 둘 : 할인율적용, 환율 및 단위변환 등을 활용한 비교

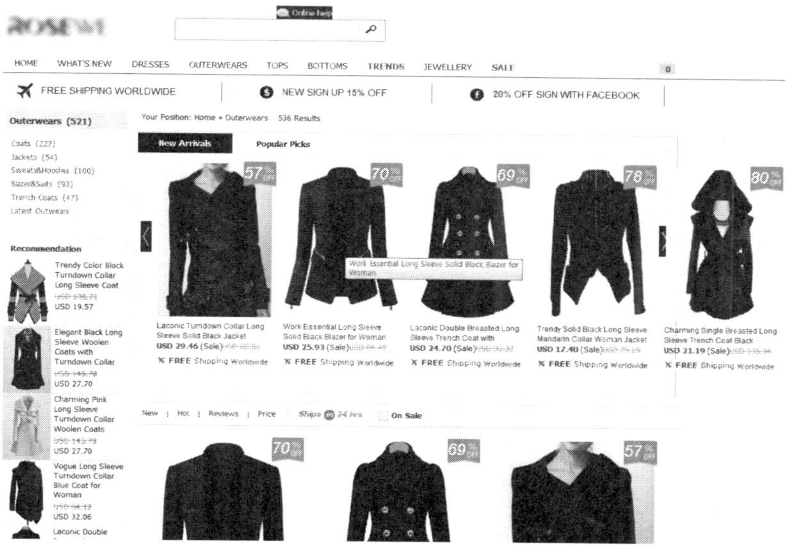

요즘은 특히 온라인상에서는 나라간 시장의 경계가 불분명해진 만큼 해외 직구 사이트도 많이 활성화 되어 있다. 그 때 현명한 소비자로서 꼭 짚어야 할 것이 환율의 계산이며, 그 밖에 할인율 계산, 단위변환에 따라 좀 더 실속 있는 소비를 할 수 된다.

사실상 온라인 쇼핑에서 수학적 요소는 처음부터 끝가지 다양한 영역에 걸쳐 찾아 볼 수 있다. 학생의 입장에서는 필요한 학용품이나 실내화, 자신의 옷가지 등 실제로 온라인 구매를 할 수 있도록 하는 경험을 제공한다면 실제로 흥미를 가지고 참여할 수 있으리라 기대된다.

지하철 출구번호의 비밀

우리는 지하철을 자주 이용한다. 나 또한 항상 학교를 갈 때마다 지하철을 이용한다. 하지만 지하철을 매일 같이 이용하면서도 지하철출구번호가 어떻게 매겨지는가에 대해서는 알지 못하였다. 지하철 출구번호의 비밀을 알아보자!

1. 서울, 인천, 대전 지하철

서울, 인천, 대전 지하철은 1번 출구를 기준으로 시계방향으로 출구번호가 정해진다.

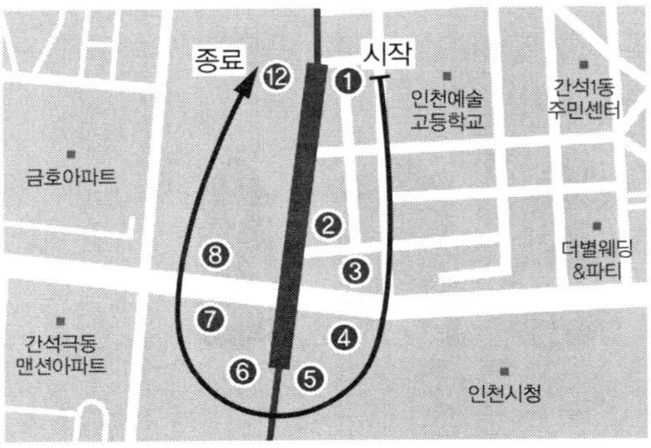

▲ 인천지하철역–인천시청

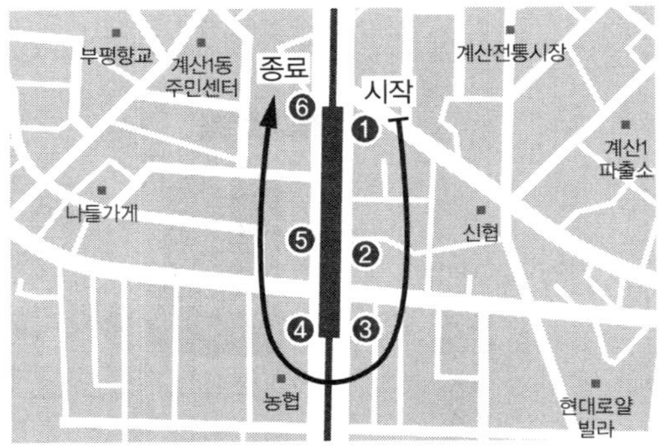

▲ 인천지하철역–경인교대

▲ 서울지하철역–사당

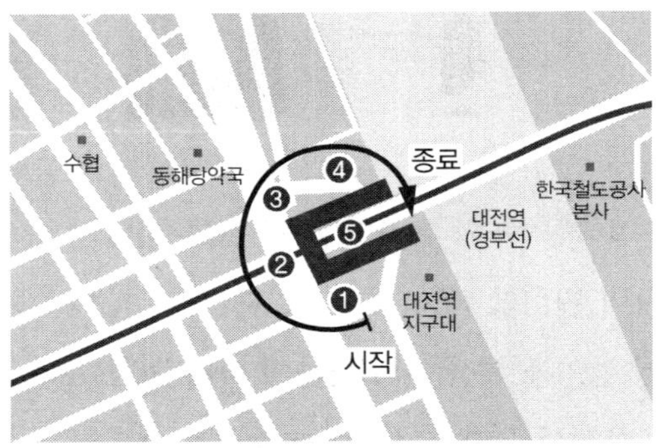

▲ 대전지하철역– 대전역

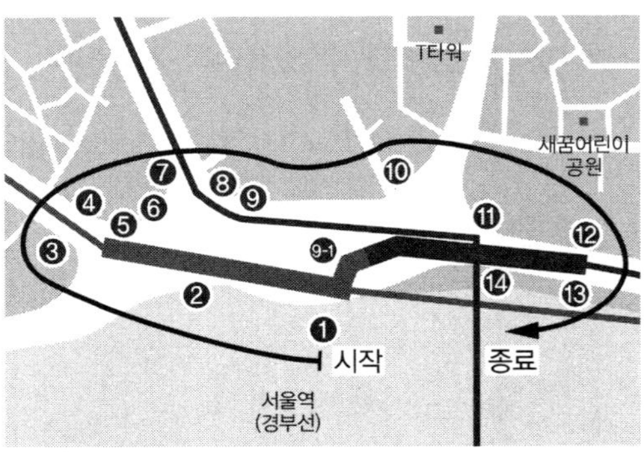

▲ 서울지하철역–서울역

2. 대구 지하철

대구 지하철은 1호선을 기준으로 시계방향이 아닌 시계 반대방향으로 출구 번호를 정한다.

▲ 대구지하철역–동대구역

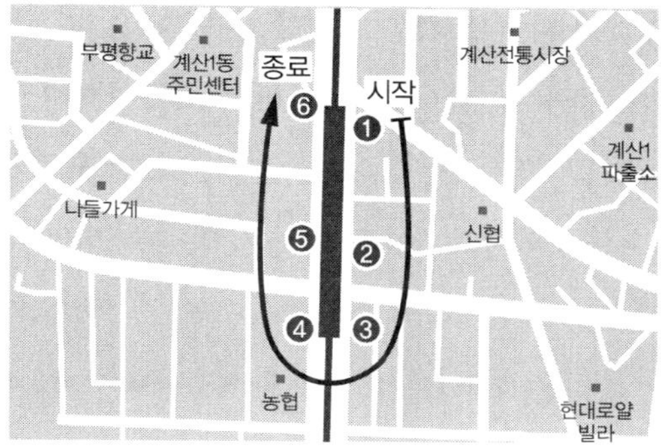

▲ 대구지하철역–대곡역

대구 도시철도에서 찾아볼 수 있는 여러 가지 규칙

1. 노선도

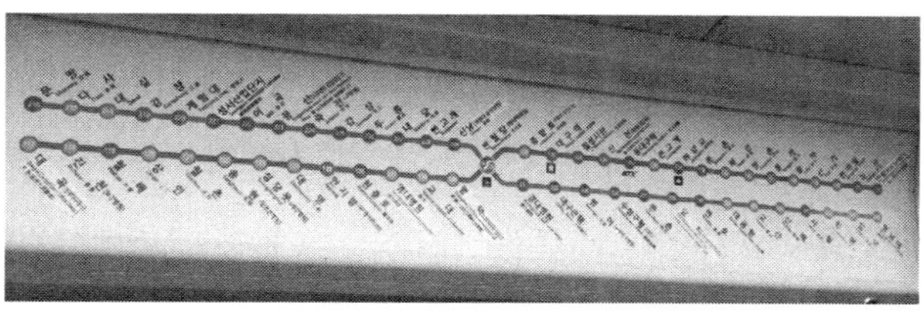

지하철을 타고 이동을 하다보면 내가 가고자하는 역까지 몇 정거장이 남았는지를 알아보기 위해 흔히 노선도를 보면서 정거장 수를 세어보게 된다. 하지만 전동차가 흔들리기도 하고 역의 개수가 많다면 다 세어보기는 어려웠던 경험이 많이 있다.

그렇게 지하철의 노선도를 유심히 보다 보니 평소에는 무심코 지나쳤던 각각의 역에 적혀있는 번호가 눈에 들어왔다.

반월당역을 중심으로 왼쪽으로 갈수록 숫자는 1씩 작아지고, 오른쪽으로 갈수록 1씩 커진다(등차가 1인 등차수열). 1호선을 예로 들 때, 기준이 되는 반월당역의 번호는 130이다. 내가 가고자 하는 역의 번호가 130보다 작다면 노선도 상에서 반월당역보다 왼쪽에 있음을 알 수 있고, 130보다 크다면 반월당역보다 오른쪽에 있음을 알 수 있다. 또한 내가 가고자하는 역의 번호가 현재 역의 번호보다 큰지 작은지를 파악한다면 대곡 방면 열차를 타야할지, 안심방면 열차를 타야할 지를 결정할 수 있다.

각각의 역 번호는 세 자리 수로 표기되어있는데, 백의 자리 수는 몇 호선인지를 나타낸다. 1호선의 역은 백의 자리 수가 1, 2호선의 역은 백의 자리 수가 2이다. 내년 5월에 개통되는 3호선의 역은 백의 자리 수가 3일 것이라는 추측도 해볼 수 있다. 만약 두 자리 수로 표기했다면, 1호선의 대곡역에서 반월당역까지의 역의 개수가 12개인데, 일의 자리 수가 나타낼 수 있는 한계는 9개역이기 때문에 역의 개수가 10개 이상이라면 받아 올림이 발생하여 십의 자리가 2로 바뀌게 되고 2호선의 표기와 겹치게 된다. 그렇기 때문에 3자리 수로 표기했을 것이라는 추측을 해볼 수 있겠다.

반월당역은 1호선과 2호선이 교차하는 지점이므로, 1호선 반월당역은 130, 2호선 반월당역은 230으로 각각 표기되어 있다. 하지만 겹치는 지점이므로 십의 자리는 3으로 같다. 이를 통해 3호선도 추측해 볼 수 있다. 3호선은 2호선의 신남역에서 교차한다. 2호선 신남역은 229로 표기되어 있으므로, 3호선 신남역은 329일 것이라는 추측을 해볼 수 있다.

2. 지하철 배차간격

평소에 이동을 할 때 버스보다는 지하철을 많이 이용하는 편이다. 지하철을 이용하는 가장 큰 이유는 시간이 적게 걸리기 때문이다. 학교에 갈 때에서 버스를 타고 가면 30분에서 40분 정도 걸리는 반면, 지하철은 12분이 소요된다. 지하철을 이용할 때에 시간에 적게 걸리는 이유는 운행 시간이 정해져 있으며 배차간격이 정확하게 정해져 있기 때문이다. 버스도 물론 배차간격이 정해져 있지만 신호등이나, 차량의 양 등 도로 상황에 따라서 변수가 생길 수 있다. 그래서 정해진 배차간격대로 운행하기에는 어렵다.

이처럼 지하철의 가장 큰 장점은 정해진 운행 시간대로 운행된다는 점이다. 요즘은 배차 시간을 나타내주는 여러 어플리케이션이 만들어져 휴대폰으로도 쉽게 정보를 얻을 수 있다.

그런데 7월 어느 날부터 지하철 배차간격이 적힌 게시판에 이러한 공지사항이 붙어져 있었다.

열차운행시각 조정

- ▶ 일자 : 2013. 7. 5(월) 부터
- ▶ 대상 : 1, 2호선 비혼잡 시간대(7분→8분)
- ▶ 자세한 열차시각은 가까운 역에 문의하시기 바랍니다.

기존에 7분으로 정해져 있던 배차간격이 8분으로 변경된다는 내용이었다. 지하철 도착시간표를 자세히 보면 이는 비혼잡 시간대의 배차간격이라는 것을 알 수 있고 시간표를 유심히 보게 되었다.

월촌역 평일 운행

시간대	하행(안심방면)	배차 간격
5	37 49	10, 9, 8
6	00 10 20 29 37 45 53	7, 5
7	00 07 14 20 26 31 36 41 46 51 56	5, 6, 7
8	01 06 11 16 21 26 31 36 41 46 52 59	7, 8
9	06 13 20 27 34 41 48 56	8
10	04 12 20 28 36 44 52	8
11	00 08 16 24 32 40 48 56	8
12	04 12 20 28 36 44 52	8
13	00 08 16 24 32 40 48 56	8
14	04 12 20 28 36 44 52	8
15	00 08 16 24 32 40 48 56	8
16	04 12 20 28 36 44 52	8, 7
17	00 08 15 22 29 36 43 50 57	7, 5
18	04 11 16 21 26 31 36 41 46 51 56	5, 6, 7
19	01 06 11 16 21 26 32 38 45 52 59	7, 8
20	06 13 20 27 34 41 48 56	8, 9
21	04 12 20 28 36 45 54	9, 10, 11
22	03 12 22 32 43 54	
23	05 16 27(방촌)	

배차 간격의 변화
7→5→6→7→8

배차간격을 유심히 살펴보면 10시에서 17시까지의 비혼잡 시간에서는 8분으로 일정하기 때문에 공차가 8인 등차수열을 이루어 같은 숫자가 반복되어 나타난다(빨간색 테두리 부분과 파란색 테두리 부분). 비혼잡 시간 이외의 출퇴근 시간에는 배차간격이 서서히 8분보다 짧아졌다가 늘어나게 되는데, 오전과 오후의 배차간격이 대략 '7→5→6→7→8'로 변하는 규칙을 갖고 있음을 알 수 있다.

제7장

우리 생활 속의 확률

우리 생활 속의 통계와 확률

통계는 어떤 학술적인 것에만 사용될 것 같지만, 실생활도 엄청난 통계의 홍수 속에서 살아간다. 우리가 흔히 접하면서도 통계라고 생각하지 않았던 많은 것들이 실제로는 통계를 적용하고 있는 사례들은 아래와 같이 수없이 많다.

1. 성적 등급

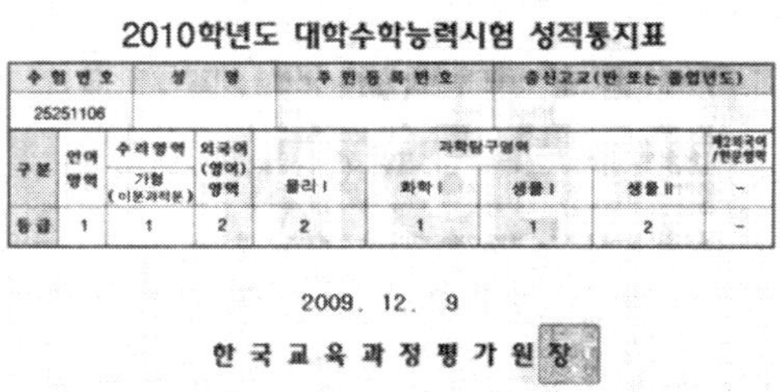

2010학년도 대학수학능력시험 성적통지표

수험번호	성명	주민등록번호	출신고교(반 또는 졸업년도)
25251106			

구분	언어영역	수리영역 가형(이분과적분)	외국어(영어)영역	과학탐구영역 물리 I	과학탐구영역 화학 I	과학탐구영역 생물 I	과학탐구영역 생물 II	제2외국어/한문영역 -
등급	1	1	2	2	1	1	2	-

2009. 12. 9

한국교육과정평가원장

산출방법까지 학생들에게 말해주는 것은 힘들지만 이런 데이터도 통계에 의하여 나온다는 것만 알려주어도 학생들에게는 상당한 동기부여가 될 수 있다.

2. 투표율

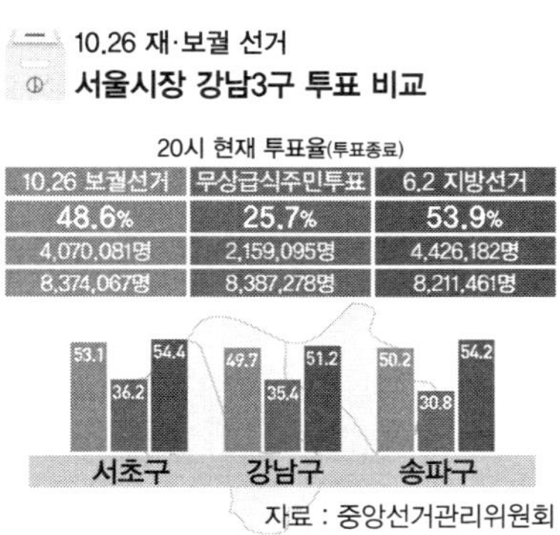

3. 물가지수

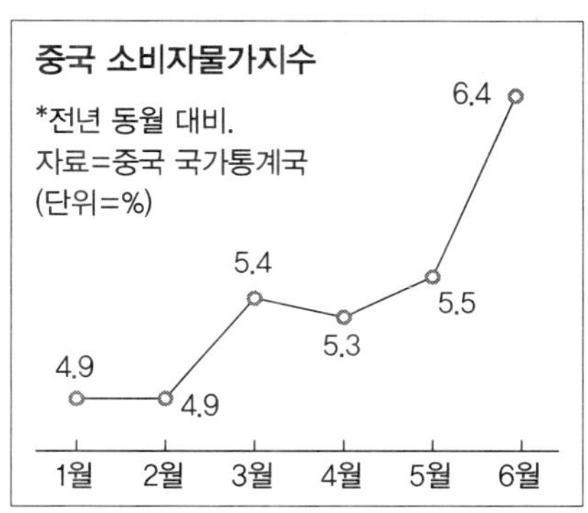

4. 실업률

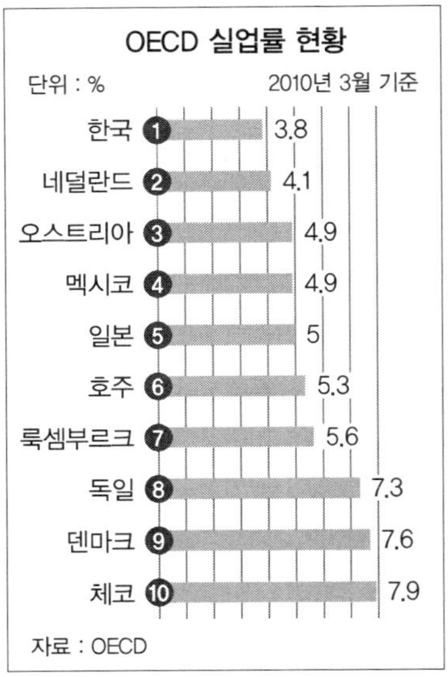

5. 경제성장률

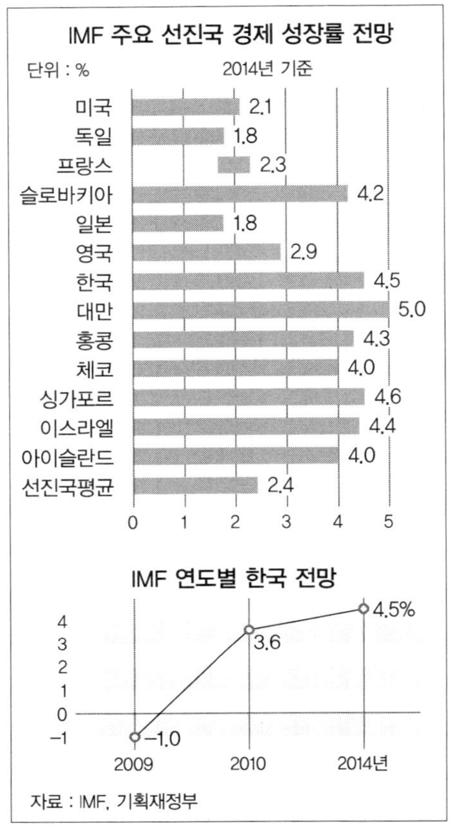

확률은 어떤 사건이 일어날 수 있는 경우의 수를 의미하는데, 이것도 실생활에 많이 적용되고 있다. 물론 조금은 전문적인 분야에서 확률이 사용되는 경우가 많지만, 꼭 그렇지만은 않다.

우리 일상생활에서도 확률은 많이 사용된다. 또한 게임에서 사용하는 주사위, 어른들이 사는 복권 등에도 확률의 원리는 언제나 녹아있다. 이렇듯 많은 확률, 통계 등은 학생들의 흥미를 끌기에 충분하다.

Facebook의 생일 알림에서 포착한 수학적 요소

스마트폰이 우리의 생활에 깊숙이 들어온 만큼 우리의 일상생활을 공유하는 SNS 역시 생활하는 데 있어서 빼놓을 수 없다. 특히 내가 많이 이용하는 'Facebook'의 경우 하루에도 몇 개의 알림을 보내오는 데 가장 많은 것이 바로 '친구의 생일 알림'이다.

나에게 친구목록으로 추가 되어있는 인원의 수는 총 200명인데, 알림을 받아보면 거의 2명 이상의 친구들의 생일이 같다는 것을 알 수 있다. 내 생일인 6월 25일인 경우 나를 포함한 6명이 생일이 같기도 하였다. 이런 일이 반복되면서 드는 의문은 '**최소 몇 사람이 모여야 생일이 같은 사람이 나올 것이냐**'이다.

먼저, 생일이 같은 사람이 있을 확률을 구해보자. 이를 구하기 위해 여사건의 성질을 이용할 것이다. 즉, **생일이 같은 사람이 있을 확률 1**에서 **생일이 모두 다를 확률을 빼주는 것**이다.

① 2명 중 생일이 같은 사람이 있을 확률

$$1-\frac{365}{365}\times\frac{364}{365}=\frac{2}{365}\fallingdotseq 0.03\%$$

설명하자면, 1번 사람의 생일은 언제라도 가능하므로 확률은 $\frac{365}{365}$이고, 2번 학생의 생일은 1번과 다른 364일 중에 있어야 하므로 $\frac{364}{365}$이다.

이와 같은 맥락으로 계산을 해주면,

② 3명 중 생일이 같은 사람이 있을 확률

$$1-\frac{365}{365}\times\frac{364}{365}\times\frac{363}{365}\fallingdotseq 0.08\%$$

③ 10명 중 생일이 같은 사람이 있을 확률

$$1-\frac{365}{365}\times\frac{364}{365}\times\frac{363}{365}\times\cdots\times\frac{356}{365}\fallingdotseq 12\%$$

④ 20명 중 생일이 같은 사람이 있을 확률

$$1-\frac{365}{365}\times\frac{364}{365}\times\frac{363}{365}\times\cdots\times\frac{346}{365}\fallingdotseq 41\%$$

⑤ 30명 중 생일이 같은 사람이 있을 확률

$$1-\frac{365}{365}\times\frac{364}{365}\times\frac{363}{365}\times\cdots\times\frac{336}{365}\fallingdotseq 71\%$$

⑥ 40명 중 생일이 같은 사람이 있을 확률

$$1-\frac{365}{365}\times\frac{364}{365}\times\frac{363}{365}\times\cdots\times\frac{326}{365}\fallingdotseq 89\%$$

⑦ 50명 중 생일이 같은 사람이 있을 확률

$$1-\frac{365}{365}\times\frac{364}{365}\times\frac{363}{365}\times\cdots\times\frac{316}{365}\fallingdotseq 97\%$$

이렇듯 50명의 사람만 모여도 생일이 같은 사람이 있을 확률은 약 97%가 되는 것을 알 수 있다. 그러면 나에게 친구목록이 추가 되어있는 인원의 수는 총 200명이라고 했는데 유추해 보건대, 그들 중 생일이 같을 확률을 계산해 보면 거의 100%에 가까울 것이다.

여기서 더 나아가 보자면 내 생일인 6월 25일인 경우 페이스 북에서 내 친구 200명 중 나를 포함한 6명이 생일이 같았는데, 이를 확률적으로 식을 세워보면

6월 25일이 생일인 사람 6명의 확률에다 그 날을 제외한 생일인 나머지 사람들의 확률을 곱해주면 될 것이다.

$$\text{친구 200명 중 나를 포함한 6명이 생일이 같을 확률} = \left(\frac{1}{365}\right)^{6}\times\left(\frac{364}{365}\right)^{194}$$

평소 생일이 같은 것을 보고 신기하게만 여겼던 것을 수학적으로 접근하여 계산해 보면 그 동안 가졌던 확률에 대한 단순한 직관(생일이 같은 사람들의 확률은 작은 수치일 것이다)이 없어지면서 보다 수학적으로 사고하는 능력도 기르고 이러한 재미있는 상황 속에서 이루어지는 수학을 통해 흥미도 더욱 갖게 될 것이다.

확률의 오류

아버지 : 철수야 영희야 아빠가 피자 사왔다. 사이좋게 나누어 먹으렴.

철수　 : 네, 아빠.

영희　: 오빠, 피자가 총 8조각이니까 각자 4조각씩 먹으면 되겠다.

배가 고픈 철수는 영희보 다 피자를 더 먹고 싶다는 생각이 문득 들었다.

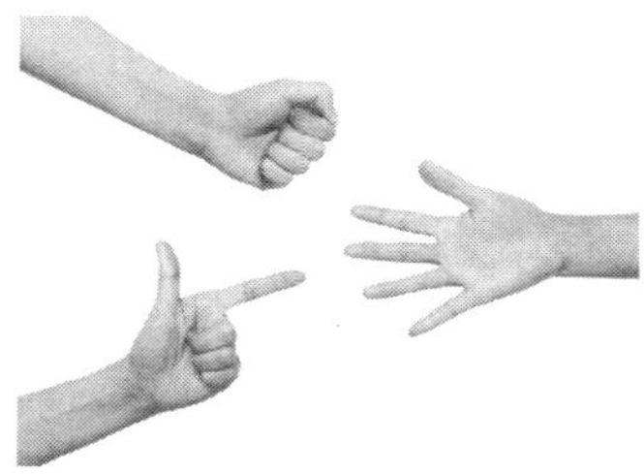

철수　: 영희야, 우리 각자 피자를 4조각씩 나눈 후에 가위 바위 보를 해서 이긴 사람이 상대 방의 피자 한 조각을 더 갖는 건 어때?

영희　: 좋아. 대신 지고 나서 딴말하기 없기다. 가위 바위 보! 와, 이겼다! 그럼 오빠 피자 한 조각을 가져갈게.

철수는 영희보다 피자를 더 먹고 싶다는 생각에 속으로 생각한다.

철수　: (내가 가위 바위 보를 한 번 질 확률이 1/2이니까 두 번 연속 질 확률은 1/4이지. 그렇다면 이번에는 내가 이길 확률이 더 많을 거야.) 영희야, 우리 한 번만 더 하면 안 될까?

영희　: 좋아. 대신 딴소리하기 없기다. 가위 바위 보! 와! 또 이겼다. 오빠 피자 잘 먹을게!

약이 오른 철수는 계속해서 영희와 가위 바위 보를 하였고 결국 가지고 있던 피자를 모두 영희에게 주고 만다.

철수　: 말도 안돼! 내가 가위 바위 보를 4번 연속 질 확률은 1/2을 4번 곱한 1/16인데 어떻게 이런 낮은 확률이 일어날 수 있는 거지? 영희야 너 무슨 반칙 쓴 거 아니야?

아버지 : 하하, 철수야, 너는 왜 가위 바위 보를 자꾸 지면서 영희에게 계속 가위 바위 보를 하자고 한 거야?

철수　: 가위 바위 보를 해서 내가 이길 확률은 1/3이고 비길 확률도 1/3이고 질 확률이 1/3 이잖아요. 그런데 이 경우는 비기는 경우에는 계속해서 가위 바위 보를 하니까 결국 내가 이길 확률은 1/2이고 질 확률도 1/2이 되지요? 그런데 내가 두 번 가위 바위 보를 해서 두 번 다 질 확률이 1/4이고 세 번 다 질 확률은 1/8, 그리고 네 번 연속으로 질 확률이 1/16으로 계속 작아지니까 당연히 제가 이길 거라고 생각하고 계속 했죠.

아버지 : 하하, 철수가 확률의 오류에 빠졌구나.

철수 : 네? 그게 뭐에요?

아버지 : 철수야, 너는 첫 번째 가위 바위 보를 진 후에 두 번째 가위 바위 보까지 연속해서 질 확률이 1/4라고 생각했지? 하지만 실제로는 이것이 아니라는 거야. 단순 계산으로는 그 확률이 맞지만 그것은 네가 첫 번째 가위 바위 보를 하기 전에 네가 2번 연속으 로 가위 바위 보를 질 확률이 1/4라는 것이지, 네가 몇 번을 가위 바위 보를 하던 간에 각 시행에서 네가 가위 바위 보를 이길 확률은 1/2로 동일하다는 거야. 이를 흔히 도박사의 오류라고 해.

예를 들어, 동전을 던져서 앞면이 나올지 뒷면이 나올지를 추론한다고 생각해 보자. 만약 첫 번째와 두 번째 모두 앞면이 나왔다면 사람들은 세 번째 동전을 던지면 그것 이 뒷면이 나올 확률이 자연스럽게 높다고 생각하게 되는 거지. 하지만 실제로는 각 사건은 독립적으로 발생하기 때문에 앞면과 뒷면이 나올 확률은 각각 1/2로 같게 되 는 거야. 이런 확률의 오류는 일상생활에서 흔히 찾아볼 수 있는데 그 예를 알아볼까? 만약 철수 네가 이런 기사들을 신문에서 본다면 너는 그대로 기사를 받아들이겠지?

① 초보운전자들은 집 주변에서 사고를 낼 확률이 높다.
② 로또 복권은 토요일 밤 6시 이후에 사면 당첨 확률이 높다.

하지만 이것이 실제로는 확률의 오류가 범해진 거야. 첫 번째 경우 초보운전자들은 운전을 하여 고속도로나 먼 시가지를 달리지 않고 집 주변을 달리는 경우가 대부분이기 때문에 결국 집 주변에서 사고가 날 확률이 높은 것이고, 두 번째는 로또 복권 추첨 시간이 임박했을 때 사람들이 복권을 가장 많이 구매하기 때문에 총 복권의 판매량이 가장 많은 그 시간대에 당첨 복권이 많이 팔리게 되는 거야. 이렇듯이 확률을 결정하는 요소인 시행횟수에 따라서 확률의 오류가 발생할 수 있다는 사실도 알았지?

TV시청률은 어떻게 구할까?

우리나라 여성의 평균 키는 몇일까? 학생들의 하루 평균 카톡 시간은 얼마나 될까? 이에 대한 대답을 하기 위해서는 한눈에 알아보기 쉽게 이를 수치화해야 할 것이다. 이와 같이 일상생활이나 여러 가지 현상들에 대한 자료를 한눈에 알아보기 쉽게 수치로 나타내는 것을 통계라고 한다. 통계는 일상생활에서 많이 사용되고 있다. 우리가 매일 보는 TV의 시청률 역시 통계의 방식을 사용한다.

순위	국가명	채널	시청률
1	지성이면 감천	KBS1	23.6%
2	오로라 공주	MBC	14.7%
3	정글의 법칙 in 사바나	SBS	14.3%
4	두산 vs 삼성 한국시리즈 7차전	KBS2	14.0%
5	KBS 뉴스 9	KBS1	13.9%

한국 사람들의 하루 평균 TV시청 시간은 과연 얼마일까? 정답은 3시간이다. 평균적으로 사람들은 매일매일 3시간씩 드라마, 예능, 스포츠 등 자신이 관심 있어 하는 분야의 TV프로그램을 시청한다. 사람들이 만나서 주로 하는 얘기들도 TV 프로그램과 관련된 것이 많다. 현재 기숙사에 살고 있는 나는 TV를 보려면 휴게실에 가야하기 때문에 주말에나 가끔 TV를 보는 편이다. 그러다보니 드라마를 잘 보지 않게 된다. 몇 가지 재미있는 프로그램이나 드라마만 골라서 보는 편인데 이때 나에게 있어선 어떤 것을 보게 될지를 선정하는데 중요한 요소는 바로 시청률이다. 시청률이 높다고 하면 많은 사람들이 보고 있다는 것이기 때문에 재미가 보장될 것이라 생각한다. 이처럼 시청률은 인기와 비례하는 경우가 많다. 그렇다면 시청률은 어떤 방법으로 조사하는 것일까? 시청률이란 주어진 시간에 얼마나 많은 사람들이 어떤 방송을 시청하는가를 나타낸 것이다. 이는 전 국민을 대상으로 조사하는 것이 아닌가 하고 착각하는 사람이 많을 것이다. 나 또한 어렸을 때 전 국민을 대상으로 시청률을 조사한다고 생각했었다. 그러나 이는 불가능한 이야기다. 시청률은 표본 가정을 무작위로 정해서 조사하는 통계의 방식을 사용하고 있다. 조사 방법으로는 직접 인터뷰를 통해 조사하는 방법과 책자에 기입하게 하는 배포 조사가 있다. 요즘에는 표본 가정을 정한 뒤 전자 장치를 달아 시청률을 조사하는 방식을 택하고 있다.

그렇다면 이렇게 조사한 시청률은 어떤 의미를 가지고 있을까? 또 시청률은 어떻게 구하는 것일까? 시청률 20%는 우리나라 전 인구 중 20%가 시청했다는 것일까? 일반적으로 가구 시청률은 전 가구를 대상으로 하고 있는 것이 아니라 'TV를 보유하고 있는 가구 중에서 특정 프로그램을 시청하고 있는 가구의 비율'을 뜻한다. 즉, 다음과 같이 나타낼 수 있다.

$$\text{가구시청률} = \frac{\text{특정 채널 시청 가구 수}}{\text{총 TV 보유 가구 수}}$$

만약 우리나라에서 TV를 보유하고 있는 가구가 1,000만 가구라고 한다면, 이 중 200만 가구가 그 프로그램을 시청하고 있다는 것이 된다. 이렇게 보면 시청률 20%는 무척 큰 수치라는 것을 알 수 있다.

우리는 이렇게 통계를 통해 시청률을 구할 수 있으며 이렇게 구해진 시청률의 수치를 통해 그 프로그램을 얼마나 많은 사람들이 봤는지 알 수 있다. 생활 속에서 무심코 지나칠 수 있는 이러한 수학적 요소들은 조금만 관심을 기울이면 누구나 쉽게 발견할 수 있고 이를 발견함으로써 재미를 느낄 수 있다. 또 교과서에서 딱딱하게만 느껴지는 수학을 일상생활 속에서 발견하고 찾음으로써 수학에 좀 더 친숙하게 다가갈 수 있다.

강수확률과 강수확률예보

일상생활에서 가장 흔히 접할 수 있지만, 어떠한 원리로 이러한 결과가 산출되는지는 잘 모르는 수학적 요소 중 하나가 '강수확률'일 것이다.

강수확률이란 한 지점에서 일정한 시간 안에 눈이나 비가 1mm 이상 내릴 것을 확률로 나타낸 것이다. 강수확률은 강수일수를 총일수로 나누어 구할 수 있다.

예를 들어, 어느 지역의 연간 강수일수(일 강수량이 1mm 이상인 날의 수)가 109일이라면, 강수확률은 약 30%이다. 즉, 24시간 동안 비 또는 눈이 1mm 이상 내릴 확률이 30%라는 것이다.

한 지점에서 일정한 시간 안에 눈이나 비가 1mm 이상 내릴 것을 강수확률로 나타내어 예보하는 것이 강수확률예보이다. 강수확률에서는 1mm 이상만 내려도 강수라고 보기 때문에 강수량과는 관계가 없다. 그렇기 때문에 강수확률이 100%라고 하여 비가 많이 내릴 것이라고 생각하면 안 되고, 무조건 1mm 이상의 눈이나 비가 오늘 내릴 것이라고 생각해야 한다. 기상청에서는 눈이나 비가 내릴 확률인 0～100%를 10% 간격으로 나누어 11계급으로 발표하고 있다.

예를 들어, 어떤 지역의 강수확률예보가 70%라고 한다면, 예보가 100회 발표되었을 경우 약 70회 정도는 1mm 이상의 강수가 있을 것이라는 의미를 담고 있다.

대구광역시 중구 동인동 1가 주간 날씨

현재 날씨 21:30	오늘 오전, 목요일 05.08	오늘 오후, 목요일 05.08	내일 오전, 금요일 05.09	내일 오후, 금요일 05.09
맑음	흐리고 가끔 비	맑음	맑음	맑음
기온 18℃ 강수량 0.5mm	기온 13℃ 강수확률 60%	기온 24℃ 강수확률 0%	기온 11℃ 강수확률 0%	기온 26℃ 강수확률 0%
토요일 05.10	**일요일 05.11**	**월요일 05.12**	**화요일 05.13**	**수요일 05.14**
맑음	비	비 후 갬	구름 조금	구름 조금
최저기온 11℃ 최고기온 27℃	최저기온 14℃ 최고기온 22℃	최저기온 18℃ 최고기온 25℃	최저기온 15℃ 최고기온 29℃	최저기온 16℃ 최고기온 28℃

위는 실제 2014년 5월 8일부터 2014년 5월 14일까지 대구광역시의 주간 날씨이다. 위를 보면 오늘과 내일의 날씨에는 전체적 날씨와 기온과 강수확률이 표시되어 있고, 그 후의 5일은 전체적 날씨와 최저기온과 최고기온이 표시되어 있음을 알 수 있다.

오늘과 내일의 강수확률을 자세히 살펴보자. 2014년 5월 8일 오전의 강수확률은 60%, 오후의 강수확률은 0%, 2014년 5월 9일 오전의 강수확률은 0%, 오후의 강수확률은 0%이다. 강수확률이 60%라는 말은 10회의 예보 중에 6번이 실제로 1mm 이상의 강수가 내린다는 의미를 담고 있고, 강수확률이 0%라는 말은 10회의 예보 중에 1mm 이상의 강수가 내리지 않는다는 의미를 담고 있다. 이 강수확률을 통해 우리는 8일 오전에 얼마만큼의 비가 올지는 모르지만 비가 오기는 올 것이라고 예상할 수 있다. 그리고 8일 오후에는 화창하게 개어 내일까지 비가 거의 무조건 내리지 않을 것이라고 예상할 수 있다.

속담에서 찾을 수 있는 확률(가능성)과 통계

현재 6학년 담임을 하면서 2학기에 나오는 경우의 수와 확률을 가르치면서 학생들이 머릿속으로 많은 혼란을 느끼며 이런 것을 왜 이렇게 배워야 하는지에 대해서 의문을 제기한다. 또한 이 단원 같은 경우 생활과 연계하여 필요성을 느끼기보단 그냥 수학 문제 중의 하나라고 생각하여 문제 풀이 및 계산 방법 익히기에 주력하고 진정한 필요성에 대해서는 느끼지 못하는 것 같다. 많은 시행 횟수를 걸쳐 의미 있는 결과를 도출하여 다음 일을 예상한다는 것이 필요하다는 것을 학생들에게 일깨워주고 싶으며 이런 확률과 통계야말로 우리 생활 속에서 다양하게 쓰이고 옛날부터 내려온 속담에서도 이런 확률과 통계의 개념이 활용됐다는 것을 보여주어 학생들에게 이것을 배우는 목적, 흥미를 일깨우자 한다.

흔히 속담 하면 조상들의 지혜로만 생각하는데 지혜뿐만 아니라 확률과 통계를 배울 수 있다는 점에서 오랫동안 대대로 내려오는 속담을 잘 들어보고 생각해 보면 우리가 말하는 이야기 속에 확률에 대해 고민한 흔적이 있고 우리 조상들이 어떤 상황에서 그것을 표현해 왔는지에 대하여 이야기해 본다면 과학적 사실의 발견 및 의미 있는 수학 수업의 연계가 이루어질 것이다.

여기서는 날씨와 관련된 여러 속담을 가지고 과학적 사실을 바탕으로 한 확률과 통계의 이야기를 알아보고자 한다.

1. 제비가 낮게 날면 비가 온다.

날씨가 흐려지면 곤충은 비가 올 것을 예감하고 땅바닥 가까이로 내려가 숨을 장소를 찾는다. 또 습도가 높아져 잘 날지 못해 지면 근처에 머문다. 따라서 이 곤충을 잡아먹는 제비는 지면 위를 낮게 날게 된다.

2. 달무리, 햇무리가 지면 비가 온다.

달무리는 달 언저리에서 밝게 빛나는 둥근 띠를 말한다. 대기 중의 빙정에 의해 빛이 굴절, 반사돼 나타난다. 8km 높이의 권층운이 생길 때 나타난다. 그 권층운이 하늘을 덮으며 달무리를 만드는 것은 온난전선이 가깝다는 것을 뜻한다. 점차 구름 높이가 낮은 중층운, 하층운이 몰려오면서 비가 올 확률이 높다. 햇무리 역시 마찬가지다.

3. 아침 무지개는 비, 저녁 무지개는 맑음을 징조다.

동쪽에 뜬 아침 해가 서쪽 구름에 반사돼 보이는 아침 무지개는 비가 올 확률이 높다. 우리나라는 전반적으로 서쪽에서 동쪽으로 부는 바람이 잦다. 서쪽 구름이 바람을 타고 비구름이 올 확률이 높다는 의미다. 반대로 서쪽의 해가 동쪽의 구름에 반사돼 나타난 저녁 무지개를 봤다면 비 올 걱정은 덜어도 좋다. 이미 비구름이 바람을 타고 지나간 것을 뜻해 맑을 확률이 높다.

4. 화장실 냄새가 지독하면 비가 온다.

저기압이 접근하면 구름이 늘고 일사량이 줄어든다. 따라서 상승기류가 억제되면서 냄새가 지면 근처에 퍼져있게 된다. 또 실내외의 온도 차이가 줄어들면서 자연환기가 잘 되지 않아 냄새가 더 심하게 느껴진다.

5. 갓난애가 보채면 비 온다.

흔히 기분상태를 저기압이라고 표현하기도 한다. 불쾌지수가 높아 짜증이 나기 쉬운 상태를 뜻한다. 특별한 이유 없이 갓난아이가 보채며 울면 비가 올 확률이 높은 것도 이러한 이유에서다. 성인보다 더 예민하게 반응하기 때문이다.

6. 겨울 산이 울면 눈이 내린다.

산이 운다는 표현은 강한 바람이 산맥을 타고 넘을 때 내는 '우우웅~'소리를 말한다. 이러한 바람은 겨울의 시베리아 고기압이 크게 발달하면서 북서풍이 갑자기 한반도로 밀려들며 발생한다. 높은 산맥에 바람이 막히고, 뒤따라오던 습기가 더 이상 전진하지 못하고 큰 눈을 쏟아붓게 된다. 케이웨더 반기성 예보센터장은 "현대 기상학이 밝혀낸 속담으로 산이 운 뒤 5~6시간 뒤에 눈이 내린다"고 말했다.

7. 겨울밤 구름 없이 맑으면 곧 눈이 온다.

구름 한 점 없이 맑은 날씨는 고기압 중심에 위치한다는 뜻이다. 이동성 고기압의 영향으로 날이 맑다가도 곧 뒤따라오는 저기압의 영향을 받아 눈이 내리던 것을 표현한 속담이다. 실제로 겨울철 이동성 고기압은 시속 50km에 달하는 빠른 속도로 이동한다.

8. 저녁노을이 지면 맑고, 아침노을이 지면 비 온다.

해가 진후에도 대기 중의 미립자는 지면 가까이에 떠있다. 이때 지평선 가까이의 태양광선이 공기층에 길게 비치면서 짧은 파장의 빛은 산란되고 긴 파장의 적색계통만 우리 눈에 들어온다. 이것이 노을이다. 저녁노을은 서쪽 하늘에 미립자, 먼지가 많다는 것이고 바람이 서쪽에서 동쪽으로 이동하기 때문에 날씨가 좋을 징조다.

9. 아침의 짙은 안개는 맑을 징조다.

아침안개는 대부분 이동성 고기압의 중심부에 들어 맑게 갠 날 밤과 아침 사이에 잘 발생한다. 주로 복사안개로 해가 뜨면 공기층이 따뜻해지면서 점차 맑아지고 햇빛이 잘 들어 기온이 상승, 더울 수도 있다.

10. 그 외의 확률과 관련된 속담들

- 비 많이 오는 해는 흉년 들고, 눈 많이 오는 해는 풍년 든다.
- 소나기는 종일 내리지 않는다.
- 쌓인 눈 밟을 때 뽀드득 뽀드득 하는 소리가 나면 추워진다.
- 아침의 냇가나 늪의 안개는 맑을 징조
- 아침 안개는 더울 징조
- 풀 이슬이 맺히면 날씨가 좋고, 오후가 되어도 마르지 않으면 다음날 비가 온다.
- 햇무리, 달무리가 나타나면 비
- 새털구름은 비 올 징조
- 물고기가 물 위에 입을 내놓고 호흡하면 비 올 징조
- 개미가 떼지어 이사를 하면 비가 온다 – 비에 대비하는 행동.
- 소리가 평소보다 크게 들리거나 똑똑히 들리면 비가 올 징조

수학과 13학번의 생일의 달

수학과 13학번 월별 생일인 사람 수			
1월 : 4명	2월 : 2명	3월 : 3명	4월 : 0명
5월 : 1명	6월 : 1명	7월 : 3명	8월 : 2명
9월 : 4명	10월 : 6명	11월 : 4명	12월 : 3명

위의 표는 우리 수학과 13학번의 각각의 달의 생일인 사람의 인원을 표로 나타낸 것이다. 보통 우리는 한 달에 몇 명의 사람이 생일일까 하는 문제에서 쉽게 확률을 따지곤 한다. 사람 수와 월만 따져서 확률을 구하면 13학번 수학과 인원은 33명이고 1년은 12달이니까, 확률을 따지면 33/12로 2.75로 한 달 마다 2~3명의 생일이 존재해야 한다. 하지만 실제로 13학번의 생일을 알아보니 한명도 없는 달도 있고 많은 달은 6명까지도 있었다. 확률과 일치하는 달은 총 12달 중에 5달 정도 밖에 없었다. 나머진 확률에서 벗어난 사람 수를 가지고 있었다. 우리가 따지는 확률은 평균적인 확률이지 정확히 그 확률이 일치 하지는 않았다.

어느 달의 생일이 제일 많은지 표나 그래프로 나타내어 보는 것으로 통계를 이용할 수 있다. 그리고 한 달에 몇 명 정도의 생일인 사람이 있을지 확률을(전체 인원/달) 따져 볼 수도 있다.

복불복 자판기

복불복 음료수 자판기라고 아는가? 이 자판기는 유일하게 대구에만 있다고 알려져 있었으나 지금은 소문이 퍼져 다른 곳에서도 종종 발견된다고 한다. 나 또한 대구에 와서 이 자판기를 처음 보았다. 음료수가 있어야할 곳에 복불복이라는 글자가 대신 자리한 이 자판기는, 무엇을 마실지 쉽게 선택하지 못한 사람들에게 재미와 쉬운 선택을 제공해준다. 아래의 사진은 대구 지하철에서 직접 찍은 복불복 자판기 사진이다. 그렇다면, 복불복 음료수를 눌러서 마시면 이득일 경우가 많을까 손해인 경우가 많을까?

위의 그림에서 복불복 음료수의 가격은 700원이다. 그리고 600원짜리 음료수는 같은 종류를 낱개로 세었을 때 10개가 나왔고, 700원짜리 음료수는 13개, 1,000원짜리 음료수는 4개가 나왔다. 복불복 음료수의 가격인 700원과의 가격 차이를 알아보면, 1,000원짜리가 나오면 300원의 이득을 보게 되고 600원짜리가 나오면 100원 손해를 보고 700원짜리가 나오면 아무런 이득도 손해도 없게 된다. 그러나 이득과 손해의 수를 따져볼 때, 1,000원짜리가 총 4개이므로 1,200원의 이득이 있을 수 있고, 600원짜리는 10개이므로 총 1,000원의 손해를 보게 된다. 이것을 식으로 적으면, $1{,}200(=300\times4)+0(=0\times13)+(-1{,}000)(=-100\times10)=200$이므로 복불복 음료수를 뽑아도 손해가 아닌 오히려 이득이 된다는 것을 알 수 있다. 사실 만날 보기만 하고 도전한 적은 아직 없는데, 이번을 통해 한 번 도전해 보아도 괜찮지 싶다.

제8장

민속놀이와 수학

왜 삼각형 모양의 팽이는 만들어지지 않을까? | 민속놀이에서 찾은 수학

왜 삼각형 모양의 팽이는 만들어지지 않을까?

수학과 과학이 일상에서 많이 쓰이고 있다는 말은 누구나 들어봤을 것이고, 나 또한 교과서나 여러 책들에서 계속해서 봐왔고 이해하고 있었다. 하지만 실제로 일상 속에서 수학적 요소를 찾으려고 했을 때 머릿속이 하얘지는 기분이었다. 아무래도 급하게 생각할 수 있는 문제는 아닌 것 같아 평소와 같은 생활을 하면서 여러 부분들에서 수학을 찾으려고 노력했다. 생각해낸 것들은 꽤 다양했지만 누구나 떠올릴 수 있는 요소들이었다. 횡단보도 간격의 규칙성이라든지, 로또에 당첨될 확률과 같은 것들이었다.

무언가 더 특별한 내용을 쓰고 싶어 고민하던 중 과외를 하러 가게 되었다. 과외학생에게 무게 중심에 대해 열 올리며 설명하던 중이었다. 삼각형의 무게 중심의 위치를 가르쳐주다 좋은 아이디어가 떠올랐다. 무게중심이 중요하게 쓰이는 물건, 바로 팽이였다.

▲ 탑블레이드 팽이의 모습

초등학생 때, 팽이 한 번 안 돌려본 사람은 없었을 것이다. 특히나 내가 어렸을 때는 '탑블레이드'라는 팽이 경기를 주제로 한 만화가 유행하던 시기였기 때문에 여러 종류의 멋있는 팽이들이 등장했었다. 간단하게 둥근 모양만 잡힌 팽이부터 갈퀴가 여러 개로 날이 서있는 팽이까지 다양했다. 점심시간만 되면 다같이 모여 팽이 경기를 하곤 했는데 지금 생각해보니, 수많은 모양의 팽이들이 돌아가고 있었지만 세모 모양의 팽이는 전혀 보이지 않았다.

이 질문이 바로 내가 찾아낸 생활 속 수학 원리이다. 대체 왜 수많은 팽이들의 모양 중 삼각형은 잘 나타나지 않은 것일까? 물론 그 원리 속에는 공기 저항과 같은 어려운 원리도 분명 존재할 것이다. 또, 굳이 삼각형 모양으로 팽이를 만들자면 돌아가는 팽이를 만들 수도 있다. 하지만 초등학생이나 무게 중심에 대해 잊어버린 일반 사람들에게 이쑤시개와 삼각형의 판을 주고 팽이를 만들 것을 즉각 요구한다면 거의 대부분의 사람들은 일단 삼각형 정중앙에 이쑤시개를 꼽고 돌리려 할 것이다. 그러나 이쑤시개가 정중앙에 꼽힌 팽이는 그리 오래 돌아가지 못하고 쓰러지고 만다. 그 비밀은 바로 '무게중심'에 있다.

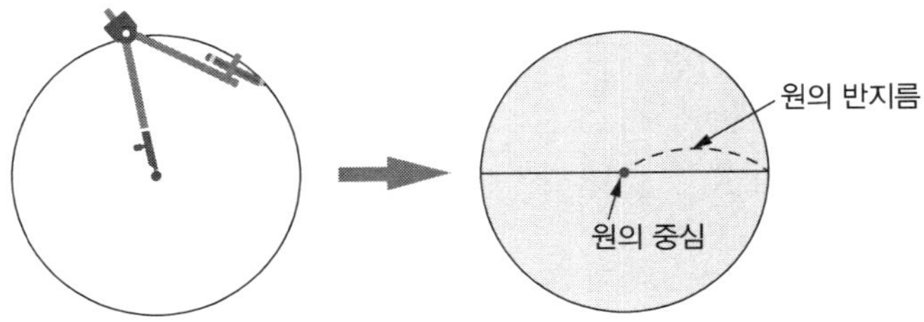

팽이에 사용되는 가장 기본적인 도형은 원형이다. 원은 '평면 위의 한 점에서 일정한 거리에 있는 점들로 이루어진 곡선'을 말한다. 원을 그릴 때부터, 중심에 심을 고정시키고 그리기 때문에 중심에서 원 위의 한 점까지의 거리는 어디에 한 점을 찍느냐와 관련 없이 똑같다.

마찬가지로, 무게 중심 즉, 원을 균형 있게 지탱할 수 있는 중심의 위치가 원의 중심이 된다. 그렇기 때문에 원형으로 이루어진 모든 팽이가 땅에 닿는 뾰족한 부분은 그 팽이의 정중앙에 위치하고 있다. 뾰족한 부분이 그 외의 위치에 가게 된다면 팽이는 어느 한쪽으로 쏠린 채 돌아가다 금방 쓰러지고 말 것이다.

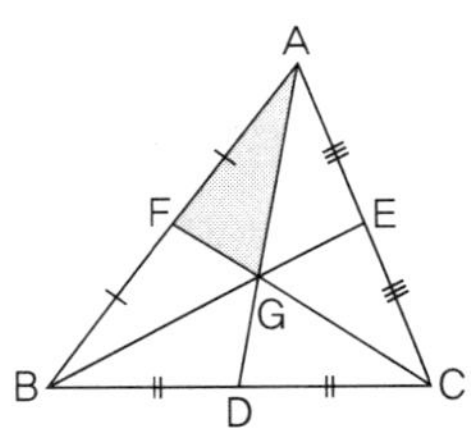

원의 무게중심은 정중앙에 위치하였다. 그렇다면 삼각형의 무게중심의 위치는 과연 어디일까? 사실 나는 삼각형의 무게중심에 대한 내용은 잊고 있었다. 과외학생을 가르치면서 다시금 기억하게 되었는데 그 내용은 이러하다. 삼각형 ABC에서 각각의 세 변, 즉 변 AB, 변 AC, 변 BC를 이등분하여 점 F, 점 E, 점 D를 찍어준다. 그 다음, 점 F는 변 AB에 대응하는 점(점 C)과 선을 연결하고 점 E는 변 AC에 대응하는 점(점 B), 점 D는 변 BC에 대응하는 점(점 A)과 각각 선을 연결하여 준다. 이렇게 세 개의 선을 그려주면, 가운데 하나의 교점이 만들어지게 된다. 그 교점이 바로 삼각형의 무게중심이다. 정중앙에 위치했던 원과는 확연히 다른 위치라는 것을 알 수 있다. 원형의 팽이를 만들 때 마냥 정중앙에 꽂으면 되었던 이쑤시개를, 삼각형의 팽이를 만들 때는 보다 복잡한 작도가 필요하다는 사실 또한 깨달을 수 있다.

민속놀이에서 찾은 수학

9월의 마지막과 10월의 시작에 걸쳐서 대동제가 열렸다. 학생들의 즐거운 축제를 위해서 여러 가지를 도와 축제를 준비 하면서 올해의 인기 종목 중 하나였던 윷놀이를 진행하게 되었다. 어릴 적에는 명절이 되면 온 가족이 모여 던지며 놀았던 윷놀이를 지금은 이렇게 특별한 행사가 있는 날이 아니고선 찾아보기 힘들어졌다는 사실을 새삼스럽게 깨닫게 되어 우리 민속놀이에 대해 좀 더 깊이 생각해 볼 기회를 갖게 되었다. 그리고 그러한 민속놀이들에서 우리의 전통과 재미뿐 만 아니라 수학적인 요소들도 찾아 볼 수 있었다.

일단 윷놀이는 '윷을 던져서 얼마나 좋은 경우가 나오느냐에 따라 주로 승부가 결정된다.' 라고 생각한다. 도, 개, 걸, 윷, 모 모두 확률에 따라 다르기 때문에 일반인들이 생각하는 논리에 비추어 보자면 결국 윷놀이는 운에 달려 있다는 이야기이다. 하지만 과연 윷놀이가 운에만 의존하는 게임일까?

윷놀이는 일종의 '확률놀이'라고 할 수 있다. 우리는 윷가락을 던질 때 어떤 패(수)가 나올지 모르기 때문에 아무리 어리고 힘이 없는 사람이라도 공정하게 승부를 할 수 있다는 장점이 있다는 것을 안다. 그런데 윷놀이를 해보며 느꼈던 의문점 중의 하나는 꼭 나왔으면 하는 '모'나 '윷'은 잘 안 나오는데 유독 '개'가 많이 나온다는 점이다. 게임을 좀 더 흥미진진하게 만들어줌과 동시에 안타까움과 안도를 함께 부르는 이러한 현상은 왜 일어나는 것일까? 그것은 각 패가 나올 확률이 서로 다르기 때문이다.

확률이란 것은 간단하게 설명하자면 '하나의 사건을 전체 사건으로 나눈 것이라고 할 수 있다. 이러한 확률의 개념을 윷놀이에 적용해보자면 윷가락을 던져 나올 수 있는 모양은 '도, 개, 걸, 윷, 모' 5가지이기 때문에 각 패가 나올 확률은 $\frac{1}{5}$로 같을까? 만약 윷의 모양이 '정오각기둥'이고 5개의 면에 각각 '도, 개, 걸, 윷, 모'가 쓰여 있을 때는 각 패가 나올 확률이 같다고 할 수 있을 것이다. 하지만 윷가락 하나는 앞(배)과 뒤(등)의 두 부분으로 나누어져 있고 4개의 가락을 한꺼번에 던지기 때문에 그 확률은 각각 다르게 나올 수밖에 없다.

동전을 예로 들어 보자면, 한 번 던져서 앞이 나올 확률은 나올 수 있는 전체 사건은 '앞',

'뒤' 두 가지이므로, $1 \div 2 = \frac{1}{2}$(50%)이다. 그러므로 동전을 두 번 던졌을 때 모두 앞이 나올 확률은 전체사건이 총 4가지고 모두 앞이 나오는 경우의 수는 한 번이므로 $1 \div 4 = \frac{1}{4}$(25%)이 되는 것이다.

윷놀이는 가락이 4개이므로 동전을 4번 던지는 것과 같은 원리이다. 즉, 윷가락 4개를 던졌을 때 나오는 전체 가짓수는 총 16가지라는 것을 알 수 있으므로 우리는 도, 개, 걸, 윷, 모가 나오는 확률을 계산 할 수 있다. 윷과 모는 (배배배배), (등등등등)으로 각각 1가지의 경우의 수를 가지고 있기 때문에 나올 수 있는 확률이 각각 $\frac{1}{16}$(6.25%)이 된다. 또한 도는 (배등등등), (등배등등), (등등배등), (등등등배)의 4가지의 경우의 수를 보이며 $\frac{4}{16}$(25%)의 확률을 가지고 있다. 이런 식으로 개는 총 6가지의 경우의 수로 $\frac{6}{16}$(37.5%)의 확률을 가지고, 걸의 경우의 수는 총 4가지, 즉 $\frac{4}{16}$(25%)의 확률을 가진다. 그러므로 개가 나올 확률이 가장 크다는 사실을 확인해 볼 수 있다.

하지만 사실 윷은 단순히 앞뒤의 구분만 있는 동전과는 다르다. 동전은 양면의 생김새가 거의 같기 때문에 던졌을 때 앞, 뒤가 반반의 확률로 나온다고 할 수 있다. 하지만 윷가락의 경우에는 등과 배의 모양이 다르다. 그래서 평평하고 단단한 바닥에 굴리면 반듯한 면이 바닥에 닿았을 때 멈추기 때문에 도나 모가 잘 나오게 된다. 반면 담요같이 푹신한 곳에 던졌을 때는 등 부분이 더 무거워서 주로 등을 대고 눕기 때문에 걸이나 개가 잘 나오는 것이다. 즉, 윷의 깎여있는 상태, 윷을 놓는 자리의 상태 등에 따라 확률은 달라질 수 있다는 것이다. 하지만 그렇기 때문에 천편일률적으로 생긴 직육면체 모양의 일반 주사위와 같은 장난감에서는 느낄 수 없는 색다른 매력을 가지고 있다고 할 수 있다. 그리고 단순히 나온 수대로 말을 전진시키는 놀이가 아니라 잡거나, 업거나, 지름길로 가는 등의 전략을 짤 수 있기 때문에 수학적 사고력도 기를 수 있는 아주 좋은 놀이라고 할 수 있다.

이 밖에도 요즘은 놀이를 하는 모습을 많이 찾아볼 수 없는 여러 가지 민속놀이가 있고, 이들에서도 숨겨진 수학 원리들을 발견할 수가 있다. 다음으로 살펴본 민속놀이는 다리의 각도, 힘의 세기, 타이밍 등에서 승부가 갈리는 제기차기이다. 일단 제기의 경우 한쪽 발은 땅에 붙인 채 다른 한쪽 발로

만 찬다. 그런데 제기를 차는 순간, 차는 다리의 종아리와 땅에 붙이고 있는 다리 사이의 각도가 90°로 일정해야 한다. 땅에 붙이고 있는 다리는 굽히지 않고 일직선으로 쭉 펴고 제기 차는 다리는 무릎 아래를 충분히 들어 옆다리와 직각을 이루게 해야 한다. 또, 제기 차는 쪽 다리는 무릎을 밖으로 보내고 복사뼈와 발 안쪽 부위를 지면과 평행하게 두어야 한다. 이때 차는 다리의 종아리와 허벅지 사이 각은 90°보다 작아야 한다. 각도가 잘 맞지 않거나 수시로 변하면 제기가 다른 곳으로 튀거나 낙하하는 위치가 불안정해진다. 그래서 한 자리에서 오랫동안 찰 수 없다. 이렇게 되면 많이 돌아다녀야 해서 에너지 소모도 많고 불필요한 행동을 하게 되기 때문에 비효율적이다.

각도를 맞춰 어느 정도 안정이 됐다면 이제 제기를 차는 힘을 조절해야 한다. 너무 세게 차면 멀리 날아가 제기차기가 아닌 곡예를 부려야 한다. 멀리, 높이 차기가 아니라 많이 차는 게 중요한 점수 요소이므로 제기가 가슴까지 올라왔다 내려갈 정도로 적당히 힘을 줘야 한다. 너무 약하게 차면 다음번에 차려고 발을 다 올리기도 전에 제기가 이미 종아리 밑으로 떨어져 있다. 그래서 각도가 안 맞게 된다.

각도가 승패를 좌우하는 민속놀이에는 자치기도 있다. 조금은 생소한 자치기라는 민속놀이는 '채'로 '알'을 힘껏 쳐서 멀리 보내는 지렛대 원리를 이용한 전통놀이로, 공중에서 쳐낸 후 멀리 날아가 떨어지면 날아간 거리를 채를 이용하여 몇 배나 되는지 재어 점수를 내는 놀이다. 이 때 공격을 하는 쪽은 수비가 받아칠 수 없는 곳으로 멀리 날려야 하므로 각도에 대한 감각을 익힐 수 있다. 또 어느 정도 힘을 줘야 얼마나 날릴 수 있는 지에 대한 감각도 기를 수 있다. 또한 자치기에서는 점수를 내기 위해 날아간 알의 거리를 채로 재게 되는데, 이 과정에서 직선거리와 곡선거리에 대한 개념을 발견할 수 있다. 또한 잰 거리에 대한 올림·반올림·버림에 대한 결정을 하면서 자연스럽게 놀이를 하며 수학개념을 학습하게 된다.

이렇게 어렵고 멀게만 느껴지던 수학을 재밌게 즐길 수 있는 민속놀이에서 찾아보았다. 집집마다 즐겨하던 우리의 민속놀이는 어느새 특별한 날의 행사를 일부러 찾아가야지만 체험할 수 있는, 쉽게 만나기 어려운 존재로 바뀌어버렸다. 글이나 그림과 같은 문화에 비해 놀이라는 문화는 가볍게 여겨지는 경향이 있어 보전하기 위한 관심이 소홀했을 것이다. 하지만 우리의 민속놀이들은 승패를 내는 과정에서 수를 세거나 수량 등을 인식하고, 연산능력이나, 수의 관계를 이해하는 능력 등을 필요로 하기 때문에, 수학을 골치 아픈 과목이라고만 느끼는 아동들에게는 즐겁게 놀면서 자연스럽게 수학적 사고력과 문제해결력을 키울 수 있으며, 수 감각을 익히는데도 큰 도움이 될 수 있을 것이다. 또한 2인 이상 편 놀이를 할 때는 협동심뿐만 아니라 자기주장을 펼치는 데 있어 의사소통능력까지 신장할 수 있는 효과적인 학습방법이라고도 할 수 있다. 성적을 올리고 지식을 쌓는 데에만 급해 교과서에만 매달리는 딱딱한 학습보다는 이렇게 재미있고 가까운 곳에서 원리와 개념들을 찾아간다면 더욱 즐거운 수업을 만들어 나갈 수 있을 것이다.

참고 문헌

김석환, "A4 용지". 『경남 도민일보』, 2013. 9. 27

장환수, "3은 야구와 가깝고, 4는 축구와 가깝다". 『동아일보』, 2011. 7. 23

네이버 캐스트–[수학 산책] "나눌 수 없는 수, 소수가 뭐길래?", http://navercast.naver.com/contents.nhn?rid=22&contents_id=127

네이버 지식백과–"황금분할", http://terms.naver.com/entry.nhn?docId=1155555&cid=40942&categoryId=32223

네이버 지식백과–"신호등", http://terms.naver.com/entry.nhn?docId=798867&cid=43121&categoryId=43121

네이버 지식백과–"피보나치수열"

http://sh.hanarotel.co.kr/~barchan/main.htm

http:/user.chollian.net/~badang25/living/living_00.htm

http://npbs1122.blog.me/140152484247

http://hikostat.tistory.com/216

http://kin.naver.com/qna/detail.nhn?d1id=5&dirId=50104&docId=22390998&qb=7ISg7ZKN6riw7J2YIHJwbQ==&enc=utf8&section=kin&rank=1&search_sort=0&spq=0&pid=RFXXwc5Y7vdssu1KKVCssssssuw–115989&sid=Unut7HJvLBUAAFIrMQo

http://ask.nate.com/qna/view.html?n=3215491

http://adonis5050.blog.me/50128878342 (택시 비용 계산법)

http://math84.com.ne.kr

http://taxi.or.kr/ 전국 택시운송 사업조합